崔 祚著

水下仿生推进机理

动力学与CFD分析

清华大学出版社

北京

内 容 简 介

鱼类以其快速、高效和高机动性的运动方式吸引了国内外研究者的关注,对其运动机理进行研究可为水下仿生航行器的设计及工程应用提供理论基础。结合作者及所在课题组近年来的研究进展,本书详细论述了水下仿生推进机理的动力学特性与数值模拟研究情况。首先分析了鱼类波动推进的复模态特征,然后通过建立鱼游动力学模型,研究鱼类的变刚度和复模态动力学特性,最后基于LS-IB数值方法,构建鱼游的CFD仿真模型,从水动力学的角度探究鱼类仿生推进机理。

本书面向普通高等院校仿生机械、机械电子工程、流体力学、计算机和自动化工程等专业高年级本科生、研究生和教师,内容全面系统、新颖实用,可作为从事水下仿生机器鱼研究人员的科研与教学参考书,亦可作为从事水下机器人研究、设计与应用工程人员的参考书。

图书在版编目(CIP)数据

水下仿生推进机理:动力学与CFD分析/崔祚著.—北京:清华大学出版社,2022.10
ISBN 978-7-302-61513-2

Ⅰ.①水… Ⅱ.①崔… Ⅲ.①水下作业机器人－仿生机器人－研究 Ⅳ.①TP242.2

中国版本图书馆CIP数据核字(2022)第142185号

责任编辑:佟丽霞 赵从棉
封面设计:常雪影
责任校对:欧 洋
责任印制:丛怀宇

出版发行:清华大学出版社
　　　　　网　　　址:http://www.tup.com.cn, http://www.wqbook.com
　　　　　地　　　址:北京清华大学学研大厦A座　　　邮　　编:100084
　　　　　社 总 机:010-83470000　　　　　　　　　邮　　购:010-62786544
　　　　　投稿与读者服务:010-62776969, c-service@tup.tsinghua.edu.cn
　　　　　质量反馈:010-62772015, zhiliang@tup.tsinghua.edu.cn
印 装 者:三河市东方印刷有限公司
经　　销:全国新华书店
开　　本:170mm×240mm　　印　张:14.75　　　字　　数:295千字
版　　次:2022年10月第1版　　　　　　　　印　　次:2022年10月第1次印刷
定　　价:89.00元

产品编号:094185-01

前言

　　海洋中蕴含丰富的食物、矿产等资源,促使人类不断探索海洋奥秘。为了充分利用海洋资源,各种船只、潜水艇及水下机器人等被广泛地使用,虽然这些水上及水下作业的机器已经拓展了人类的生存空间,但是其低效率的缺陷也迫使人类不断探索新的水下推进技术。"海阔凭鱼跃,天高任鸟飞"。经过亿万年的自然进化,鱼类获得了快速高效和高机动的游动性能,其推进性能远超过目前各种人造水下航行器。鱼类独特的游动方式给人类带来了无限的梦想和启示,为人类研制高性能水下推进器提供了新的设计思想和研究理念。

　　目前,针对鱼类等水生动物的仿生推进研究是当今仿生领域的研究热点之一。科研工作者不断地明晰鱼类游动机理和游动模式,分析鱼类游动的运动形态、结构特点以及高性能推进机理,仿生学者尝试从生物力学、流体力学、机械学和最优控制等角度来探索鱼类的水下高性能推进机制,并希望借鉴到水下航行器的研制中,提高当前水下航行器的推进性能。

　　近十年,随着科技发展带来的技术革新,越来越多的大学和研究机构纷纷加入仿生领域的研究队伍中,快速推动了水下仿生领域发展,研制的仿生机器鱼游动性能也得到了极大提升。当前仿生学者针对水下鱼类游动性能的研究不再局限于自然观测和简单行为模仿,而是逐渐向感知-结构-材料-控制一体化方向发展。本书旨在汇集作者近年来在水下仿生推进机理方面的研究成果,以摆动推进鱼类的复合波动模式为出发点,从鱼体动力学特性和流固耦合特性两方面来分析仿生推进机理,研究成果反映了国内外机器鱼研究的最新进展,以推动水下仿生机器鱼的未来研究和工程应用。

　　本书是作者在总结水下摆动推进仿生理论和技术方面的研究成果及课题组多年科研实践经验的基础上撰写而成的,其中部分内容是已经公开发表的学术论文,部分内容则是作者对水下仿生机理的深度思考和见解。全书共分7章。第1章介绍了鱼类游动仿生学的研究背景和意义,概述了摆动推进鱼类仿生机理和样机研制的研究现状。第2章以鱼类复合波动推进为出发点,从运动学角度探索鱼游的运动仿生机理。第3章建立了多刚体串联的鱼体游动模型,并研究了鱼类动力学特性对推进性能的影响。第4章和第5章从鱼类动力学角度出发,以超冗余串并联结构和黏弹性梁为基础,分别建立鱼游动力学模型,分析了仿生机理的变刚度和复模态动力学特性。第6章介绍了分析鱼类游动的LS-IB数值方法,该数值方法适合分析具有复杂运动边界的流固耦合特性。在此基础上,第7章建立了鱼游的CFD模型,从流体力学的角度研究了仿生摆动推进的游动机理。

在水下仿生推进机理研究和本书编写过程中,科研团队的同事、博士生及硕士生参与了部分章节的资料整理工作,在此表示感谢。特别感谢我博士期间导师姜洪洲教授和博士后期间导师张为华教授的悉心指导。两位导师学识渊博,治学态度严谨务实,工作作风精益求精,为人谦和,严于律己、宽以待人,朴实无华、平易近人的人格魅力一直是我前进路上的指明灯,伴随并影响我一生。感谢课题组田体先博士、李康康博士、黄群、聂东豪、顾兴士、郭江峰、李永强和陈炳兴等给予的帮助和支持。感谢美国明尼苏达大学的 Lian Shen 教授、邓冰清博士、William Hao 博士、Elliot 博士、Lin 博士和 Tao 博士,清华大学航空航天工程学院黄伟希教授,中科院力学所杨晓雷研究员和杨子轩研究员,哈尔滨工业大学何景峰老师、佟志忠老师、黄其涛老师、张辉老师和彭敬辉博士等对研究工作的指导与帮助。同时,特别感谢国家自然科学基金(No. 51275127,No. 12002097,No. 12262006)和贵州省科技厅自然科学基金(No. 2021[266])等项目资助。

本书的编写得到众多国内外专家的亲切关怀和广大读者的热情支持与帮助。仿生机器鱼的研究仍处于快速发展时期,作者对许多问题仍未深入研究,一些有价值的新内容也来不及收入本书。由于作者知识和水平有限,加上编写时间较紧,书中错误之处在所难免,希望各位专家和读者批评指正。

作　者

2022 年 5 月

目录

CONTENTS

第1章

绪论

1.1 研究背景

海洋约占地球总水量的 97%，蕴藏了极其丰富的海洋生物资源和海洋能源，是人类维持自身生存与发展的可拓展空间。纵观世界历史发展，任何大国的崛起必然伴随其海洋开发和利用进程，世界强国大多也是海洋强国。目前，随着陆地资源日趋枯竭以及世界政治格局的变化，人类对海洋的认识和利用正在发生着深刻变化，海洋生物、能源、空间等资源所潜藏的巨大利益得到了前所未有的关注，海洋经济的良性循环将有效促进和推动人类可持续发展。因此，认识、开发和利用海洋资源正逐步成为世界各国发展的普遍战略，提高海洋资源开发能力也成为世界各国科学技术的研究热点。

在推进海洋资源开发历程中，世界各国都在不断调整自己的海洋战略，加大建设海洋强国的步伐。例如，美国制定了《21 世纪海洋蓝图》、《美国海洋行动计划》、《海洋空间规划框架》等中长期发展战略规划；英国制定了《2025 海洋计划》和《英国海洋科学战略 2010—2025》等发展规划；加拿大实施 21 世纪海洋发展战略；俄罗斯提出了新时期全方位的海洋发展规划；日本提出 21 世纪实现海洋科技大国目标；韩国和印度也分别提出了建设海洋强国的措施，并制订一系列海洋工作计划。在我国，海洋科技发展进入新时期，政府制定了"关心海洋，认识海洋，经略海洋"的海洋强国战略，提出要切实提高知海、管海、护海、用海的能力，建设透明海洋、智慧海洋和生态海洋。

近年来，我国海洋开发利用、海洋安全、海洋管理等方面权益不断地受到外界挑衅和滋事，如钓鱼岛争端愈演愈烈、南海油气资源被周边国家疯狂盗采、部分蓝色国土正被邻国蚕食等。党的十八大报告指出，中国将坚决维护国家海洋权益，提升经略海洋能力，建设海洋强国。经略海洋，必须装备当先。海洋工程装备是开发、利用和保护海洋,发展海洋经济的前提和基础。海洋工程装备制造业是《中国制造 2025》确定的重点领域之一,是我国战略性新兴产业的重要组成部分和高端装备制造业的重点方向,是国家实施海洋强国战略的重要基础和支撑。其中,水下机器人是海洋工程装备制造业的重要分支之一,可以广泛应用到海洋环境观测、海底地形探索、水下目标检修、海上事故应急等诸多领域。

目前,水下机器人一般作为水下运载和作业平台,实施水下目标操作。根据应用场景的不同,水下机器人通常对应多种不同的技术要求。例如,在环境监测和军事侦察等领域,要求水下机器人作业时间长、作业范围大,但本身承载能力或承载空间有限,不能加载太多能源的场合;在海底勘探、海洋救捞、搜索救援以及海洋复杂环境检测(如沉船内部)等领域,要求水下机器人机动性能高,体积小,能够在狭窄或复杂空间场所较好地完成任务;在海洋生物、珊瑚礁群观察领域,要求水下机器人推进噪声小、环境扰动小等。上述应用场景的不同,使得常规水下螺旋桨推进器很难满足要求,也使得水下机器人技术得到了科研工作者的广泛关注。

目前,国内外工程师研制了多种不同类型的水下机器人。根据操作控制方式的不同,可分为以下几种[1-2]:

(1) 自主型水下机器人(autonomous underwater vehicle,AUV):指具有智能行为的高级水下机器人,具备自动驾驶、导航定位、自诊断和故障处理、环境测量等功能,具有活动范围大、机动灵活、隐蔽性好的特点,而且结构简单、尺寸小、造价低,目前仅限于简单的水下探测作业。AUV 的优点是由于没有电缆连接,其活动范围较大,不受母船制约;不足之处是对机器智能要求较高。

(2) 遥控型水下机器人(remote operated vehicle,ROV):此种水下机器人由水面上人员进行遥控操作,水面上人员可实时观察到水下环境。这种机器人对机器智能要求不高,缺点是由于电缆连接,其活动范围有限。

(3) 自主-遥控混合型水下机器人(autonomous & remote-operated vehicle,ARV):此种水下机器人采用自主和遥控两种控制方式,兼具自主型和遥控型水下机器人的优点。

尽管当前水下机器人技术使得人类的涉海活动空间不断取得突破,如近期中科院沈阳自动化研究所的“海斗”号 ARV 成功完成了万米级以上无人深潜,但水下机器人推进性能依然远逊于海洋生物的游动运动,其根源很大程度在于推进机理的不同。目前,为了探测和开发海洋,人们研制了多种水面舰艇和水下潜器,大多采用螺旋桨作为动力装置。螺旋桨推进器将驱动单元的运动转换为旋转运动,因此可以很方便地与内燃机、电机等旋转驱动方式结合。但螺旋桨推进方式因为旋转运动造成了尾流中垂直于推进方向的速度分量,流场中的部分能量消耗并不能产生推力,而载体也必须克服与螺旋桨转动方向相反的较大转矩,因此螺旋桨推进效率是比较低的[3]。另外,在高速旋转情况下,螺旋桨会产生气穴空化现象,降低了桨叶的使用寿命。螺旋桨推进系统具有结构复杂、推进效率低、体积大、重量重、噪声大和环境干扰强、瞬时响应存在严重滞后等缺陷。

相比较而言,为了实现捕获食饵、逃避敌害和繁殖后代等生存需要,海洋中的鱼类经过亿万年的自然进化,获得了非凡的水中运动能力,既可以在持久巡游下保持低能耗和高效率,也可以在逃逸状态下爆发极高的游动加速度,还可以在复杂狭小环境中实现高机动性游动[4-5]。在自然界中,不同类型的鱼体能够利用周围的流体来减小其游动阻力,实现长距离巡航、快速机动响应等,呈现出高效的游动性能[6]。例如,水下机器人的平均推进效率为 40%～60%,而鱼类的游动推进效率通常可达 80%以上;普通船舶的回转半径至少为 3～5 倍体长,而鱼类的回转半径只有 0.1～0.3 倍体长,并且回转速度较快[7];在捕食或逃避天敌时,海豚的加速度可以达到 20～50 倍的重力加速度,远超过人造水下航行器的加速性能[8]。总体上,海洋游动生物推进所具备的优点恰好能够弥补目前水下机器人的推进效率低、机动性差等不足,为新型水下推进机理的研究提供了富有价值的借鉴。

在漫长的环境适应过程中,海洋游动生物在感知方式、执行方式、控制方式、信息处理和行为决策等方面具有绝对优势。目前,仿生学学者正逐步研究如何通过学习和模仿来复制和再现鱼类的特征和功能,从而用来改进和完善现有水下航行器的推进性能。海洋游动生物仿生学研究综合了生命科学、数学力学、信息科学、工程技术及系统科学等多学科内容,将海洋游动生物的精巧结构、运动原理和行为方式等所获得的知识应用到水下机器人设计中,为机器人学提供模仿和学习的样本,能够进一步促进仿生机器学(biomimetics)的发展,它也是目前机器人学活跃的研究领域之一。

随着仿生学、材料学、机械学和自动控制等技术的发展,海洋生物仿生学研究虽然已经取得了诸多进展,并在仿生水下航行器以及生物流体力学研究等方面形成特色,研究人员基于鳗鲡科、鲹科、鳐科、水母等不同生物原型设计了多种仿生水下航行器,但大部分水下机器人的推进性能还无法与海洋生物相媲美,其重要原因在于仿生学者并未完全揭示鱼类的游动机理,未能精准地把握及利用仿生原型的运动机理[9]。仿生游动机理是设计仿生系统和提升推进性能的科学基础。

在自然界中,85%的鱼类利用身体和尾鳍的摆动,形成向后传播的鱼体波曲线,并在水中获得快速、高效和高机动性的游动性能。本书以身体/尾鳍推进模式(body and/or caudal fin,BCF)鱼类为研究对象,重点阐述身体/尾鳍推进模式的游动性能与复合鱼体波动状态、身体刚度阻尼、鱼体波动曲线参数以及流体环境等因素之间的复杂关系。根据前期研究可知,一方面鱼类游动性能可通过其复合波动曲线参数来评价,如鱼体波动曲线波数、摆动幅值以及摆动频率等[7];另一方面,鱼类游动时所产生的复合波动曲线是由其身体的刚度、阻尼和流体环境共同决定的,而鱼体的刚度和阻尼可通过脊椎、肌肉和皮肤等生物组织来进行调节[10-11]。总的来说,它们之间的复杂关系及其对应的游动机理并不明确。在仿生机理方面,鱼类复合波动推进模式、鱼体柔性动力学特性、鱼体与流体的耦合特性以及仿生机器鱼的研制等研究仍然存在许多亟须解决的科学问题。

　　鉴于上述分析,本书结合研究背景和研究基础,以鱼体的复合波动曲线为研究对象,在考虑流体与鱼体相互作用的前提下,建立鱼类游动模型,研究鱼体复合波动的动力学特性。结合鱼体的振动模态特性,通过鱼体的摆动曲线来分析鱼类的推进模式。另外,采用计算流体力学方法,提出了适合模拟鱼类游动的数值方法,并建立鱼体的约束游动模型和自由游动模型,以分析鱼类在不同运动状态下的推进性能。最后,作为鱼类推进机理和机器人技术的结合点,重点阐述水下仿生机器人研究情况,为研制高效、高机动性、低噪声和易隐蔽的水下航行器提供了一种新思路。该研究结合了振动模态、黏弹性力学和计算流体力学等基础理论,对揭示鱼类快速高效的游动机理以及水下航行器的控制有着非常重要的意义,可为缩小仿生水下航行器与生物原型之间游动性能的差距提供理论依据。另外,该研究对于人们认识生物运动及进化规律、推进流动控制理论的发展具有重要的科学价值,同时,对于新型水下推进器和水下柔性俘能系统等战略性、前沿性工程技术的发展也具有重要的参考价值。

1.2　鱼类仿生学的研究内容

　　水下仿生机器人研究是一个多学科交叉、融合的研究领域,涉及仿生学、流体力学、机械学、材料学、控制论和电子学等多个学科。在 1936 年,英国生物学家 Jame Gray 提出著名的海豚游动效率之谜——Gray 悖论(Gray's paradox),即在速度相同的条件下,海豚游动消耗的能量约为拖动其刚体模型所需能量的七分之一[12]。Gray 悖论产生的主要原因在于忽略了海豚游动在流场中的减阻和能量吸收机制。在经历大约 60 年后,美国麻省理工学院(MIT)于 1994 年首次研制出水下仿生金枪鱼样机,该研究也正式拉开了鱼类仿生学的研究序幕。从 20 世纪 90 年代后期至今,世界各国研究者纷纷展开了鱼类游动机理的理论研究和仿生机器鱼的工程实验研究。

　　作为一个包含仿生技术和机器人技术的多学科问题,鱼类仿生学研究目前受到了生物学家和机器人学者的关注。国际机器人杂志 *Autonomous Robots* 推出了专刊"*Special Issue on Biomorphic Robotics*",分别从仿生推进、仿生传感系统、仿生驱动技术、基于生物学的传感-电机控制技术、学习和导航、机器人行为的学习和控制等六方面介绍了仿生机器人技术。类似地,*IEEE Journal of Oceanic Engineering* 在 2004 年也推出了"*Biology-Inspired Science and Technology for Autonomous Underwater Vehicles*"水下仿生机器人专刊,从水动力学、基于神经科学的控制、仿生驱动技术和系统集成技术等四方面介绍了鱼类仿生学的研究内容。目前,仿生机器学发展迅速,水下仿生机器人研究已经取得了良好的进展,实现了水下仿生机器鱼在水中的三维游动、快速启动、快速转弯等,在推进速度和推进效率等方面有了较大提高,但与真实鱼类的游动还存在非常明显的差距。鉴于此,结合笔者近十年的研究基础,本书从鱼类仿生机理出发,重点介绍鱼类仿生学目前的研究热点内容。

1. 鱼类的复合波动游动模式研究

鱼类复合波动推进模式研究,即建立有效的鱼体游动运动学模型,它是流体力学研究者建立水动力学模型、进行仿生机器鱼设计和研制等的重要依据。目前,鱼类复合波动游动模式的研究主要分为两类:①简化生物观测结果,提取有效信息;②利用流体力学理论推导波动推进形式。但是,由流体力学研究者提出的鱼类波状游动模型通常具有计算量大、参数过于烦琐等缺点,很难应用于实际仿生机器鱼的设计中。从现有的文献来看,完善精确、适用于仿生机器鱼设计的运动学模型依然是鱼类仿生学研究的主要内容之一。

目前,鱼类复合波动游动模式的研究仍然是鱼类仿生学研究的基础内容之一。根据鱼类游动推进的形态学和运动学特征,在明确研究目的和技术指标的前提下,选择具体的仿生对象,利用高速数字影像技术,结合生理学、解剖学和生物力学,研究生物原型的运动过程,在此基础上进行数学分析和抽象,建立精确描述鱼类复合波动推进的运动学模型,为后续仿生机器鱼的广泛应用提供模型基础。

另外,鱼类的复合波动游动模式研究通常忽略了运动模式的微小差异,而这些差异往往对应着游动机理的不同内涵。在现有文献中,缺少鱼类复合波动游动模式运动学参数的详细分析,特别是结合鱼类动力学特性分析以及流体力学特性分析。例如,鱼类的高机动运动通常认为是鱼体在流体环境中涡流主动控制的结果,是典型的非定常流动控制问题。这就需要深入研究鱼体复合波动变形运动和流体环境之间的相互作用机制,揭示高机动运动的非定常水动力学控制机制,这样有利于水下仿生技术的拓展应用,提升水下机器人的运动能力。

2. 柔性鱼类变刚度动力学特性研究

生物实验已表明鱼类可通过调节身体刚度以改变自身固有频率,以匹配尾鳍摆动频率,使其在游动过程中产生共振,从而提高游动速度和降低游动能耗[13-14]。近年来,仿生学者受此启发,研制了多种可变刚度的仿生机器鱼,但变刚度性能无法达到真鱼变刚度的性能,缺乏鱼类在流体环境中的变刚度机理的深入研究。总体上来讲,柔性鱼类变刚度动力学特性研究存在以下问题:

(1) 缺少鱼类变刚度的设计准则,鱼体变刚度特性与游动性能之间的关系尚不明确;

(2) 在仿生机器鱼研究中,缺少合适的变刚度机构,以满足鱼体大范围、主动和实时变刚度特性。

深入探索柔性鱼类变刚度动力学特性,首先要明确鱼体内部生理构造,从生物力学的角度探索变刚度的变化规律;其次建立简单实用的动力学模型,利用理论建模、数值模拟以及实验测量三种方法研究变刚度特性;最后设计对应的仿生变刚度机构,通过优化变刚度机构几何参数,使变刚度范围最大化,实时调节仿生机器鱼刚度以提高游动性能,进行鱼体变刚度控制策略研究。鱼类变刚度动力学特性研究,为揭示鱼类高性能游动的仿生学机理提供了研究思路,也为高性能变刚度仿生机器鱼的新型设计提供了理论依据。

3. 柔性鱼体感知信息与流体减阻机理探索

在游动过程中,鱼类通过摆动鱼鳍产生合理的流场来获得推力,这一过程伴随有非定常涡的产生。从流体力学的角度看,鱼类高性能游动的关键问题在于合理的涡控制。近期研究发现,鱼类可通过身体两侧的侧线(lateral line)器官感知周围流场的情况,并且动态地调整鱼体复合波动状态,达到高效减阻的目的[15]。例如,遍布鱼类躯干和尾部的侧线器官能察觉低频的振动,从而判断水波的方向及大小,感知水流方向和压力的改变以及周围生物的活动情况等;南美弱电鱼(Gymnotiformes)能主动产生一个类似正弦性质的电场,用于传感、通信和导航等。

在自然界中,鱼体具有强大的感知信息的能力,如何将鱼体独特的信息感知和处理机制与流场信息相结合,以便分析鱼类的游动机理,该方面研究目前还停留在实验测量阶段。将实验测量和理论分析结合起来,可以探讨柔性鱼体感知信息与流体减阻机理,分析鱼类信息感知与流场信息之间的内在规律,为其运动控制和高性能仿生机理研究提供理论基础及方法指导。对于仿生机器鱼,需要模拟鱼类构建仿生传感系统,模拟水下生物体独特的感知器官,学习这些独特的水下感知原理,研制功能相仿的仿生传感器,以提高水下机器人在复杂环境下的应变能力。

以水下机器人平台为载体,需要将生物的自主运动转化为机器鱼的机械运动,分析鱼体的力学设计和控制机制,包括生物结构、材料属性、肌肉力学、神经控制等方面。随着传感技术和控制技术的发展,把视觉、超声和姿态等传感器集成到机器鱼本体上,采用多传感器信息融合方法来提高机器鱼与环境的交互能力,从而实现仿生机器鱼的自主控制,将大大提高仿生机器鱼对环境的适应性,拓宽机器鱼的应用范围。

4. 高性能机器鱼的运动控制研究

经过亿万年进化,鱼类已获得了精细的生物结构和灵巧的控制策略。从工程学的角度来说,鱼体的肌肉骨骼系统可以看作一个集驱动和控制于一体的非线性耦合系统,其中包含神经与机械的前馈与反馈机制。而肌肉通常也不只是作为原动机,还具有刹车、弹簧与支撑的功能,这由其所处的运动状态决定。在充分研究鱼体肌体结构和运动特性的基础上,尝试采用新型的材料(如人工肌肉等)和新型结构来实现鱼体的结构功能。仿生机器鱼(biomimetic robot fish)是参照鱼类游动的推进机理,利用机械、电子元器件或智能材料来实现水下推进的一种运动装置。从仿生的角度来说,机器鱼的推进运动是基于鱼类的游动技能及其解剖学结构,靠波动或摆动的鱼体以及控制自如的背鳍和独特形状的尾鳍来实现的。

高性能机器鱼的运动控制主要指仿生机器鱼高效、高速、高机动的三维空间运动和姿态稳定。要使仿生机器鱼准确到达指定位置,就必须利用各种传感器对游动过程中的状态参数进行测量,在游动过程中躲避障碍物,并结合控制算法对机器鱼的运动进行实时控制。在运动过程中,由于仿生机器鱼的形态,随运动而动态地改变,引起的流体附加质量效应使得鱼体很难保持平衡。对于仿生机器鱼运动过程中的快速推进和稳定性的矛盾,应当遵循"稳定第一,控制第二,推进第三"的原则,合理、有效地控制是连接稳定性和快速性的桥梁。仿生机器鱼的游动控制大体可分为速度控制和方向控制。在运动学和动力学模型尚不完善的情况下,参照鱼类推进的理论模型,在水动力学研究和实验的基础上开展仿生机器鱼的智能控制算法研究,可有效提升机器鱼的可控性和机动性。

5. 多机器鱼的协调协作技术研究

对于机器鱼个体无法独立完成的复杂或不确定任务,可采用多机器鱼协调来完成。目前国内外多机器鱼协调的研究也是仿生机器人研究的热点之一。多机器鱼协调系统不仅可以继承多机器人系统的诸多优点,而且可以逐渐揭示或验证鱼类复杂的群体行为,将在海洋探测、太空探险、国土防御等领域发挥重要作用。

鉴于环境的复杂性和特殊性以及机器鱼自身特殊的推进方式,很难用解析的方法建立一个精确的数学模型,因此,针对机器鱼群开发出高效、高灵活性、高鲁棒性的协调与协作方法,是一个重要的且具有挑战性的前沿研究方向。参照多智能体理论,建立多机器鱼分布式控制系统,在此基础上,开展多鱼协调游动的水动力学模型、多机器鱼协调运动、队形控制等一系列关键技术的研究,可为未来实用型机器鱼的群体协作提供必要的理论和技术支持。

水下仿生机器人要适应复杂多变的工作环境,必须具备强大的定位、导航控制能力。多个水下仿生机器人要真正体现群体智能,必须具有良好的群体协调控制能力。随着制造、传感、控制等技术的发展,探讨集机构、驱动、传感、控制、通信为一体的水下机电系统结构,研制原理样机,并结合控制仿生如利用智能算法实现机器人的自主控制及群体间的协调控制,将是仿生机器人控制仿生的研究主题。

1.3 复合波动推进鱼类概述

1.3.1 鱼类推进模式分析

鱼类在不同的流体环境中有着不同的推进模式,这与鱼体几何外形、流体雷诺数和游动状态等有着密切的关系。根据游动持续时间的长短(或者尾体摆动的周期性),鱼类游动可分为稳态游动(周期性游动)和瞬态游动(非周期性游动),具体介绍如下:

(1) 稳态游动(periodic or steady swimming):指较长时间的周期性往复运动。目前,鱼类推进模式分类的研究主要基于鱼体的周期性稳态游动。

（2）瞬态游动（transient or unsteady swimming）：指持续时间非常短的游动，常见于鱼类躲避敌害和捕捉猎物时的快速起动及急加减速等。

根据鱼类游动中摆动部位的不同，相关学者对其推进方式进行了归纳和分类。1926年，Breder[16]将鱼类推进模式简单地划分为鳗鲡科模式和鲹科模式两大类。1983年，Alexander 等[17]发现鱼类的推进主要依赖于中间鳍和对鳍的摆动，而后又发现鱼类仅依靠尾鳍的摆动就可以实现推进。1984年，Webb 等[18]将鱼类推进模式分为身体/尾鳍游动模式（BCF）和中间鳍/对鳍游动模式（MPF）两大类，如图 1-1 所示，该分类是根据鱼类游动中所使用的身体部位进行划分的。这种分类方法开创了人们研究鱼类游动模式的先河，对鱼类游动的描述较为直观，但分类也过于简单。

图 1-1　鱼类身体/尾鳍和中间鳍/对鳍推进模式

（1）身体/尾鳍推进模式（body and/or caudal fin，BCF）。该模式主要利用身体的波动及尾鳍的摆动产生推进力，特点是瞬时游动的加速性能好，周期游动的续航能力强。BCF 模式具有高效和高速推进的特点，本书主要介绍 BCF 推进模式鱼类的仿生学内容。

（2）中间鳍/对鳍推进模式（median and/or paired fin，MPF）。该模式主要依靠胸鳍、腹鳍、背鳍及臀鳍等鳍面的柔性波动产生推进力，特点是机动性好，稳定性强。

根据参与摆动的尾体长度，将摆动推进鱼类的身体/尾鳍推进模式进一步细化为鳗鲡科、亚鲹科、鲹科和鲔科模式[19]，如图 1-2 所示。

（1）鳗鲡科模式（anguilliform）。以七鳃鳗鱼等为例，采用该模式的鱼类身体一般比较柔软，整个身体从头至尾均参与波动，而且身体至少呈现一个完整的波形。

（2）亚鲹科模式（subcarangiform）。采用该模式的鱼类前部身体摆动幅度较小，大幅值摆动常见于鱼体尾部。

（3）鲹科模式（carangiform）。采用该模式的鱼类前部身体刚性较大，后段逐渐减小形成尾柄。其波动主要集中在身体的后 1/3，且摆幅急剧增加。同时，坚

鳗鲡科模式　　　亚鲹科模式　　　鲹科模式　　　鲔科模式

图 1-2　摆动推进模式的传统分类[19]

硬的尾鳍能够提供较大的推进力。以金枪鱼等为例,鲹科鱼类身体参与摆动的长度较小,具有游动速度快和推进效率高的特点,常被用于水下仿生机器人的设计[20]。

(4) 鲔科模式(thunniform)。采用该模式的鱼类常具有高展弦比的尾鳍,身体刚性很大,侧向位移主要集中在尾柄和尾鳍部分。该模式的游动具有高速和高效特点,常见于长时间的巡游。

图 1-2 所示的分类方法定性地划分了摆动推进模式,简单直观,但该分类方法并未考虑鱼体运动参数(头部摆幅、摆动频率、鱼体的摆动曲线波长等)的变化情况[21],即在不同的游动状态下,鱼类参与摆动的长度也会有所变化。

此外,文献[22]中提到可将鱼类的推进模式分为波动推进和摆动推进,但没有给出具体的分类方法。具体内涵如下:

(1) 波动推进模式(undulation):鱼类依靠其推进机构产生一列行波而前进,如鳗鲡科模式、亚鲹科模式、鲹科模式和鲔科模式等。

(2) 摆动推进模式(oscillation):鱼类的推进机构绕着机构根部旋转产生推进力,而其他大部分鱼体并不参与,如箱鲀科模式等。

如图 1-3 所示,上述分类方式多针对鱼类的游动模式,而不是鱼类本身。同类鱼可能既能利用 BCF 模式实现高速推进,又能利用 MPF 模式实现机动转向和保持稳定。

目前,仿生研究者逐渐开始关注鱼类运动学参数与游动性能之间的关系,并将观测得到的生物学数据应用到鱼游的数值模拟中,从流体力学的角度揭示鱼类快速高效的游动机理。Videler 和 Hess 记录了鲭鱼(mackerel)和鳕鱼(cod)在稳态游动过程中鱼体的摆动曲线的变化情况,并得到了鱼体的摆动曲线满足傅里叶级数形式的结论[23]。Tytell 和 Lauder 研究了美国鳗鱼(American eels)游动过程中的鱼体的摆动曲线,得到了幅值包络线的拟合方程和鱼体的摆动曲线波数[21],该波数后被用在七鳃鳗仿生水下航行器的设计中[24]。Videler 和 Wardle 总结了鱼类在稳态游动过程中波长的变化情况[25]。上述研究表明,在不同游动状态下,鱼类参与摆动的尾体长度会有所变化,对应的游动性能也不相同。

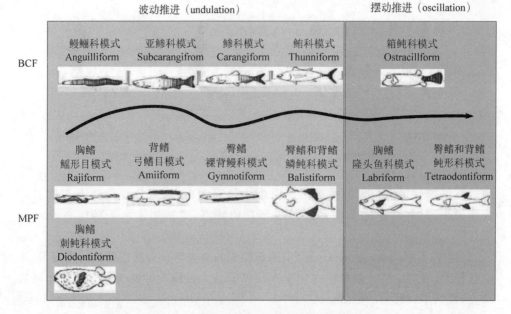

图1-3　鱼类波动推进模式和摆动推进模式

1.3.2　鱼类游动性能评价

摆动推进鱼类游动性能的评价指标主要包括游动速度（游动步长）、推力、摆动幅值、斯特鲁哈数和游动效率等。这些游动性能指标既可用于鱼类游动性能的评价，也可用于仿生机器鱼推进性能的评价。各指标的具体含义如下：

1. 游动速度（游动步长）

在海洋中，大部分鱼类的游动速度一般为2～12 m/s，最大游动速度至少在20 m/s。例如，箭鱼的最大速度可达30～35 m/s之间，鲸豚类的最大瞬时游动速度在5～25 m/s之间。由于海洋中鱼类的长度不同（体长在0.2～5 m之间），仿生学研究中通常采用归一化相对速度BL/s（body length per second，体长/秒）来衡量鱼类游动速度的快慢。一般情况下，鱼类游动的速度可达3～7 BL/s，鲸豚类的游速可达0.7～5 BL/s，箭鱼的游速高达11 BL/s。在海洋军事应用中，鱼雷的速度可达2～3 BL/s，潜艇的速度小于1 BL/s。毫无疑问，鱼类等海洋生物的游动速度远超过现有的人造水下航行器。

对于仿生机器鱼，其游速可通过自主游动测量。通过测量机器鱼在一段距离内的游动，记录并分析机器鱼游动的轨迹从而得出运动规律。首先在机器鱼鱼体不同的关键部位设定标定点，然后采用数码摄像机对鱼类游动时标定点的运动进行动态采集，进而利用图像处理软件分析鱼类的游速。例如，Anderson研制的无人水下航行器（VCUUV），它仿照鲔科模式的金枪鱼，最大速度为1.2 m/s（0.5 BL/s）[26]；

Kumph 的鳗鱼科机器鱼的最大速度为 0.7 BL/s[27]。

生物学研究表明,摆动推进的鱼类游动速度与尾鳍摆动频率成正比,结果如图 1-4 所示。为了避免鱼类摆动频率对游动速度的影响,仿生学者提出了游动步长以衡量游动速度[28]。游动步长是指鱼类游动速度与鱼尾摆动频率的比值,其物理含义是鱼类在一个摆动周期内游动的距离。

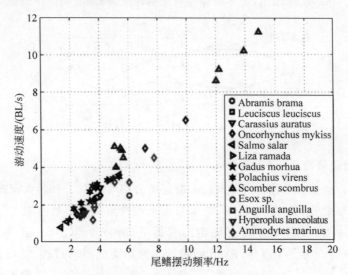

图 1-4 摆动推进鱼类游动速度与摆动频率的关系

2. 推力

如图 1-5 所示,鱼类在游动过程中鱼体尾迹会产生反卡门涡街结构,从而产生向前后推力。其所受的作用力包括推力、阻力、重力和浮力。机器鱼的受力一般通过静态测量得到。静态测量是将仿生鱼或鱼鳍固定在一夹持机构上,鱼体推力和浮力可由力传感器测得。

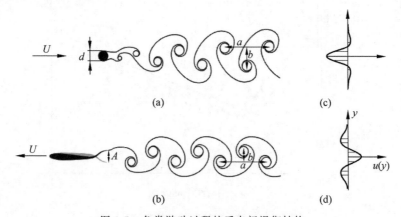

图 1-5 鱼类游动过程的反卡门涡街结构

3. 摆动幅值

对于摆动推进游动模式而言,鱼类在游动过程中会产生沿身体向尾鳍移动的身体波动,身体的波动从头部传递到尾部,从而产生推力。如图1-6所示,鱼体的摆动幅值是指鱼体侧向位移。摆动幅值通常以鱼体长度为参考,参考单位为体长(body length,BL)。在一定范围内,鱼体身体波动摆幅越大,身体波动产生的推力越大。

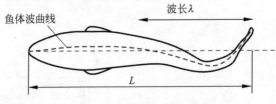

图1-6　摆动推进鱼类鱼体波

4. 斯特鲁哈数

在鱼类游动研究中,斯特鲁哈数 St 被定义为摆动频率 f 和最大摆幅 A 的乘积与游动速度 U 之比,即 $St = fA/U$,它常被用来评价鱼类的游动性能[29]。其定义表明在摆动频率 f 和最大摆幅 A 固定的前提下,斯特鲁哈数 St 越小,游速越快。Triantafyllou 等[8]分析了海豚、鲨鱼、鲭鱼和其他鱼类的游动过程,发现大多数鱼类游动的斯特鲁哈数在 $0.25 \sim 0.35$ 之间。Taylor 等[30]发现鸟类、蝙蝠等飞行类动物的斯特鲁哈数也在相似区间,$0.2 < St < 0.4$。Lauder 和 Tytell[31]发现,鱼类游动越快时其斯特鲁哈数越低。此外,Eloy[32]利用 Lightill 的细长体理论分析鱼类波动推进,结果表明游动生物的最优斯特鲁哈数变化为 $0.15 \sim 0.8$,与身体阻力系数、身体形状和几何参数相关。如图1-7所示为不同水生物种的斯特鲁哈数。

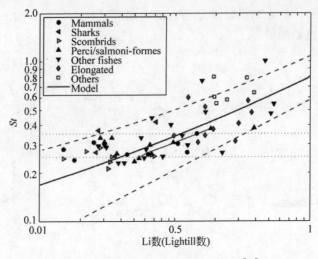

图1-7　不同水生物种的斯特鲁哈数[32]

5. 游动效率

摆动推进鱼类游动效率的评价方式主要包括 Froude 效率和能量运输效率两类。

(1) Froude 效率：平均有用功 DU 与总的游动耗能（$DU+E$）之比。其中，D 为鱼体在游动过程中的阻力，与推力大小相等，方向相反；U 为鱼体游动速度；E 为游动过程中鱼体的总能量损失。

(2) 能量运输效率：消耗能量与最大距离之比。该参数量化了在给定速度下游动最大距离所需的能量消耗。

1.4 仿生机器鱼研究现状

以金枪鱼、旗鱼和鲨鱼等为例进行分析可知，摆动推进模式具有游动速度快和推进效率高等特点，其非凡的游动性能引起了许多研究者的关注。结合仿生学、材料学、机器人学和智能控制等技术，水下仿生推进器也日益成为研究的热点。在仿生推进机理研究的基础上，仿生学者研制了多种具有不同游动性能的水下航行器，对应的设计方法也各有特点。总体上，仿生水下航行器都是对鱼体的摆动曲线的模拟，可分为基于刚性结构的仿生机器鱼、基于柔性结构的仿生机器鱼以及刚柔耦合结构机器鱼三类。

1.4.1 刚性结构仿生机器鱼

摆动推进模式鱼类主要依靠身体的弯曲摆动来实现向前游动。为模拟鱼类的弯曲摆动运动，仿生水下航行器可大致分为串联机构和并联机构两类。如图 1-8 所示，基于串联机构设计的水下航行器是通过多关节串联的方式来模拟鱼体脊骨，通过对各关节进行协同驱动控制，实现鱼体摆动曲线的模拟[33]。设计的水下航行器包括美国麻省理工学院开发的金枪水下航行器 Robotuna、美国 Draper 实验室水下航行器 VCUUV、英国埃塞克斯大学的 G 系列和 MT 系列水下航行器、瑞士洛桑联邦理工学院的水下航行器 BoxyBot、日本 NMRI 开发的 PF 系列和 UPF 系列水下航行器、东京工业大学研制的多关节海豚水下航行器，以及我国北京航空航天大学的两关节水下航行器 SPC-Ⅱ 和 SPC-Ⅲ、哈尔滨工程大学设计的 HRF-I、北京理工大学研制的 BLRF-I 及中科院自动化所等科研机构研制的多关节水下航行器等。

总的来说，基于串联机构的水下航行器模拟了摆动推进模式鱼类的脊椎结构，通过串联多个刚体的方式来完成鱼体的弯曲摆动。其结构原理如图 1-9 所示，该类型水下航行器需要多个刚体，且各关节需要单独驱动，协调控制复杂，体积大。同时，要实现不同类型鱼体的摆动曲线，串联结构的水下航行器还需要设计各刚体的长度以及转角，驱动器的控制方法也较为复杂，游动效率低。

图 1-8　基于串联机构
设计的水下航行器[34]

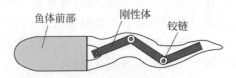

图 1-9　基于串联机构的水下
航行器结构原理

　　与串联机构不同,基于并联机构的仿生水下航行器主要由前肋板、后肋板和多个并联支腿组成,其结构原理如图 1-10 所示。并联机构能够较好地模拟鱼体肌肉的运动过程,但结构和控制都较为复杂,忽略了鱼体脊椎的整体弯曲,实用性较差。结合超冗余串并联结构的特点,姜洪洲等[35]提出了一种变刚度仿生鱼的设计方法,通过调整上、下平台的尺寸以及它们之间支腿的刚度,实现水下航行器的变刚度特性。

　　下面将综述近年来基于串联机构的仿生机器鱼的研究进展。

　　2008 年,美国波士顿工程公司(Boston Engineering Corporation)启动了资助仿生机器鱼 GhostSwimmer 研制的 SCOPE 工程计划,旨在打造一个兼具高机动、高速及高效的自主式水下仿生移动平台。GhostSwimmer 以蓝鳍金枪鱼为仿生对象,采用金枪鱼的高速、高效游动方式,其外形如图 1-11 所示。作为 GhostSwimmer 的变体,BIOSwimmer 在其尾部搭载了一个螺旋桨推进器。因此,BIOSwimmer 既能够以螺旋桨推进实现快速游动,也能够以金枪鱼的转向方式实现快速小半径转向。实验数据显示,BIOSwimmer 能够实现最大速度 5 节(1 节=1 海里/小时)的游动,而且能够以 3 节的速度实现倒游,体现了良好的游动性能。此外,由于兼具螺旋桨的强推力及金枪鱼式的柔软鱼体,BIOSwimmer 能够实现转弯半径小于一倍体长的 360°快速、机动转向。而采用完全仿生设计的 GhostSwimmer 则期望能够实现比 BIOSwimmer 更好的性能,如在 3 节速度下的续航时间达 66 h。

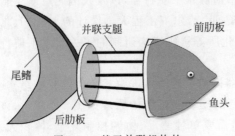

图 1-10　基于并联机构的
水下航行器结构原理

图 1-11　美国海军测试的
仿生无人潜航器 GhostSwimmer

2004—2010 年,英国埃塞克斯大学(University of Essex)的 Liu 等研制了 MT 系列和 G 系列的仿生机器鱼[36],其机动性能较好的 G9 机器鱼如图 1-12 所示。G9 机器鱼采用身体/尾鳍游动模式,依靠后段鱼体的 3 个舵机获取推进力。因为没有胸鳍机构,G9 利用鱼体内部的质量滑块调节重心位置,来实现上浮下潜。此外,G9 具有一个微型泵,能够实时改变自身重量。在控制方法上,G9 采用离散的鱼体波方程控制直游运动,采用构建的 C 形起动方程(CST 模型)实现快速转向。实验结果显示,G9 机器鱼实现了峰值转速 130(°)/s、平均转速 70(°)/s 的较好转向性能。

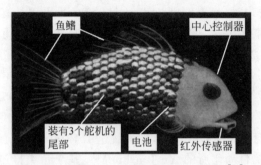

图 1-12 埃塞克斯大学研制的 G9 机器鱼[36]

2012 年,密歇根州立大学(Michigan State University,MSU)的 Tan 团队研制了一款兼具滑翔及游动能力的滑翔机器鱼[37],如图 1-13 所示。该机器鱼将传统滑翔器的滑翔运动和机器鱼的游动相结合,旨在提高其续航能力和机动能力。其内部安装有浮力调节机构和质心调节机构,以获得运动过程中的净浮力和实现姿态调整。同时,该机器鱼采用超大型的固定翼获得足够的升阻力。在机器鱼的尾端安装有能够转动的单关节尾鳍,以实现鱼类的摆动推进和机动转向。在控制方法上,该团队基于其动力学模型,分析了各控制量对滑翔运动的影响,并构建了基于模型的滑翔控制器,实现了螺旋式滑翔运动。实验结果显示,该机器鱼在仅 20 g 的较小浮力调整量下实现了 0.20 m/s 的滑翔运动。目前,该团队已经研制出新一代滑翔机器鱼 Grace,但尚未公布详细数据。

图 1-13 MSU 研制的滑翔机器鱼[37]

国内进行仿生机器鱼研究的机构主要有北京航空航天大学、中科院自动化所、哈尔滨工程大学以及哈尔滨工业大学等。这些仿生机器鱼也多采用身体/尾鳍推进模式。

北京航空航天大学是国内开展机器鱼研究最早的单位之一。2005—2011年，北京航空航天大学的梁建宏等[38]在SPC、SPC-Ⅱ系列水下机器人的基础上，成功研制出第三代鱼雷形水下航行器SPC-Ⅲ。SPC-Ⅲ体长1.60 m，采用两关节驱动（150 W直流伺服电动机），前段壳体采用碳纤维和铝合金构造以获取较小质量和较高强度，而尾鳍采用ABS开模铸造。由于未采用蒙皮设计方式，SPC-Ⅲ的驱动连杆机构直接浸泡在水中。为获取较强的续航能力，SPC-Ⅲ携带26块14.8 V、6 A·h的锂聚合物电池，续航时间长达20 h。SPC-Ⅲ采用具有一定相位差的余弦函数生成电动机的控制信号，最终在2.5 Hz拍动频率下实现了1.36 m/s的最大速度（折合0.85 BL/s）。此外，梁建宏等在此平台上对鱼游推进方式与传统螺旋桨推进方式的效率进行对比，发现在1.1 m/s的巡航速度下，尾鳍推进比螺旋桨推进的有效功率小7%。SPC-Ⅲ曾搭载水质监测仪器HACH-D5X在太湖的蓝藻重污染区进行藻类监测实验。在该实验中，SPC-Ⅲ展现了良好的续航能力，通过一次性充电，SPC-Ⅲ实现了总航程49 km，平均航速1.12 m/s，续航时间达到13 h。

2004年，中科院自动化所的Yu Junzhi等[39]基于鱼类推进的身体/尾鳍游动模式和中间鳍/对鳍游动模式，研制了身体/尾鳍推进、胸鳍推进、子母式、长鳍、两栖、海豚式推进等多个系列，聚焦高机动、高游速两大指标，目前已实现利用多模式控制技术将多种性能集成到高性能机器鱼平台。如图1-14为所设计的串联关节的鲹科仿生机器鱼，机器鱼通过改变胸鳍机构的攻角来实现升潜控制。采用无线控制调节机器鱼的游速、方向和升潜。通过摆动频率和摆动幅值调节机器鱼的游动速度，通过改变相连接关节的偏转角度控制游动方向。机器鱼的运动控制分解为速度控制和方向控制，其速度控制采用PID算法，方向控制基于模糊控制。在高机动机器鱼方面，实现了480(°)/s的平均转向速度和约670(°)/s的峰值转向速度，远高于现有文献中报道的机器鱼转向的平均速度（<120(°)/s）。

图1-14　中科院自动化研究
所研制的机器鱼[39]

另外，哈尔滨工程大学水下机器人实验室研制了名为"仿生-I"的仿生推进器。该机器鱼采用新月形尾鳍实现推进，体长为2.4 m，在1.3 Hz的摆动频率下可以实现1 m/s的直线推进或回转直径为4 m的原地回转。哈尔滨工业大学研制了鲔科推进模式的仿鱼推进器HRF-Ⅰ和HRF-Ⅱ等。

总体上，基于刚性串联结构的仿生机器鱼的各节鱼体通过各个旋转关节串联连接，各个旋转关节通过电机独立驱动产生转角，以保证各个关节的相位关系，从而使各节鱼体按给定相位关系摆动形成鱼体波。由此可见，刚性机器鱼通过运动学方式模拟鱼体波，该方式的仿生机器鱼不符合生物学柔性鱼体仿生原理,为了模拟生物鱼游动的连续性,需要增加更多的串联关节,这增加了机构摩擦力,降低了机械效率,并且结构复杂,控制困难。

1.4.2 柔性结构仿生机器鱼

传统的刚性结构机器人具有较高的定位精度、精确的运动控制和较大的输出力等优点,面向结构化环境,执行的是静态、确定的任务。然而,在非结构化环境下,或与人进行交互时,刚性机器人由于缺乏柔性、弹性和安全性而表现不佳。柔性机器人能够承受较大的变形,具有较强的环境适应性,能够执行动态、非确定的任务。尽管柔性机器人在机器人领域引起很多关注,但它的推广和应用仍面临着许多挑战,其中之一是需要具备较高的刚度调节能力以适应不同的工况,使柔性机器人在低刚度时可以对环境具有较强的适应性,在高刚度时能够传递力和承受负载。

鱼类等海洋生物的躯体或者翼、鳍等部件具有一定的柔性,在运动的过程中会产生不同程度的柔性变形。尽管已有的研究表明,结构的柔性变形有益于鱼类提高游动效率、俘获流场能量等,但其物理规律依然不清晰。不同于基于刚性结构的仿生机器鱼,柔性仿生机器鱼鱼体由黏弹性柔性材料制作而成。通过在柔性鱼体的特定位置放置驱动器形成正弦激励,激起柔性鱼体的振动模态,从而利用振动模态产生推进鱼体波。与刚性机器鱼相比,柔性机器鱼具有高度自由度且移动灵活。柔性材料被高度拉伸以储存能量,有助于加速。柔性机器鱼可以实现像生物鱼一样的连续运动。由此可见,柔性机器鱼通过动力学方式模拟鱼体波。

仿照摆动推进鱼类的生理结构,基于串联结构设计的仿生机器鱼通过多关节串联的方式来模拟鱼体的摆动曲线,但忽略了鱼体肌肉的机械性能。近年来,为提高仿生机器鱼的游动速度和推进效率,仿生学者提出了多种柔性鱼体结构,该结构考虑了鱼体脊椎和分布在脊椎周围鱼体肌肉对游动性能的影响。下面介绍一些具有代表性的柔性仿生鱼:

2007 年,麻省理工学院的 Alvarado 制作了一种基于硅胶材料的柔性机器鱼[41],如图 1-15 所示。通过在硅胶鱼体内部放置舵机,在黏弹性鱼体的特定位置放置驱动器形成正弦激励,激起柔性鱼体的振动模态,从而利用振动模态产生推进鱼体波。该机器鱼整体上为柔性结构,其黏弹性材料本身能够模拟鱼体的刚度和阻尼等机械特性。该仿生机器鱼结构较为简单,能够模拟鱼体的动力学特性。但是,由黏弹性材料(如硅胶)等制作的柔性鱼体一旦成型,其身体的弯曲刚度以及系统阻尼等机械特性就不能改变,对不同外部流体环境的适应性较差。

2012 年,通用电船公司的 Esposito

图 1-15 由黏弹性硅胶材料制作的柔性水下航行器[40]

制作了多组不同粗细的柔性机器鱼尾鳍,以模拟鱼体刚度[42],如图 1-16 所示。尾鳍的刚度由不同粗细的骨架调节,因此需要制作多组仿生机器鱼尾鳍样品,且样品的刚度不连续。在实验中,给定一个固定刚度的尾鳍,通过调节摆动频率匹配鱼体刚度,分析了尾鳍刚度和外形、摆动频率对推力和升力的影响,比较了在相同摆动频率下不同刚度的尾鳍产生的推力大小,得到了推力和升力随摆动频率的变化关系。

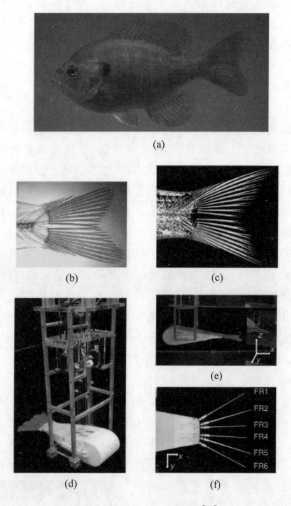

图 1-16　柔性机器鱼尾鳍[42]

2014 年,MIT 的 Marchese 等[41]研制了一款采用流体高弹性驱动器(fluidic elastomer actuators,FEA)的软体仿生机器鱼,其结构如图 1-17 所示。该机器鱼体长 0.339 m,采用硅树脂蒙皮,内部安装一个气动控制系统。通过控制体内压缩的 CO_2 气体,实现机器鱼的游动及快速转向。该机器鱼能够模仿鱼类典型的 C 形和

S 形起动运动。实验数据显示,该机器鱼在 S 形起动实验中达到了超过 300(°)/s 的峰值转向速度和 0.32 m/s 的线速度,体现了较高的机动性能。机器鱼外部为硅胶蒙皮,机器鱼鱼头内部安装高压气罐和电磁阀,鱼体内部分为左右两侧气腔,两侧气腔输入不同气压的气体以改变鱼体摆动外形。机器鱼可在 150 ms 内弯曲成 S 形,随后在 500 ms 内弯曲成 C 形逃生。该设计集成了流体驱动、能量传递、信号处理和控制等多个子系统,能够实现与自然界鱼类相接近的游动速度。

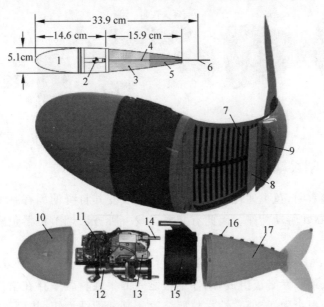

图 1-17 由流体系统驱动的柔性水下航行器[41]

1—刚性鱼头;2—鱼体质心;3—前部驱动器;4—鱼体脊椎件;5—后部驱动器;6—鱼体尾鳍;
7—流体驱动单元;8—柔性约束层;9—压力弹性通道;10—硅胶皮肤;11—通信控制元件;
12—气缸;13—流量控制阀;14—驱动通道入口;15—塑料骨架;16—指示灯;17—硅胶尾部。

2018 年,Robert K. Katzschmann 提出了一种用于近距离观测海洋生物的柔性机器鱼[43],如图 1-18 所示。鱼尾由液压齿轮泵以期望的摆动频率和摆动幅值进行驱动。鱼体内部分为左右两侧空腔,两侧空腔交替通入海水以使鱼尾往复摆动。机器鱼尺寸为 0.47 m×0.23 m×0.18 m,质量为 1.6 kg,续航时间为 40 min。在水下 0~18m 深度之间,机器鱼通过远程控制可以在海洋生物附近巡游。

此外,还可通过各种方式来实现鱼体的往复摆动,改变驱动力矩的大小和方向,以实现鱼类不同类型的游动方式。上述柔性水下航行器虽然具有一定柔顺性,但在游动速度、推进效率和机动性方面还远不如自然界中的鱼类。因此,在鱼类的游动机理和柔性机器鱼的设计制作等方面仍需进一步的探索。

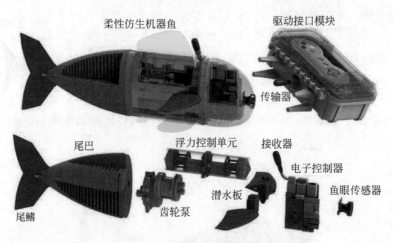

柔性仿生机器鱼　　　　　　　驱动接口模块

传输器

尾巴　　　浮力控制单元　接收器

电子控制器

齿轮泵　　潜水板　　鱼眼传感器

尾鳍

图 1-18　液压驱动机器鱼[43]

1.4.3　刚柔耦合结构机器鱼

生物实验表明,鱼类通过调节鱼体的刚度改变其自身的固有频率以匹配摆动频率,从而提高其游动性能。因此有必要寻找一种方法调节机器鱼刚度以匹配摆动频率。

2012 年,Park 提出了柔性材料变刚度尾鳍以研究鱼体水下推力[44-45]。机器鱼的脊骨由六块刚性平板组成,刚性平板之间的柔性材料中存在空气孔。通过伺服电机拉伸两根牵引线,使柔性材料压缩改变其截面惯性矩,从而改变尾鳍刚度。通过伺服电机拉伸两根牵引线驱动尾鳍摆动。在某一摆动频率下,通过压缩柔性材料改变尾鳍刚度,鱼体尾鳍水下推力可以达到最大化。如图 1-19 所示,在调节鱼体刚度之后,鱼体外形发生改变,破坏了鱼体流线型外形。但是变刚度尾鳍并未与机器鱼集成,还未实现自主游动。

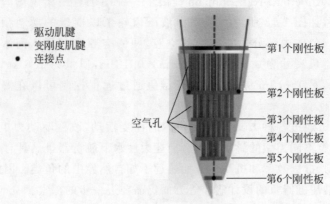

―――　驱动肌腱
-----　变刚度肌腱
●　　　连接点

第1个刚性板

第2个刚性板

第3个刚性板

空气孔　第4个刚性板

第5个刚性板

第6个刚性板

图 1-19　柔性材料变刚度尾鳍[44-45]

2015 年,崔祚和顾兴士[46-47]利用增加肌肉内部压力以增加身体刚度的原理,将空腔嵌入到硅胶柔性鱼体中,通过调节通入空腔内部的气压以改变机器鱼刚度,如图 1-20 所示。实验表明,这种方法可以调节鱼体刚度,但是受到柔性材料变形的限制,这种通过改

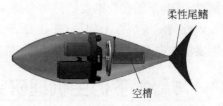

图 1-20 嵌入变气压空腔机器鱼

变输入气体气压调节鱼体刚度的范围有限,同时气压过高会引起鱼体变形,破坏鱼体的流线型外形,影响游动性能。同时离线改变气压调节鱼体刚度,未能实现鱼体刚度在线调节。

2016 年,Ardian Jusufi 为研究鱼体游动和刚度控制的机理研制了软体机器鱼[48]。如图 1-21 所示,该软体机器鱼将主动控制的气动驱动器固定在柔性鱼尾上。两个柔性驱动器具有类似鱼体的刚度并固定在柔性平板的鱼尾两侧,同时两侧柔性执行器通过杆件内部的两侧气孔相连通入气压,交替改变通入柔性执行器的气压可使两侧柔性执行器交替收缩,从而使鱼体摆动,驱动柔性机器鱼游动。软体机器鱼鱼体在游动过程中,通过控制输入气压可调节刚度、改变执行器收缩相位和频率。由于机器鱼需固定在一杆件上沿轨道游动,所以此柔性机器鱼未实现完全的自主游动。

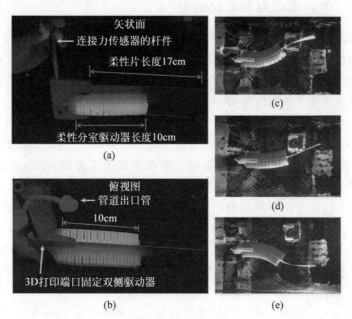

图 1-21 软体机器鱼[48]

由此可见,变刚度仿生机器鱼不仅需要在大范围内连续调节机器鱼刚度,同样也需要具备大范围调节刚度的能力。目前变刚度仿生机器鱼无法达到真鱼水平的

变刚度范围,不能在变刚度的同时保持鱼体流线型外形,并且无法实现刚度在线调节。因此为了解决以上问题,有必要研制一种既不破坏鱼体外形又能在线大范围变刚度同时实现自主游动的柔性仿生机器鱼。

1.5 水下仿生机理研究现状

在自然界中,85%的鱼类把身体和尾鳍当作主要推进器,利用身体/尾鳍的左右摆动来产生反作用力,并形成向后传播的鱼体摆动曲线,以实现快速高效的游动性能。多年来,Gray悖论虽然一直悬而未决,但促使了人们对鱼类快速高效游动机理的深入研究。尽管后人的研究发现Gray当初的计算方法存在有待完善的地方,但这个疑问在学术上至今都没有统一的解释。然而,Gray疑问的另一大贡献在于启发和推动研究人员持续关注并研究鱼类等海洋生物运动机理的热潮。

目前,越来越多的研究集中在鱼类游动机理的分析上。鱼类运动机理研究的核心目的在于揭示鱼类的流场能量利用机理,关键难点在于变形躯体-流体耦合动力学模型的建立,涉及变形体动力学和黏性流体动力学等方面的诸多难点,因此极具挑战。本节分别从鱼游水动力学理论研究、实验研究、数值模拟研究和鱼体变刚度特性研究四个方面来分析鱼类游动机理。

1.5.1 鱼游水动力学理论研究

为了探索鱼类的高效游动机理,国内外的学者很早就致力于这方面的研究。鱼类在游动过程中与流体之间存在复杂的相互作用,具有时变、非定常和三维等特点,因此要建立一种通用的、准确的推进理论是十分困难的。国内外学者在这方面进行了大量的工作并取得了丰硕的成果。早在19世纪20年代,学者们就开始了鱼类游动机理的研究。抗力理论(resistive force theory)和反作用理论(reactive force theory)是两类最为常见的鱼类推进理论。抗力理论主要考虑流体的黏性作用,而忽略了流体惯性力;而反作用理论假设流体为无黏流,主要考虑流体惯性力。两类理论模型考虑的侧重点不同,因此其适应范围也不同。

1952年,Taylor[49-50]利用静态流体理论对微生物游动进行了分析,建立了一种抗力水动力学模型。该模型将流体作用力分为抗力和黏性阻力,并且作用力大小和相对于流体的瞬时速度成正比,通过静力学平衡来分析鱼体的动力学问题,将流体力学问题简化为——静力学问题和运动学问题的结合。由于忽略了流体惯性力,因此模型仅适用于雷诺数很低的微小生物游动。

1960年,Lighthill[51]将空气动力学理论引入到鱼类游动研究中,建立了鲹科鱼类游动的数学模型,该模型将鱼体的运动简化为沿体长方向向后运动的行波,振幅沿体长呈增大趋势,在此基础上分析了细长形鱼类高效推进的尾鳍运动参数和几何参数,进而首次提出了细长体理论。该理论只考虑惯性力的作用,在一定范围内可以给出正确的定性规律,被广泛应用在生物游动分析中。

1969 年,Lighthill[52]在细长体理论的基础上,分析了鳗鲡科和鲹科模式的推进方式,发现具有大展弦比结构的新月形尾鳍能够提高推进效率,并于 1970 年[53]进一步提出了新的"细长体理论",该理论适用于分析鳗鲡科和鲹科模式。而且,于 1971 年[54]提出了分析鱼类规则和不规则运动的"大摆幅细长体理论"。2011 年,Candelier 等[55]将细长体理论扩展到了三维形状,获得了细长鱼体上压力和动量的表达式。

1961 年,Wu[56]将鱼体简化为厚度为零、展长无限的二维弹性板,利用空气动力学中振动变形机翼的研究方法,考察了波动频率、波数等对推进性能的影响,进而首次提出了"二维波动板理论"。该理论考虑了惯性力、前缘吸力和尾迹展向涡的作用。Wu 于 1971 年[57]进一步提出了"非定常二维波动板理论",系统分析了鱼类游动及优化问题。童秉纲等[58-59]在"二维波动板理论"的基础上,通过设定平面尾流模型和线性化的边界条件,采用一种半数值、半解析的三维非定常涡格法求解了具有任意形状的波动板推进问题,于 1991 年建立了"三维波动板理论"。该理论将二维波动板扩展成无厚度且形状任意的三维板,童秉纲等利用该理论分析了三种游动方式,分析了鱼类游动方式的最优情况,并进一步分析了鱼类加速和大幅波动问题。

1974 年,Chopra[60]采用三维小摆幅方法分析了矩形尾鳍的推进。于 1976 年[61]在鲔科新月形尾鳍推进模式的基础上,对具有弧形前缘和尖锐后缘薄板的小摆幅运动进行了分析,得出了最佳推进的尾鳍形状,进而在 Lighthill 提出的"大摆幅细长体理论"的基础上发展了用于计算新月形尾鳍的二维大摆幅理论。

1977 年,Chopra 和 Kambe[62]利用非定常升力面法对多种形状的尾鳍在三维尺度下进行了分析。基于叶片元理论,Blake[63]于 1981 年对三种不同形状鳍的推进进行了分析,结果表明在相同面积下三角形鳍相对于矩形和方形鳍受到的阻力更小。1984 年,Videleretal 考虑到鱼类游动的生物力学特性和结构的动态特点,针对与身体长度相比其侧向振幅很小的鱼类提出了"薄体理论"。1987 年,Daniel[64]在叶片元理论的基础上,结合非定常机翼理论对鳐鱼推进方式进行了分析,得出了柔性波动鳍推进的理论结果。1994 年,Cheng 假定鱼沿纵向弯曲刚度为常量,提出了"波动平板理论"和"动态梁理论"[65]。1996 年,Triantfyllou 研究发现:在自行驱动的鱼类身体后部有射流形成,这些喷射的涡流在产生推力方面起着重要的作用[4]。这些推进理论的研究为仿生机器鱼的实现提供了理论基础,但如何使鱼类推进理论和机器鱼运动控制结合起来还有大量的工作要做。

上述内容是水下仿生推进机理在理论方面的代表性研究,分析的对象主要是鱼类推进模式,这些研究得到了许多有价值的结论,提出了许多重要的研究方法。但是,理论研究对研究对象都有一定程度的简化和近似,而且对于适用范围有一定的限制。尽管如此,以上理论研究成果作为水下仿生推进的理论基础仍然具有重要的学术价值。尽管这些理论分析对鱼类运动机理的研究起到了许多开创性的引领作用,但由于对鱼体模型进行简化以及无法精细分析涡动力学控制等与推进相关的重要影响因素,使得其应用具有一定的局限性。因此,数值仿真在近年来的鱼类运动机理研究中更受青睐。

根据鱼体与周围流体的相互作用力,分析鱼类游动的流体理论主要包括抗力理论、大摆幅细长体理论、波动板理论和动作盘理论等。当流体雷诺数较低时,鱼体周围流体的作用力可通过抗力理论进行分析。当流体雷诺数较高时,流体对鱼体的惯性力可通过大摆幅细长体理论或波动板理论进行分析。本书采用大摆幅细长体理论对鱼体进行受力分析,该理论认为鱼体所受作用力是由其周围流体的附加虚动量引起的。

根据上述流体力学理论,将流体对鱼体的作用力与鱼体的离散动力学模型或连续体模型相结合,建立鱼体的流固耦合模型,以研究鱼类快速高效的游动机理。在这些模型中,还可以通过增加中枢模式发生器(central pattern generators,CPG)来控制并优化鱼体在不同流体环境下的推进性能。近年来,鱼类的运动学参数可通过使用高速摄像机来获取,这为后续建立鱼体动力学模型、计算流体力学模型以及鱼体内部生物组织的结构模型提供了输入参数。

1.5.2　鱼游实验研究

实验手段是水下鱼类游动机理研究的重要手段,主要包括活体观测实验和样机模型实验。活体观测实验主要涉及外形参数测量、运动参数测量和动力学参数测量,早期学者利用活体观测方法获得了大量实验数据。在早期实验研究中,摆动推进鱼类的游动特点是通过连续拍摄鱼体的游动并根据图像来分析得到的。实验得到的数据和结论可以为鱼类推进机理分析提供最为直接的依据,而且能够为理论分析和数值模拟提供参考,因此实验手段的重要性不言而喻。

随着实验技术的发展,鱼类游动实验的涵盖范围逐渐拓展,准确度也逐渐提升。近年来,高速摄像机、数字粒子成像测速仪等设备被成功应用到鱼类的流场实验研究中。利用粒子图像测速(particle image velocitometry,PIV)能够定量地测量鱼体周围的流场信息,可通过结合涡动力学来分析鱼体游动过程中的能耗。研究者通过数字粒子图像测速(digital particle image velocitometry,DPIV)研究了流体的速度和涡量等流场信息和鱼类运动学参数之间的关系,捕捉鱼体在流场中运动过程中的流场信息,进而可以获得涡结构的形成和演化规律,这将有助于研究流场与鱼类水动力学性能之间的关系。至此,学者们开始越来越重视涡动力学理论在鱼类游动机理分析中的重要作用。

DPIV实验的基本原理如图1-22所示,流场中分布有示踪粒子,激光器发出的激光经光学元件调整后照射到流体中,示踪粒子在激光照射下会反射光线,高速摄影机在一段时间内会进行多次曝光以记录流场中示踪粒子的位置。经过后期的图像处理,可以得到两次曝光时间内示踪粒子的位移差,进而得到示踪粒子的速度,而示踪粒子的速度可以近似代表流体的速度。

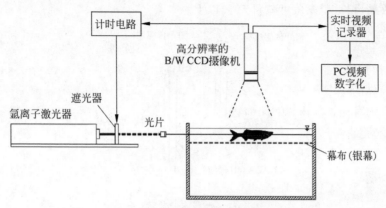

图 1-22　DPIV 实验的基本原理

Wolfgang[66]利用 DPIV 技术观测了鲐鱼的直线游动和转弯游动,分析了其尾迹流场信息,发现鲐鱼游动时会在尾迹中产生逆卡门涡街,向后的射流可以被诱导出去。Drunker 和 Lauder[67]利用 DPIV 技术观测了蓝鳃太阳鱼游动时的三维涡结构,分析了其推进模式的水动力学性能。Freymuth[68]采用烟线法测量了风洞中拍动翼的流场,结果表明拍动翼尾迹呈现逆卡门涡街时获得推力,此时拍动翼后部存在向后的射流。除此之外还分析了静止流场中拍动翼产生的涡结构和推进性能参数。Sakakibara 等[69]测量了活鱼体周围的涡量场和速度场,结果表明鱼体尾部涡流是由交替涡街组成的。Jenniffer 和 George 以鲭科鱼类为研究对象,测量了正形尾鳍后不同区域的尾迹结构[70]。Liao 等[71]研究发现鲑鱼在游动过程会利用尾迹涡流的能量。Nauen 和 Lauder 使用三维 DPIV 技术对虹鳟鱼的尾流进行了测量,发现尾迹涡街结构为链式涡环[72]。Flammang 等[73]通过 PIV 实验研究了太阳鱼和鲷鱼的尾迹流场,发现鱼体尾鳍的对称性是引起其环形尾涡的主要原因。Linden 等[74]发现当斯特鲁哈数在 0.25 附近时,鱼体会产生最优的反卡门涡街,对应的推进效率达到最大。上述实验结果均有助于分析鱼类尾迹的涡流特点,也为仿生水下航行器推进性能的研究提供了实验支持。

自 20 世纪 90 年代开始,麻省理工学院的 Triantafyllou 研究小组[75]对活鱼游动以及仿鱼类摆动翼进行了一系列实验。其摆动翼实验装置示意图如图 1-23 所示。他们首先提出水翼在斯特鲁哈数在 0.25～0.35 之间时存在最佳推进效率,此时水翼尾迹存在逆卡门涡街,这和鱼类游动的斯特鲁哈数是一致的。该研究小组分析了不同参数组合下的摆动翼水动力学性能和流场特征,提出了获取最佳效率的方法和运动参数优化算法。为分析涡流场中摆动翼的水动力学性能,该研究小组设计了具有 D 形振动圆柱的实验装置[76]。该研究小组还对活鱼的机动进行了基于 DPIV 的观测实验,在此基础上进行了定量研究。此外,该研究小组利用机器鱼 Robotuna 进行了阻力性能实验[8,77],实验结果表明:鱼类高效游动的原因在于其善于利用尾鳍进行涡控制,只有当机器鱼的运动处于合理范围内时才有可能实现减阻效果,相对于死鱼可减阻 50% 以上。

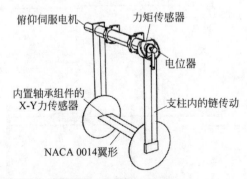

图 1-23　水翼实验装置[75]

哈佛大学的 Lauder 研究小组[78]设计了一套 PIV 实验系统,对鱼类游动中鱼鳍的作用进行了实验研究,其实验装置示意图如图 1-24 所示。在此基础上,该研究小组还进一步分析了后部附体对鱼体推进性能的影响[79]。

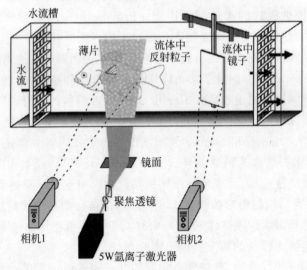

图 1-24　PIV 实验装置[78]

中国科学技术大学的仿生研究小组[80]针对鱼类的机动动作进行了研究,包括鱼体的 C 形起动、S 形起动等,并利用 DPIV 技术观测了其流场特征。清华大学的曾理江研究小组[81]设计了一套二维视频跟踪系统并进行了运动观测,不同于传统的静态观测,该观测系统可以实时获取鱼体的位置并记录其侧视图和底视图,从而获得鱼体运动的实时数据。江苏科学技术大学的王志东研究小组[82]采用 DPIV 技术观测了摆动尾鳍的尾迹流场,获得了其尾迹三维涡结构。

在实验中,由于柔性鱼类的运动参数是不可控的,故这些实验并不能反映斯特鲁哈数和雷诺数之间的关系。另一个问题是,DPIV实验很难直接测量鱼体所受的推力和游动效率等参数。如Dabiri所说,典型的PIV实验可以测得尾迹的速度和涡量场,但无法测量鱼体周围的压力场和所需的推力[83]。对于稳态游动的鱼类而言,尾迹静动量为零,故不可能通过测量尾迹来求解其游动效率,详细的讨论可参考相关文献[84]。因此,即使在最近的实验中,鱼类的游动效率仍然由输入参数的水动力学模型进行求解。

1.5.3 鱼游数值模拟研究

传统的实验研究和理论分析难以全面模拟分析游动中的流固耦合问题。计算机技术的突飞猛进促进了计算流体力学的发展,以此为背景,数值模拟方法逐渐成为分析鱼类游动问题的重要研究方法。随着计算机性能的提高,计算流体力学(computational fluid dynamics,CFD)逐渐应用到鱼类游动的数值模拟中。与理论分析相比,鱼类游动的数值模拟能够分析鱼体周围的压力分布、速度分布和尾迹的涡量信息,这些流场信息有助于鱼体游动机理的分析。此外,数值模拟通过求解流场的控制方程可以给出整个流场的细节信息,为定量研究生物推进性能和推进机理提供了基础条件;具有良好的可重复性,克服了活体实验操作困难、可重复性差的缺点。数值模拟的代价更低,周期更短。采用适当的几何模型和运动学模型,数值模拟通过合理的求解方法可以得到近似真鱼游动的水动力学性能参数。

流固耦合力学(fluid structure interaction)是一个新兴力学分支,综合了固体力学和流体力学。流固耦合包含了两个方面:一方面,固体在流场作用下会产生变形或运动;另一方面,固体的变形或运动会影响流场的载荷分布。生物游动问题是一类典型的流固耦合问题,处在流场中的生物存在复杂的流固耦合作用。长期以来,理论分析和实验研究一直是生物游动的主要研究手段。但是,理论分析和实验研究都难以全面反映生物游动的作用机理。理论分析多应用于早期研究中,由于分析多采用简化模型或近似计算,难以真实、全面地对复杂的生物游动问题进行解释。而实验手段具有直观、可靠的优点,但也具有生物活体运动控制困难、受力情况难以提取和实验代价高昂等缺点。

计算机技术的突破为计算流体力学(CFD)的进一步发展提供了契机,利用数值方法分析鱼体游动问题日益成为鱼体推进机理研究的热点。一般来说,计算流体力学的基本原理是采用数值方法来求解表征流体的 Navier-Stokes(N-S)方程组,计算出流场参数在连续区域上的离散分布,从而模拟流场的运动。黏性流体的 Navier-Stokes 方程组在合适的边界条件下理论上可以模拟任何流体动力学问题,然而方程组的解析法求解的可能性很小,因此数值求解方法逐渐成为求解 Navier-Stokes 方程组的重要方法。而鱼体游动作为一类复杂的流固耦合问题,包含了动边界和复杂边界,其边界条件的设定更为复杂,方程组的解析法求解几乎是不可能的。根据鱼体的几何形状和运动模型来设定方程的边界条件,基于数值方法求解完全的 Navier-Stokes 方程,可以获得鱼体游动过程中随时间变化流场的细节信息,这对于鱼体游动的机理揭示是十分必要的。因此,CFD 技术在鱼体游动领域已得到广泛应用,在学术领域也出现了许多新的求解方法和网格生成算法,计算效率日益提高,计算精度也得到了广泛验证。

在鱼游模拟中,可以设置不同黏性的流体,以研究鱼类在不同环境中的游动性能。鱼类的游动可由两个无量纲参数雷诺数(Re)和斯特鲁哈数(St)来描述。摆动推进模式的鱼类通常在雷诺数 $Re>10^4$ 的流体环境中游动,流体的惯性力起主导作用,而黏性力可忽略不计。根据鱼体与流体之间的相互作用,鱼游的 CFD 模型可分为非自主游动模型和自主游动模型两大类。具体地,非自主游动的鱼体模型是指通过事先给定鱼体的运动轨迹,计算鱼体摆动对流场的作用,不考虑流场对鱼体运动的影响,为单向耦合;自主游动的鱼体模型考虑了流体环境对鱼类运动的反馈作用,为双向耦合。

1997 年,Liu[85]等利用 CFD 技术模拟了黏性非定常流下任意三维形状的波动运动,并给出了以蝌蚪为代表的鳗鲡模式的流场结构。Zhu 等[86]在二维和三维尺度下对金枪鱼的游动进行了大量数值模拟,对其推进机理进行了深入分析。Sarkar[87]采用数值方法研究了水翼运动参数对推进性能的影响,为采用尾鳍推进的仿生推进系统设计提供了理论参考。Mantia 等[88-89]对二维翼的水动力性能进行了大量数值模拟,分析了形状、尾迹和附加质量对二维翼水动力性能的影响。在鱼类的非自主游动模型中,Wolfgang[66]和 Zhu[86]等分析了鲐鱼的三维迹结构,如图 1-25 所示,该研究表明鱼类可以利用尾迹的涡流来获得更优的游动性能。

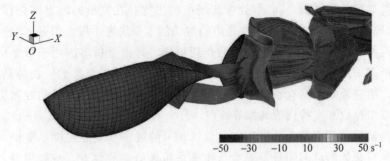

$$-50 \quad -30 \quad -10 \quad 10 \quad 30 \quad 50 \text{ s}^{-1}$$

图 1-25　鲐鱼在直线游动时的尾迹涡街[66]

董根金等[90]采用时空有限元方法研究了二维变形体并列波状摆动的受力问题,分析了二维变形体同相或反相摆动对推进效率和推力的影响。Eldredge 等[91]采用多连杆串联的结构模拟鱼体的波动,定性地探讨了鱼体在圆柱障碍物后的涡流结构,分析了鱼类游动的涡流控制机理。Deng[92]利用沉浸边界法对单鱼和鱼群游动进行数值模拟,分析了其推进过程的水动力学性能和流场结构。

如图 1-26 所示,鱼类在往复摆动过程中会产生不同旋向的附着涡,它们在游动过程中沿尾鳍迅速脱落,在尾迹形成交错排列的反卡门涡街。在反卡门涡之间,尾迹区域会形成一系列连续射流,产生的反作用力会推动鱼体向前游动。在稳态游动过程中,鱼体尾迹射流的反作用力约占推力的 70%,且鱼体尾部的变形量会影响尾涡的脱泄强度。故水下

图 1-26 鱼体摆动过程中
形成反卡门涡街[9]

仿生机器鱼的设计需要考虑尾迹流体对鱼体的反作用力,通过涡流控制等方式来提高游动效率。

当利用 CFD 模型对鱼类游动进行数值模拟时,需要考虑流体对鱼体大变形的耦合作用。目前,鱼体的流固耦合模型逐渐考虑鱼体与流体之间的双向耦合作用,研究也逐渐从非自主游动向自主游动转变。其所涉及的数值计算方法也需要继续完善,这也是柔性鱼类游动研究的发展趋势之一。

从 2008 年起,Borazjani 和 Sotiropoulos 主要研究了鲹科和鳗鲡科鱼类在过渡流和无黏流下的水动力学特性[93-95],系统地讨论了雷诺数等动力学参数对推进效率、推进速度、流场特征的影响,识别出了高质量的双线涡、发夹涡等尾涡结构。结果表明:鳗鲡科鱼类更适合在低雷诺数流场中游动;鲹科鱼类更适合在高雷诺数流场中游动,其尾迹的三维涡结构的形态和斯特鲁哈数相关,即当斯特鲁哈数较大时尾迹涡结构呈现双列逆卡门涡街形式,当斯特鲁哈数较小时尾迹涡结构呈现单列逆卡门涡街形式。图 1-27 所示为鲹科鱼类在雷诺数为 4000 时的尾迹涡结构。在这些研究中,设鱼体的摆幅不变,通过改变摆动频率研究鱼体尾迹的涡街结构。当摆动频率较小时,对应的斯特鲁哈数较小,鱼体尾迹的涡街为单列反卡门结构;当摆动频率较大或斯特鲁哈数较大时,鱼体尾迹的涡街为双列结构。事实上,鱼类在游动过程中摆动幅值是变化的,故该研究对鱼体尾迹涡街结构的分析并不准确。

图 1-27 在不同斯特鲁哈数下鲹科鱼类游动的三维尾迹涡结构[94]

对于大部分稳态游动的鱼类,其斯特鲁哈数均在常值 0.3 附近波动[8]。但是,太平洋鲑鱼(Pacific salmon)的游动表明鱼类游动最优的斯特鲁哈数并不是常数,它依赖于鱼体速度和流体的雷诺数[96]。在低速游动时,斯特鲁哈数随着游动速度的增大而增大,最大可达到 0.6。此外,翼型摆动的实验结果也说明选用该斯特鲁哈数可实现鱼类推进效率的最大化[8]。目前,鱼类游动的斯特鲁哈数和流体环境的雷诺数之间的具体关系并不明确,出现上述情况的原因可能在于斯特鲁哈数并不能完全解释鱼类的低速非高效游动。

哈尔滨工业大学的夏丹[97]对鲔科仿生原型自主巡游和加速-滑行模式进行了数值模拟,分析了尾鳍展向柔性对推进性能的影响,发现具有展向柔性的尾鳍推进性能更优。浙江大学的潘定一[98]采用数值方法研究了涡流场中水翼和鱼体的水动力学性能,分析了流场中涡的相互作用。河海大学的王亮[99]进行了水槽中二维和三维仿生鱼的自主巡游和机动游动的数值模拟,分析了游速和方向的控制方式,以及身体脱落涡和尾鳍脱落涡的作用模式。中国科学技术大学的杨炎[100]采用数值方法系统研究了锦鲤的加速-滑行模式和转弯,结果发现加速-滑行游动方式与巡游方式相比效率较低,单摆尾转弯的效率要高于巡游转弯。

非自主游动的鱼体模型本身忽略了流场对鱼体的反作用力,不能完全反映鱼类在自然界中的游动特点。目前,越来越多的研究集中在鱼类自主游动的数值模拟上。其中,对鳗鲡科鱼类游动的模拟较多,原因在于其身体呈细长形,外形描述较为简单。Carling 和 Williams 建立了鳗鱼的二维自主游动模型,分析了流体黏性对鱼体推进性能的影响[101]。瑞士 ETH Zurich 的 Kern 等通过数值模拟研究了大摆幅鳗鲡科模式的自主推进问题,对推进效率、尾涡控制等重要的流场信息进行了研究,提出了优化鳗鲡科模式推进性能的方法[102];2014 年起,该课题组的 Gazzola 等还将增强学习等优化算法融入 CFD 算法中[103],该改进算法能够以实现游动效率等性能最佳为目标进行鱼体运动学和形态参数的优化[104],这一极具意义且具开创性的工作为海洋生物游动的研究提供了新思路。

目前,仿生学者逐渐将鱼体的内部动力学模型应用到鱼游的数值模拟中。例如,Tytell 等[105]考虑了鱼体的肌肉模型,实现了鱼体内部动力学和外部流体作用的双向耦合。就物理本质而言,鱼游这类问题考察的是柔性鱼体结构与流体耦合系统的动力学特性及机理,其重要特征就是流场中的固体结构是边界复杂、运动、带柔性变形的。柔性板状结构与流体耦合运动的现象普遍存在于自然界中,常见的有树叶摇摆、鱼鳍变形、旗帜飘扬等。在工程应用中,柔性体的流致振动可能会带来负面影响,例如,海洋立管经常会由于海流诱导的涡激振动而产生结构破坏;纸币在印刷流程中,经常会由于高速气流而产生褶皱或破碎,间接提高了生产成本,等等。柔性体流致振动也具有很高的工程应用价值,如柔性推进、柔性发电等。

进入 21 世纪后,得益于测量技术、计算技术和仿真技术的蓬勃发展,柔性体流

致振动机理及其工程应用的研究也取得了丰硕成果。根据鱼类游动的数值模拟的发展历程,可以将其大致分为三个阶段:

(1) 第一阶段:将鱼类的运动器官简化为具有简单运动形式的平板或者其他简单形状,将其放置在流场中研究其绕流问题。

(2) 第二阶段:鱼体或其运动器官在流场中运动过程中存在预设的柔性变形。

(3) 第三阶段:完全的流固耦合过程的模拟,即鱼类运动对流场会造成影响,反过来周围流场的作用力又导致了鱼体位置和形状的变化,这需要在求解流体力学方程的同时求解固体部分的运动方程和本构方程。

从单一柔性体到多柔性体耦合、从均匀流场到非均匀流场、从二维简化到三维全尺度仿真日趋得到关注并形成研究热点,以下将对其研究现状作简要介绍。2000 年,美国 Courant Institute of Mathematical Sciences 的 Zhang 等首次通过皂泡水洞实验观察了二维柔性丝线的运动[106],通过改变来流速度和丝线长度,发现了孤立丝线在均匀来流中的运动存在显著的双稳定性,即存在伸直和大幅拍动这两种状态,还发现了丝线在改变长度的过程中其运动会出现回滞现象。此项研究对于该领域的发展具有一定的启发性意义。

2002 年,美国 Courant Institute of Mathematical Sciences 的 Zhu 和 Peskin 首次建立了模拟柔性丝线流致振动问题的沉浸边界法[107],并在仿真中首次发现了丝线的双稳定性,验证了部分实验结果,而 Kim 和 Peskin 于 2007 年提出的惩罚性浸入边界法则突破了带质量柔性丝线模拟的瓶颈[108]。

2007 年,美国 MIT 的 Connell 和 Yue 通过理论分析及数值模拟的手段,发现了二维丝线在均匀来流中存在三种模态[109],即静止伸直、稳定拍动、无规则运动,这与 Alben 等[110]、Engles 等[111] 的研究结果相吻合。

2010 年,韩国 KAIST 的 Huang 和 Sung 采用数值模拟方法研究了三维柔性板在均匀来流中的拍动问题[112],发现了柔性板尾流存在双线涡、发夹涡和 O 型涡这三种形态,且旗帜的运动也存在取决于初始形态的双稳定现象。韩国 Seoul National University 的 Lee 等[113]、中国科学院力学研究所的 Zhu 等[114] 也分别于 2015 年、2014 年的数值模拟中发现了这一现象。

2008 年,美国 Courant Institute of Mathematical Sciences 的 Ristroph 和 Zhang 针对双丝线串列构型进行了更系统的实验研究[115],分析了流向间距对于下游丝线受力和运动的影响规律,得到了与常规水动力学规律相反的现象:上游丝线的阻力减小而下游丝线的阻力增大,这也称为逆向水动力学特性。针对该构型,Kim 等[116]、Uddin 等[117]、Yuan 等[118] 分别于 2010 年、2013 年和 2014 年展开了数值模拟分析,研究结果一致表明上下游丝线的受力状态与耦合运动模式主要取决于流向间距,其根源在于尾涡耦合模式的不同。

鉴于自然界中的流场环境往往较为复杂,柔性体与刚体在非均匀流场中的耦合运动和流控机制也得到了关注。2009 年,中国科学技术大学的 Wang 等则对丝线在卡门涡街中的运动状态函数进行拟合[119]，并结合面元法进行数值模拟，得出了丝线穿行相位差与其所受推力的关系。此外，Alben 则于 2012 年通过数值仿真的手段研究了点涡与柔性丝线的耦合运动[120]，发现两者之间存在相互吸引。在丝线与运动刚体的耦合方面，南京航空航天大学的 Wu 等则于 2014 年数值研究了附着柔性丝线的圆柱涡激振动问题[121]，发现丝线具备减弱甚至抑制圆柱涡激振动的能力。

2014 年，瑞典 KTH 和美国 Princeton University 的 Lacis 等通过实验研究，进一步得出了生物体表面柔性附着物的被动运动能够辅助其提高运动性能的结论。图 1-28 所示为柔性丝线在圆柱尾部的自发性对称拍动形态[122]。

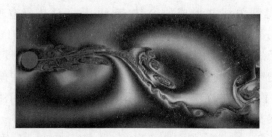

图 1-28　柔性丝线的自发性对称拍动形态[122]

受鱼类游动现象的启发，带主动驱动柔性体的流固耦合问题研究近年来显著增多。2014 年起，美国 Princeton University 的 Quinn 等则通过 DPIV 实验研究了前端带升潜驱动的柔性板的推进性能与流控机制[123]，发现了柔性板的平均推力和推进效率的峰值会在几个结构共振点出现，他们认为在仿生推进器的设计中，可以通过适当调节驱动频率来优化推进效率。韩国 KAIST 的 Uddin 等则于 2015 年研究了带升潜驱动柔性板置于全被动柔性板尾流的运动[124]，发现了下游板的低阻和高阻状态，并分析了对应的板-涡街作用模式。

1.5.4　鱼体变刚度特性研究

根据生物力学知识，将柔性鱼体简化为变截面黏弹性梁，以分析摆动推进模式鱼类的运动过程。目前，研究虽然表明鱼体刚度对游动性能有着很大的影响，但鱼体刚度的变化情况与鱼体的摆动曲线参数、流体环境的雷诺数以及游动性能之间的复杂关系并不明确。摆动推进鱼类是由鱼体脊椎、肌肉组织和皮肤等黏弹性生物组织共同组成的，其黏弹性特性可由鱼体刚度和阻尼来描述。在稳态游动中，鱼体刚度和阻尼对其游动性能有着重要的影响。目前，研究人员对鱼体刚度特性的研究较多，代表性的工作如下：

Long 等[125-126]通过制作多种弹性鱼体脊椎，发现了鱼类身体的弹性有助于提高其稳态游动效率。利用 Peskin 提出的浸入边界法，Tytell 等[105]建立了二维鳗鱼的游动模型，研究了鱼体在不同身体刚度下的游动性能，结果表明鱼体稳态游动的速度和加速度均与鱼体刚度有关。中科院的周萌等[127]构建了鲫鱼皮肤肌肉的本构方程,说明了鲫鱼可通过增加鱼体刚度来获得高效的游动性能。后续的生物力学实验表明,鱼类的生物组织能够调节弯曲刚度或共振频率,且当鱼体固有频率和其摆动频率接近时,鱼体推进效率达到峰值[128]。例如,Long 和 Nipper 发现大口黑鲈鱼可通过肌肉组织来调节其身体刚度[125]。McHenry 等[129]的研究表明太阳鱼在自然界中必须增加身体刚度以达到其所需的游动速度,该结果向仿生机器鱼的设计者们充分展示了鱼体刚度对游动性能的影响。

为提高水下航行器的推进性能,建立鱼体的游动模型需要考虑鱼体刚度对鱼体的摆动曲线参数及其游动性能的影响,即鱼体刚度不仅要合理设计,而且能够根据环境等外界因素适当地进行调整。例如,McMillen 等[130]结合多体动力学理论,建立了鱼体的离散模型,研究了鱼体刚度阻尼和游动特性之间的关系。Bhalla 等[131]研究了鱼体机械特性与其主动游动和被动游动之间的关系。Kohannim 等[132]发现鱼类的游动频率本身包括了身体的固有频率和流场水动力学的诱导频率两部分,并分析了鱼体刚度与其游动性能之间的关系。此外,Tytell 等[14]重点研究了机械谐振在鱼类游动中的作用,结果表明鳗鲡科鱼类虽然会发生谐振,但对游动性能的影响较弱,而对于身体刚度更大的鲹科或者鲔科鱼类,谐振对其游动性能有着非常重要的影响。

1.6 水下仿生技术难点

当前鱼类运动流固耦合系统的机理性研究与仿生机器的研制几乎并行发展,前者的任何一点突破都将给后者带来有益的启发。数值仿真因具备诸多天然优势,在流固耦合机理研究中占据主导地位。纵观整个研究热点,可以发现其主线都贯穿着数值方法和运动机理这两项内容。基于研究现状的分析,作者总结了摆动推进鱼类游动研究的发展趋势,认为该领域还存在以下技术难点:

1. 鱼体刚度阻尼动力学特性的研究

在不同游动状态中,鱼体刚度和阻尼沿鱼体长度方向分布的变化情况,以及其与运动学参数之间的复杂关系均需要进一步研究。通过分析生物鱼体内部构造,明确仿生机器鱼的结构形式和变刚度机理,建立鱼体变刚度模型,分析变刚度特性对鱼类游动性能的影响。为实现仿生机器鱼局部变刚度最大化,建立单节平面转动冗余并联机构的刚度模型解析式,分析刚度随几何参数和拉伸压缩内力的变化关系,给出机构内力变刚度最大化的优化设计方法和满足生物鱼变刚度特性的几何参数,分析限制平面转动冗余并联机构变刚度范围的主被动刚度耦合特性的机理,分析主被动刚度解耦机构的变刚度特性以判断此机构是否符合生物鱼变刚度特性,并解决主被动刚度耦合问题实现仿生机器鱼大范围变刚度问题。

鱼类通过调节身体刚度和阻尼来得到不同形式的鱼体波,进而获得快速、高效的游动性能。在考虑鱼体外形和刚度阻尼非线性变化的前提下,下一步工作可建立更有效的鱼类游动模型,从理论上给出鱼体波的数值解。另外,还需要采用更先进的生物学测量方法来分析鱼体刚度阻尼的变化情况,在此基础上进一步研制变阻抗仿生机器鱼。

2. 流固耦合数值方法的研究

数值模拟研究中的核心和难点是数值方法,它提供了基础数学框架和仿真计算程序,决定着问题研究的效率和结果的可靠性。总体上,求解流固耦合问题的数值方法应该具备稳定、可靠、高效计算结构动力学、流体动力学和结构-流体边界耦合的能力。由研究现状可知,传统的嵌套网格、移动网格技术已经可以用来解决这类耦合问题,但从计算效率、计算稳定性、模型复杂性等方面来评价,这些方法并不能适应当前研究的需求。尽管浸入边界法在心血管系统、鱼类游动等带复杂运动边界的模拟中已经展现出了多方面的优势,但如何借助高性能计算技术(如 MPI 等)对复杂物理问题进行更精细的建模,依然是有待深入研究的问题。

3. 水下生物推进机理的研究

水下生物推进机理的揭示有助于人类认识生物进化规律、发展流动控制理论和启发仿生工程设计。由研究现状可知,当前国内外所关注的游动仿生原型主要是鲹科、鳗鲡科等波动推进鱼类,并通过多种手段揭示了运动链中关键环节的物理作用,如尾涡形态与推进性能之间的关系等,然而,有关尾鳍等躯体部件对巡游、转弯机动等动作的影响鲜有报道,尤其是躯体-鳍联合作用的机理尚不清晰。相关的推进机理研究还比较欠缺,诸多关键参数对于推进性能和流动控制的影响规律还有待深入研究。

4. 多柔性体流固耦合系统的研究

多柔性体绕流系统的流固耦合特性研究具有重要的科学意义,是当前生物运动流体力学研究中的热点和难点。国内外对均匀来流中的单个柔性体、多个柔性体的耦合运动机理有了一定的认识,但这些研究结果大部分是在二维流场环境中获得的,其原因在于柔性体三维流固耦合特性的研究无论是采用数值模拟还是实验观测的手段都存在较大的挑战。然而客观世界中柔性体的绕流特性存在较强的三维效应,例如,展弦比、截面形状等因素都将会影响柔性体运动形态和流场特征,且三维效应的存在可能会改变多柔性体之间的耦合运动,并蕴含新的流动控制原理,因此这些内容有待进行更深入的研究。

针对柔性鱼体的流固耦合特性,虽然先进的流场实验可以测得游动鱼体周围的流场信息,但鱼类身体的摆动情况是不确定的,且鱼体刚度和阻尼的变化也是无法实时测量的。相比较,鱼类游动的 CFD 模型可以耦合鱼体本身的机械特性和流体环境中的水动力,能够从流固耦合的角度进一步揭示鱼类的游动机理。在自然界中,鱼类可通过实时监测流体环境的压力分布来反馈调节鱼体波,以进一步优化其游动性能。在考虑鱼体内部刚度阻尼对周围流体影响的前提下,后续研究可建立鱼体与流体环境之间的非线性双向强耦合 CFD 模型,从流固耦合的角度进一步揭示鱼类快速高效的游动机理。

5. 新型仿生水下推进机器的研究

新型仿生水下推进机器的研究是当前机器人领域的热点。基于鳗鲡科、鲹科等不同推进模式运动原理而研制的机械系统能够部分复现仿生原型的运动,但依然存在差异,尤其是躯体的柔性变形。研究还表明,自然界中生物运动过程中的柔性变形是其实现高效流场能量利用的关键,显然这个共识也是当前仿生机器研究的短板。因此在新型仿生推进机器的研制中,还应充分利用智能机构、柔性材料和柔顺控制技术来完美复现仿生原型的主动与被动变形,以实现低阻、高效、静音的目的,同时还能够促进仿生推进机理相关理论的发展和完善。此外,如何有效实现鱼类等生物的在位流场环境感知与运动反馈也是当前研究所未解决的问题。

在现阶段变阻抗柔性水下推进器研制中,变阻抗机构的设计较为复杂,体积较大,且很难产生鱼类所需的柔顺变形,故需要进一步研究适合柔性水下推进器的变阻抗机构。通过研制变阻抗水下推进器,使其在游动过程中实时地改变鱼体刚度和阻尼,产生所需的变形以获得快速高效的游动性能。

1.7 本书主要内容

随着机电一体化技术、计算机技术、流体力学和仿生学等相关学科和技术的发展,研究人员虽然研制出了多种仿生机器鱼,并可以模仿鱼类的多种运动模式,但是,现有的仿生机器鱼还难以满足实用性的要求。在稳态游动过程中,不同种类的鱼体对应着不同的鱼体摆动曲线,而鱼体摆动曲线本身是由黏弹性鱼体在流体环境中的振动特性来决定的。以鱼体摆动曲线的传播情况为研究对象,通过建立鱼体的游动模型来分析鱼体摆动曲线的复模态特性,然后结合鱼体摆动曲线的生物学数据,定量地分析摆动推进模式。此外,在不同流体环境中,可通过调整鱼体摆动曲线参数来研究鱼类的推进性能。为分析摆动推进鱼类快速高效的游动性能,本书拟从鱼体摆动曲线的复模态特性和推进性能两个方面进行研究。

本课题受到国家自然科学基金项目《基于超冗余串并联结构的变刚度仿生摆动推进装置机理及其关键技术研究》(项目编号 51275127)、国家自然科学青年基金项目《基于复模态特性的鱼类高性能波动推进模式研究》(项目编号 12002097)、国家自然科学基金地区项目《基于涡流干涉和复模态特性耦合分析的鱼类集群节能游动机理研究》(项目编号 12262006)、贵州省科技厅基础研究计划项目(黔科合基础-ZK〔2021〕一般 266)和贵州理工学院高层次人才科研启动项目(XJGC20190956)等资助。

本书重点研究了身体/尾鳍游动模式鱼体波的复模态特性及其推进性能。首先,结合 Lighthill 细长体理论,建立了柔性鱼体的游动模型,定性地研究了鱼体自由振动特性和强迫振动特性,从动力学的角度揭示了鱼体波的复模态特性。其次,利用复模态分析方法,将鱼体波分解为纯行波和纯驻波两部分,提出了身体/尾鳍游动模式分类的行波系数法。为研究鱼体波对推进性能的影响,提出了适合处理具有复杂动边界流固耦合问题的 LS-IB 数值方法,该方法具有简单有效和计算量小的优点。在此基础上,建立了鱼体约束游动和自由游动的 CFD 模型,研究了摆动幅值、摆动频率和行波系数等参数对游动性能的影响。此外还设计并制作了仿鲹科柔性机器鱼,验证了鱼体波的复模态特性及其推进性能。

本书主要取得了以下创新性研究成果:

(1)提出了身体/尾鳍游动模式鱼体波是由鱼体复模态振动产生的观点。通过定性分析鱼体的振动模态特性,明确了鱼体波实质为鱼体在流体中受迫振动的复模态振型。该结论为鱼体波复模态特性的研究奠定了基础,也为鱼类游动机理的分析提供了新的研究思路。

(2)提出了身体/尾鳍游动模式分类的行波系数法。对鱼体波进行复模态分解,并根据行波系数的分布范围,将身体/尾鳍游动模式分为驻波主导型、混合型和行波主导型三大类。该方法能够定量地划分鱼类的游动模式,更准确地描述鱼类推进模式的游动特点。

(3)提出了适合处理复杂运动边界流固耦合问题的 LS-IB 方法。由 Level-set 函数和重复初始化过程来描述复杂界面,由浸入边界法来模拟流体与固体之间的作用力。该方法适合模拟鱼类的游动,具有简单有效和计算量小的优点。

(4)结合 LS-IB 方法,建立鳗鲡科和鲹科推进鱼类的 CFD 模型,发现鳗鲡科和鲹科推进模式鱼体波的行波系数存在着最优区域,在该区域内会获得较好的游动性能。该结论为提高机器鱼的推进性能提供了设计依据。

具体章节安排如图 1-29 所示。

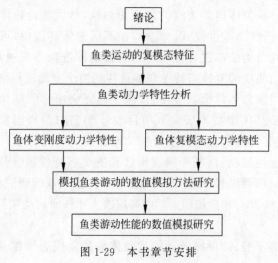

图 1-29　本书章节安排

根据上述思路,本书章节主要内容安排如下:

第1章介绍了鱼类游动仿生学的研究背景和意义,概述了摆动推进鱼游的仿生机理和仿生机器鱼的研究现状。

第2章以典型复合波动推进为出发点,从鱼类游动的复合波动运动学角度研究了鱼游的仿生机理。根据参与摆动尾部长度占鱼长的比例,摆动推进模式传统上可大致分为鳗鲡科、亚鲹科、鲹科和鲔科四种模式。实际上,在不同的游动状态中,同一种类的鱼体参与摆动的尾体长度都有所不同。传统的分类方法简单直观,但没有考虑鱼体的运动学特性。结合鱼类的生物学数据,本书以鱼类摆动曲线为研究对象,拟提出新的划分标准定量地评价摆动推进模式。

第3章将黏弹性鱼体简化为多刚体串联结构,鱼体黏弹性简化为各关节的刚度和阻尼,鱼体肌肉驱动被简化为特定关节的主动力矩。基于大摆幅细长体理论计算鱼体各处受到的水作用力,并考虑鱼体运动过程中受到的阻力和升力,利用基于解耦自然正交补矩阵的多体动力学方法建立鱼游的动力学模型,从而分析鱼体动力学特性与其游动性能的关系。

第4章以超冗余串并联结构为基础,建立鱼游动力学模型,从动力学的角度分析鱼体的变刚度特性,侧重研究鱼体刚度与摆动推进曲线以及受力情况,为变刚度机器鱼的设计和优化提供依据。

第5章以黏弹性梁为基础,建立鱼类游动的连续动力学模型,从动力学的角度分析鱼体的复模态特性。本章结合 Lighthill 细长体理论,拟将柔性鱼体看作浸入到流体中的黏弹性梁进行振动模态分析,从理论上给出鱼体动力学参数和鱼体的摆动曲线之间的关系,定性地分析鱼体摆动曲线的形成机制。

第6章给出了分析鱼类游动的计算流体力学数值方法,介绍了基于浸入边界法的 LS-IB 方法。在自然界中,鱼类的游动常发生于高雷诺数的非定常流体环境中。鱼类的游动还存在着几何形状复杂和边界运动等难点,其数值模拟过程具有网格生成过程慢和计算量大等特点。本书拟提出一种适合模拟鱼类游动的数值方法,能够简单有效地处理具有复杂动边界的流固耦合问题。

第7章基于数值算法,建立鱼游的 CFD 模型,研究了摆动推进鱼类的游动性能。结合第6章提出的数值方法,进一步研究摆动推进鱼类在不同流体环境中的游动性能。本书建立了鳗鲡科和鲹科的约束游动鱼体模型和自由游动鱼体模型,通过改变鱼体摆动曲线的运动学参数,系统地研究摆动推进鱼类在不同流体环境中的游动性能,并分析尾迹涡街结构的变化情况。

参考文献

[1] 蒋新松,封锡盛,王棣棠.水下机器人[M].沈阳:辽宁科学技术出版社,2000.

[2] 张铭钧.水下机器人[M].北京:海洋出版社,2000.

[3] 王国强,董世汤.船舶螺旋桨理论与应用[M].哈尔滨:哈尔滨工程大学出版社,2007.

［4］　TRIANTAFYLLOU M S, WEYMOUTH G D, MIAO J. Biomimetic survival hydrodynamics and flow sensing[J]. Annual Review of Fluid Mechanics,2016,48：1-24.

［5］　WU T Y. Fish swimming and bird/insect flight[J]. Annual Review of Fluid Mechanics, 2011,43：25-58.

［6］　王安忆,刘贵杰,王新宝,等. 身体/尾鳍推进模式仿生水下航行器研究的进展与分析[J]. 机械工程学报,2016,17：137-146.

［7］　COLGATE J E,LYNCH K M. Mechanics and control of swimming：a review[J]. IEEE Journal of Oceanic Engineering,2004,29(3)：660-673.

［8］　TRIANTAFYLLOU M S, TRIANTAFYLLOU G S, YUE D K P. Hydrodynamics of fishlike swimming[J]. Annual Review of Fluid Mechanics,2000,32(1)：33-53.

［9］　LAUDER G V. Fish locomotion：recent advances and new directions[J]. Annual Review of Marine Science,2015,7：521-545.

［10］　FISH F E, LAUDER G V. Passive and active flow control by swimming fishes and mammals[J]. Annual Review of Fluid Mechanics,2006,38：193-224.

［11］　HARPER K A,BERKEMEIER M D,GRACE S. Modeling the dynamics of spring-driven oscillating-foil propulsion [J]. IEEE Journal of Oceanic Engineering, 1998, 23 (3)： 285-296.

［12］　GRAY J. Studies in animal locomotion VI. The propulsive powers of the dolphin [J]. Journal of Experimental Biology,1936,13：192-199.

［13］　LONG J H. Muscles,elastic energy and the dynamics of body stiffness in swimming eels [J]. American Zoologist,1998,38：771-792.

［14］　TYTELL E D,HSU C Y,FAUCI L J. The role of mechanical resonance in the neural control of swimming in fishes[J]. Zoology,2014,117(1)：48-56.

［15］　KOTTAPALLI A G P, ASADNIA M, KANHERE E,et al. Smart skin of self-powered hair cell flow sensors for sensing hydrodynamic flow phenomena[C]. 2015 Transducers— 2015 18th International Conference on Solid-State Sensors, Actuators and Microsystems, Anchorage,AK,2015：387-390.

［16］　BREDER C M. The locomotion of fishes[J]. Zoological,1926,4：159-297.

［17］　ALEXANDER R M. The history of fish mechanics[M]. New York：Praeger,1983,1-35.

［18］　WEBB P W. Form and function in fish swimming[J]. Scientific American,1984,251(1)： 72-79.

［19］　VIDELER J J. Fish swimming[M]. London：Chapman and Hall,1993.

［20］　TRIANTAFYLLOU M S,TRIANTAFYLLOU G S. An efficient swimming machine[J]. Scientific American,1995,272(3)：64-71.

［21］　TYTELL E D,LAUDER G V. The hydrodynamics of eel swimming：wake structure[J]. Journal of Experimental Biology,2004,207：1825-1841.

［22］　SFAKIOTAKIS M,LAND D M. Review of fish swimming modes for aquatic locomotion [J]. IEEE Journal of Oceanic Engineering,1999,24(2)：237-252.

［23］　VIDELER J J, HESS F. Fast continuous swimming of two pelagic predators, saithe (pollachius virens) and mackeral(scomber scombrus)：a kinematic analysis[J]. Journal of Experimental Biology,1984,109：209-228.

［24］　HULTMARK M,LEFTWICH M,SMITS A J. Flow field measurements in the wake of a robotic lamprey[J]. Experimental Fluids,2007,43：683-690.

[25] VIDELER J J,WARDLE C S. Fish swimming stride by stride：speed limits and endurance [J]. Reviews in Fish Biology and Fisheries,1991,1：23-40.

[26] ANDERSON J M,CHHABRA N K. Maneuvering and stability performance of a robotic tuna [J]. Integrative and Comparative Biology,2002,42(1)：118-126.

[27] HIRATA K. Development of experimental fish robot[J]. Shokubutsu Kojo Gakkaishi, 2000,7(1)：7-14.

[28] LOW K H. Current and future trends of biologically inspired underwater vehicles[C]. Defense Science Research Conference and IEEE Xplore. 2011,1-8.

[29] TRIANTAFYLLOU G S,TRIANTAFYLLOU M S,GROSENBAUGH M A. Optimal thrust development in oscillating foils with application to fish propulsion [J]. Journal of Fluids and Structures,1993,7：205-224.

[30] TAYLOR G K,NUDDS R L,THOMAS A L R. Flying and swimming animals cruise at a Strouhal number tuned for high power efficiency[J]. Nature,2003,425：707-711.

[31] LAUDER G V, TYTELL E D. Hydrodynamics of undulatory propulsion[J]. Fish Physiology,2005,23：425-468.

[32] ELOY C. Optimal Strouhal number for swimming animals[J]. Journal of Fluids and Structures,2012,30：205-218.

[33] 崔祚,姜洪洲,何景峰,等. BCF 仿生鱼游动机理的研究进展及关键技术分析[J]. 机械工程学报,2015,51(16)：177-184+195.

[34] POLVERINO G,PHAMDUY P,PORFIRI M. Fish and robots swimming together in a water tunnel：robot color and tail-beat frequency influence fish behavior[J]. PloS one, 2013,8(10)：e77589.

[35] 姜洪洲,田体先,何景峰,等. 一种变刚度仿生摆动推进装置：ZL201210152122. 3[P]. 2012-09-19.

[36] Robotic Fish in MT series and G series. University of Essex[EB/OL]. (2022. 02. 08) [2016-07-08]. http://privatewww. essex. ac. uk/~jliua/index. html.

[37] AL-RUBAIAI M,PINTO T,QIAN C,and TAN X. Soft actuators with stiffness and shape modulation using 3D-printed conductive PLA material[J]. Soft Robotics,2019,6(3), 318-332.

[38] 梁建宏,邹丹,王松,等. SPC-Ⅱ机器鱼平台及其自主航行实验[J]. 北京航空航天大学学报,2005,31(7)：709-713.

[39] YU J,SU Z,WU Z,et al. Development of a fast-swimming Dolphin robot capable of leaping[J]. IEEE/ASME Transactions on Mechatronics,2016,21(5)：2307-2316.

[40] ALVARADO P V Y,YOUCEF-TOUMI K. Design of machines with compliant bodies for biomimetic locomotion in liquid environments [J]. Journal of Dynamic Systems Measurement and Control-Transactions of the ASME,2006,128(1)：3-13.

[41] MARCHESE A D,ONAL C D,RUS D. Autonomous soft robotic fish capable of escape maneuvers using fluidic elastomer actuators[J]. Soft Robotics,2014,1(1)：75-87.

[42] ESPOSITO C J,TANGORRA J L,FLAMMANG B E,et al. A robotic fish caudal fin：effects of stiffness and motor program on locomotor performance [J]. The Journal of Experimental Biology,2012,215(1)：56-67.

[43]　KATZSCHMANN R K,DELPRETO J,MACCURDY R,et al. Exploration of underwater life with an acoustically controlled soft robotic fish[J]. Science Robotics 2018,3(16)：3449.

[44]　PARK Y J,HUH T M,PARK D,et al. Design of a variable-stiffness flapping mechanism for maximizing the thrust of a bio-inspired underwater robot[J]. Bioinspiration & Biomimetics,2014,9(3)：1-11.

[45]　PARK Y J,CHO K J. Design and manufacturing a bio-inspired variable stiffness mechanism in a robotic dolphin[J]. International Conference on Intelligent Robotics and Applications(New York),2013,302-309.

[46]　CUI Z,JIANG H. Design and implementation of thunniform robotic fish with variable body stiffness[J]. International Journal of Robotics & Automation,2017,32(2)：109-116.

[47]　顾兴士.气压调节变刚度柔性仿生机器鱼机理及实验研究[D].哈尔滨：哈尔滨工业大学,2015.

[48]　JUSUFI A,VOGT D M,WOOD R J,et al. Undulatory swimming performance and body stiffness modulation in a soft robotic fish-inspired physical model[J]. Soft Robot,2017,4：202-210.

[49]　TAYLOR G. Analysis of the swimming of microscopic organisms[J]. Proceedings of the Royal Society of London Series A,Mathematical and Physical Sciences,1951,209(1099)：447-461.

[50]　TAYLOR G. Analysis of the swimming of long narrow animals[J]. Proceedings of the Royal Society of London A：Mathematical,Physical and Engineering Sciences,1952,214(1117)：158-183.

[51]　LIGHTHILL M J. Note on the swimming of slender fish[J]. Journal of Fluid Mechanics,1960,9(2)：305-317.

[52]　LIGHTHILL M J. Hydromechanics of aquatic animal propulsion[J]. Annual Review of Fluid Mechanics,1969,1：413-446.

[53]　LIGHTHILL M J. Aquatic animal propulsion of high hydromechanical efficiency. J Fluid Mech 44：265-301[J]. Journal of Fluid Mechanics,1970,44(2)：265-301.

[54]　LIGHTHILL M J. Large-amplitude elongated-body theory of fish locomotion[J]. Proceedings of the Royal Society of London Series B,Biological Sciences,1971,179(1055)：125-138.

[55]　CANDELIER F,BOYER F,LEROYER A. Three-dimensional extension of Lighthill's large-amplitude elongated-body theory of fish locomotion[J]. Journal of Fluid Mechanics,2011,674：196-226.

[56]　WU T Y. Swimming of a waving plate[J]. Journal of Fluid Mechanics,1961,10(3)：321-344.

[57]　WU T Y. Hydromechanics of swimming propulsion. Part 1. Swimming of a two-dimensional flexible plate at variable forward speeds in an inviscid fluid[J]. Journal of Fluid Mechanics,1971,46(2)：337-355.

[58]　童秉纲,庄礼贤.描述鱼类波状游动的流体力学模型及其应用[J].自然杂志,1998,20(1)：1-7.

[59]　CHENG J Y,ZHUANG L X,TONG B G. Analysis of swimming three-dimensional waving plates[J]. Journal of Fluid Mechanics,1991,232：341-355.

[60]　CHOPRA M G. Hydromechanics of lunate-tail swimming propulsion[J]. Journal of Fluid

Mechanics,1974,64(2): 375-392 .

[61] CHOPRA M G. Large amplitude lunate-tail theory of fish locomotion[J]. Journal of Fluid Mechanics,1976,74(1): 161-182 .

[62] CHOPRA M G,KAMBE T. Hydrodynamics of lunate-tail swimming propulsion. Part 2 [J]. Journal of Fluid Mechanics,1977,79(1): 49-69.

[63] BLAKE R W. Influence of pectoral fin shape on thrust and drag in labriform locomotion [J]. Journal of Zoology,1981,194(1): 53-66.

[64] DANICL T L. Forward flapping flight from flexible fins[J]. Canadian Journal of Zoology, 1987,66(3): 630-638.

[65] CHENG J Y,PEDLEY T J,ALTRINGHAM J D. A continuous dynamic beam model for swimming fish[J]. Philosophical Transactions of the Royal Society B-Biological Sciences, 1998,353: 981-997.

[66] WOLFGANG M J, ANDERSON J M, GROSENBAUGH M A, et al. Near-body flow dynamics in swimming fish [J]. Journal of Experimental Biology, 1999, 202 (17): 2303-2327.

[67] DRUCKER E G,LAUDER G V. Locomotor forces on a swimming fish: three-dimensional vortex wake dynamics quantified using digital particle image velocimetry[J]. Journal of Experimental Biology,1999,202(18): 2393-2412.

[68] FREYMUTH P. Propulsive vortical signature of plunging and pitching airfoils[J]. AIAA Journal,1988,26(7): 881-883.

[69] SAKAKIBARA J,NAKAGAWA M,YOSHIDA M. Stereo-PIV study of flow around a maneuvering fish[J]. Experiments in Fluids,2004,36(2): 282-293.

[70] JENNIFER C N, GEORGE V L. Hydrodynamics of caudal fin locomotion by chub mackerel, scomber japonicus [J]. The Journal of Experimental Biology, 2002, 205: 1709-1724.

[71] LIAO J C, BEAL D N, LAUDER G V, et al. Fish exploiting vortices decrease muscle activity[J]. Science,2003,302(5650): 1566-1569.

[72] KNOWER A T. Biomechanics of thunniform swimming: electromyography,kinematics, and caudal tendon function in the yellowfin tuna Thunnus albacares and the skipjack tuna Katsuwonus pelamis[J]. California Sea Grant College Program,1998.

[73] FLAMMANG B E, LAUDER G V, TROOLIN D R, et al. Volumetric imaging of fish locomotion[J]. Biology Letters,2011,7(5): 695-698.

[74] LINDEN P F, TURNER J S. Optimal vortex rings and aquatic propulsion mechanisms [J]. Proceedings of the Royal Society B-Biological Sciences,2004,271: 647-653.

[75] SCHOUVEILER L,HOVER F S,TRIANTAFYLLOU M S. Performance of flapping foil propulsion[J]. Journal of Fluids and Structures,2005,20(7): 949-959.

[76] GOPALKRISHNAN R,TRIANTAFYLLOU M S,TRIANTAFYLLOU G S,et al. Active vorticity control in a shear flow using a flapping foil[J]. Journal of Fluid Mechanics,1994, 274: 1-21.

[77] BARRETT D S,TRIANTAFYLLOU M S,YUE D K P,et al. Drag reduction in fish-like locomotion[J]. Journal of Fluid Mechanics,1999,392: 183-212.

[78] LAUDER G V,DRUCKER E G. Forces,fishes,and fluids: hydrodynamic mechanisms of

aquatic locomotion[J]. Physiology,2002,17(6)：235-240.

[79] NAUEN J C,LAUDER G V. Three-dimensional analysis of finlet kinematics in the chub mackerel[J]. The Biological Bulletin,2001,200(1)：9-19.

[80] 陈宏,竺长安,尹协振,等.仿鱼机器人C形起动的动力学分析[J].哈尔滨工业大学学报, 2009,41(1)：113-117.

[81] 吴冠豪,曾理江.用于自由游动鱼三维测量的视频跟踪方法[J].中国科学（G辑：物理学 力学天文学）,2007,37(6)：760-766.

[82] 老轶佳,王志东,张振山,等.摆动柔性鳍尾涡流场的实验测试与分析[J].水动力学研究 与进展A辑,2009,24(1)：106-112.

[83] DABIRI J O. On the estimation of swimming and flying forces from wake measurements [J]. Journal of Experimental Biology,2005,208(18)：3519-3532.

[84] SCHULTZ W W,WEBB P W. Power requirements of swimming：Do new methods resolve old questions？[J]. Integrative and Comparative Biology,2002,42(5)：1018-1025.

[85] LIU H,WASSERSUG R,KAWACHI K. The three-dimensional hydrodynamics of tadpole locomotion[J]. Journal of Experimental Biology,1997,200(22)：2807-2819.

[86] ZHU Q,WOLFGANG M J,YUE D K P,et al. Three-dimensional flow structures and vorticity control in fish-like swimming[J]. Journal of Fluid Mechanics,2002,468：1-28.

[87] SARKAR S,VENKATRAMAN K. Numerical simulation of thrust generating flow past a pitching airfoil[J]. Computers & Fluids,2006,35(1)：16-42.

[88] MANTIA L M,DABNICHKI P. Effect of the wing shape on the thrust of flapping wing [J]. Applied Mathematical Modelling,2011,35(10)：4979-4990.

[89] MANTIA L M,DABNICHKI P. Added mass effect on flapping foil[J]. Engineering Analysis with Boundary Elements,2012,36(4)：579-590.

[90] DONG G J,LU X Y. Characteristics of flow over traveling wavy foils in a side-by-side arrangement[J]. Physics of Fluids,2007,19(5)：1-11.

[91] ELDERDGE J D,PISANI D. Passive locomotion of a simple articulated fish-like system in the wake of an obstacle[J]. Journal of Fluid Mechanics,2008,607：279-288.

[92] DENG J,SHAO X M,YU Z S. Hydrodynamic studies on two traveling wavy foils in tandem arrangement[J]. Physics of Fluids,2007,19(11)：113104.

[93] BORAZJANI I,SOTIROPOULOS F. Numerical investigation of the hydrodynamics of carangiform swimming in the transitional and inertial flow regimes[J]. The Journal of Experimental Biology,2008,211(10)：1541-1558.

[94] BORAZJANI I,SOTIROPOULOS F. Numerical investigation of the hydrodynamics of anguilliform swimming in the transitional and inertial flow regimes[J]. The Journal of Experimental Biology,2009,212(4)：576-592.

[95] BORAZJANI I,SOTIROPOULOS F. On the role of form and kinematics on the hydrodynamics of self-propelled body/caudal fin swimming [J]. The Journal of Experimental Biology,2010,213(1)：89-107.

[96] LAUDER G V,TYTELL E D. Hydrodynamics of undulatory propulsion[R]. 2006,23：425-468.

[97] 夏丹.鲔科仿生原型自主游动机理的研究[D].哈尔滨:哈尔滨工业大学,2010.

[98] 潘定一.基于沉浸边界法的鱼游运动水动力学机理研究[D].杭州:浙江大学,2011.

[99] 王亮.仿生鱼群自主游动及控制的研究[D].南京:河海大学,2007.

[100] 杨焱.锦鲤常规自由游动的流动物理研究[D].合肥:中国科学技术大学,2008.

[101] CARLING J, WILLIAMS T L. Self-propelled anguilliform swimming: simultaneous solution of the two-dimensional Navier-Stokes[J]. Journal of Experimental Biology, 1998,201(23): 3143-3166.

[102] KERN S, KOUMOUTSAKOS P. Simulations of optimized anguilliform swimming[J]. Journal of Experimental Biology,2006,209: 4841-4857.

[103] GAZZOLA M, HEJAZIALHOSSEINI B, KOUMOUTSAKOS P. Reinforcement learning and wavelet adapted vortex methods for simulations of self-propelled swimmers[J]. SIAM Journal on Scientific Computing,2014,36(3): 622-639.

[104] GAZZOLA M, TCHIEU A A, ALEXEEV D, et al. Learning to school in the presence of hydrodynamic interactions[J]. Journal of Fluid Mechanics,2016,789: 726-749.

[105] TYTELL E D, HSU C Y, WILLIAMS T L, et al. Interactions between internal forces, body stiffness, and fluid environment in a neuromechanical model of lamprey swimming [J]. Proceedings of the National Academy of Sciences of the United States of America, 2010,107(46): 19832-19837.

[106] ZHANG J, CHILDRESS S, LIBCHABER A, et al. Flexible filaments in a flowing soap film as a model for one-dimensional flags in a two-dimensional wind[J]. Nature,2000, 408(6814): 835-839.

[107] ZHU L, PESKIN C S. Simulation of a flapping flexible filament in a flowing soap film by the immersed boundary method[J]. Journal of Computational Physics,2002,179(2): 452-468.

[108] KIM Y, PESKIN C S. Penalty immersed boundary method for an elastic boundary with mass[J]. Physics of Fluids,2007,19(5): 053103.

[109] CONNELL B S, YUE D K. Flapping dynamics of a flag in a uniform stream[J]. Journal of Fluid Mechanics,2007,581: 33-67.

[110] ALBEN S, SHELLEY M J. Flapping states of a flag in an inviscid fluid: bistability and the transition to Chaos[J]. Physical Review Letters,2008,100(7): 074301.

[111] ENGELS T, KOLOMENSKIY D, SCHNEIDER K, et al. FluSI: A novel parallel simulation tool for flapping insect flight using a fourier method with volume penalization [J]. SIAM Journal on Scientific Computing,2016,38(5): 3-24.

[112] HUANG W X, CHANG C B, SUNG H J. Three-dimensional simulation of elastic capsules in shear flow by the penalty immersed boundary method[J]. Journal of Computational Physics,2012,231(8): 3340-3364.

[113] LEE I, CHOI H. A discrete-forcing immersed boundary method for the fluid-structure interaction of an elastic slender body[J]. Journal of Computational Physics,2015,280: 529-546.

[114] ZHU X, HE G, ZHANG X. Flow-mediated interactions between two self-propelled flapping filaments in tandem configuration[J]. Physical Review Letters, 2014, 113(23): 238105.

[115] RISTROPH L, ZHANG J. Anomalous hydrodynamic drafting of interacting flapping flags[J]. Physical Review Letters,2008,101(19): 194502.

[116] KIM S,HUANG W X,SUNG H J. Constructive and destructive interaction modes between two tandem flexible flags in viscous flow[J]. Journal of Fluid Mechanics,2010,661：511-521.

[117] UDDIN E,HUANG W X,SUNG H J. Interaction modes of multiple flexible flags in a uniform flow[J]. Journal of Fluid Mechanics,2013,729：563-583.

[118] YUAN H Z,NIU X D,SHU S,et al. A momentum exchange-based immersed boundary-lattice boltzmann method for simulating a flexible filament in an incompressible flow[J]. Computers & Mathematics with Applications,2014,67(5)：1039-1056.

[119] WANG S,JIA L,YIN X. Kinematics and forces of a flexible body in Karman vortex street[J]. Chinese Science Bulletin,2009,54(4)：556-561.

[120] ALBEN S. The attraction between a flexible filament and a point vortex[J]. Journal of Fluid Mechanics,2012,697：481-503.

[121] WU J,QIU Y,SHU C,et al. Flow control of a circular cylinder by using an attached flexible filament[J]. Physics of Fluids,2014,26(10)：103601.

[122] LACIS U,BROSSE N,INGREMEAU F,et al. Passive appendages generate drift through symmetry breaking[J]. Nature Communications,2014,5：1-9.

[123] QUINN D B, LAUDER G V, SMITS A J. Maximizing the efficiency of a flexible propulsor using experimental optimization[J]. Journal of Fluid Mechanics, 2015, 767：430-448.

[124] UDDIN E,HUANG W X,SUNG H J. Actively flapping tandem flexible flags in a viscous flow[J]. Journal of Fluid Mechanics,2015,780：120-142.

[125] LONG J H,NIPPER K S. The importance of body stiffness in undulatory propulsion[J]. American Zoologist,1996,36：678-694.

[126] LONG J H. Stiffness and damping forces in the intervertebral joints of blue Marlin (markaira nigricans)[J]. The Journal of Experimental Biology,1992,162：131-155.

[127] 周萌,尹协振,童秉纲. 鲫鱼皮肤和肌肉的力学性能研究[J]. 实验力学,2010,25(5)：536-544.

[128] PABST D A. Springs in swimming animals[J]. American Zoologist,1996,36：723-735.

[129] MCHENRY M M,PELL C A,LONG J H. Mechanical control of swimming speed：stiffness and axial wave form in undulating fishmodels[J]. Journal of Experimental Biology,1995,198：2293-2305.

[130] MCMILLEN T,WILLIAMS T,HOLMES P. Nonlinear muscles,passive viscoelasticity and body taper conspire to create neuromechanical phase lags in anguilliform swimmers [J]. PLoS Computational Biology,2008,4(8)：e1000157.

[131] BHALLA A P S,GRIFFITH B E,PATANKAR N A. A forced damped oscillation framework for undulatory swimming provides new insights into how propulsion arises in active and passive swimming[J]. PLoS Computational Biology,2013,9(6)：e1003097.

[132] KOHANNIM S,IWASAKI T. Analytical insights into optimality and resonance in fish swimming[J]. Journal of the Royal Society Interface,2014,11(92)：20131073.

第2章

波动推进鱼类运动的复模态特征

2.1 引言

　　鱼类游动推进模式的研究是机器鱼运动学建模、控制系统设计以及结构设计的基础。由于鱼类在水中的运动涉及流体环境的水动力学和鱼体的运动学,在现有水动力学分析的基础上还无法准确建立鱼类游动的复杂水动力学模型,因此很难通过解析的方法建立精确的数学模型。鱼类行为学家的研究表明,鱼类的推进运动中隐含着由鱼体后部向尾部传播的行波。受此启发,人们尝试从运动学的角度来研究鱼类推进,以避免复杂的水动力学分析。在所有鱼类中,鲹科鱼类以极高的运动速度和推进效率而备受研究者的青睐,同时也是大多数人工机器鱼系统的模仿对象。鲹科鱼类推进模式属 BCF 模式中的波动类,其运动特征是:游动时身体主干部分(前 2/3 身体部分)的波幅很小,明显的波动主要集中在身体后 1/3 处,前向的推力主要由刚性的尾鳍产生。国外学者很早就致力于对于鲹科鱼类的推进机理的研究。

　　在不同的游动状态下,摆动推进模式的鱼类通过身体弯曲摆动,产生不同运动形式的摆动曲线。根据复模态分析理论,将鱼类摆动曲线分解为纯行波和纯驻波的叠加形式,并用行波系数来评价鱼类摆动曲线的复模态特性。本章以鳗鲡科的七鳃鳗(Lamprey)和鳗鱼(Eel)为例,分别从离散过程、摆动频率、包络线和波数四方面研究鱼类摆动曲线行波系数的影响因素。结合摆动推进鱼类的游动特点,给出了鱼类摆动曲线的无量纲化方程,从理论上分析了鱼类行波系数的分布范围。最后,通过分析 80 多种鱼类摆动曲线的生物学数据,对其进行复模态分析,并根据行波系数对鱼类推进模式进行了新的划分。与传统的分类方法不同,新的划分方法本身融合了摆动推进鱼类的运动学特性和游动特点,能够实现鱼类推进模式的定量评价。

2.2　波动推进鱼类运动学分析

2.2.1　复合波动运动的描述

由鱼类的生理结构可知,鱼类主要由皮肤、脊椎、颉抗肌群和肌腱等组织共同构成。摆动推进鱼类的黏弹性力由颉抗肌群产生并使各脊椎发生相对旋转,整体表现为脊椎的弯曲曲线,即鱼体弯曲曲线,如图 2-1 所示。

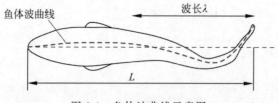

图 2-1　鱼体波曲线示意图

在自然界中,鱼类通过身体的弯曲摆动来获得所需的游动性能。根据对摆动推进鱼类的观测结果,拟合得到鱼类摆动推进曲线 $h(x,t)$ 的表达式为

$$h(x,t)=H(x)\sin(\omega t-kx) \tag{2-1}$$

$$H(x)=a_1+a_2x+a_3x^2 \tag{2-2}$$

式中,$H(x)$——鱼类摆动曲线包络线方程;

a_1,a_2,a_3——包络线系数;

k——鱼类摆动曲线的波数;

ω——尾鳍摆动频率,rad/s,$\omega=\dfrac{2\pi}{T}$,T 为鱼体摆动周期,s;$\omega=2\pi f$,f 为鱼体摆动频率,Hz。

根据生物观测结果,总结鲔科和鲹科模式鱼类摆动曲线的参数如表 2-1 所示,表中 L 为摆动推进鱼类长度[1]。以长度为 0.26 m 的鲔科鱼类为例,摆动频率为 2 Hz 的鱼体弯曲曲线如图 2-2 所示,图中单位为体长(body length,BL),虚线表示包络线。

图 2-2

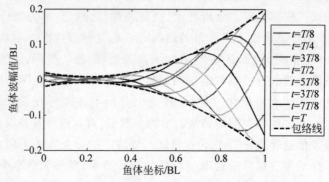

图 2-2　鲔科鱼类在摆动周期内的鱼体波曲线

表 2-1　鲔科和鲹科鱼类波动曲线参数

参数	k	a_1	a_2	a_3
鲔科	$5.7/L$	$0.02L$	-0.12	$0.2/L$
鲹科	$7/L$	$0.004fL$	$-0.02L$	$0.04f/L$

2.2.2　复合波动运动无量纲化

对于摆动推进模式的鱼类而言，其摆动曲线包络线 $H(x)$ 和波数 k 会随着游动状态的变化而变化[2-4]。因此，有必要建立一个无量纲化的鱼类摆动曲线模型来研究行波系数的变化情况。首先，设摆动推进鱼类游动速度与其摆动频率成正比[2]，可表示为

$$\frac{U}{L} = s_0 f \tag{2-3}$$

式中，s_0——与鱼类种类有关的常数，约为 0.73[5]；鲹科鱼类 s_0 约为 0.78[2]。

然后设摆动推进鱼类曲线波数 k 正比于鱼体长度 L，可将其表达式写为

$$k = \frac{2\pi}{\lambda} = \frac{2\pi}{s_1 L} \tag{2-4}$$

式中，s_1——与鱼类种类有关的常数，鲔科和鲹科模式对应的 s_1 分别为 1.1 和 0.9[2]。

摆动推进鱼类的鱼体波摆幅从头到尾逐渐增加，其包络线与鱼类种类和游动状态相关[6]。即便是同一鱼类的鱼类摆动曲线，其包络线与游动速度之间的关系也并不明确[7-8]。

如图 2-3(a)所示，金枪鱼 kawakawa(深色)和鲐鱼(浅色)对应的摆动曲线包络线不随游动速度的变化而变化。大部分鱼类尾鳍的最大摆幅约为 0.2 BL，且与游动速度无关[9]。但对于部分鱼类而言，摆动推进鱼类的游动速度会对鱼类摆动曲线包络线产生一定的影响[10]。

如图 2-3(b)所示，大口鲈鱼鱼体波包络线会随着游动速度的增加而逐渐增大。类似地，当虹鳟鱼的尾鳍摆动频率从 4 Hz 增加到 11 Hz 时，尾体的最大摆幅从 0.15 BL 增加到 0.2BL[11]。对于金枪鱼 kawakawa，当尾鳍摆动频率从 8 Hz 增加到 14 Hz 时，尾体对应的最大摆幅从 0.16 BL 增加到 0.34 BL[12]。考虑上述两种情况，将摆动推进鱼类头部和尾部两端的摆幅分别设置为

$$\frac{H(0)}{L} = \frac{a_1}{L} = s_2 f^* \tag{2-5}$$

$$\frac{H(L)}{L} = \frac{a_1 + a_2 L + a_3 L^2}{L} = s_3 f^* \tag{2-6}$$

式中，f^*——频率影响系数，用于描述游动速度或摆动频率对鱼类摆动曲线摆幅

的影响。在图 2-3 中,鲐鱼的频率影响系数 $f^* = 1$,大口鲈鱼的频率影响系数为某一常数。

图 2-3

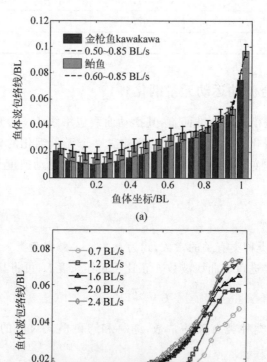

(a)

(b)

图 2-3　鲔科和鲹科的鱼类摆动曲线幅值的变化情况

(a) 鲔科鱼类[75]; (b) 鲹科鱼类[98]

此外,生物观测发现金枪鱼 kawakawa 和鲭鱼的鱼类摆动曲线最小摆幅通常发生在鱼类长度的 35%～40%。在此,利用参数 s_4 定义鱼类摆动曲线摆幅最小的位置 $x = s_4 L$,具体表达式为

$$\left(\frac{\partial H}{\partial x}\right)_{x = s_4 L} = a_2 + 2a_3 s_4 L = 0 \tag{2-7}$$

综合上述分析,将摆动推进模式鱼类摆动曲线写成无量纲的形式:

$$h(x,t) = \left[s_2 f^* L + \frac{-2s_4(s_3 - s_2)f^*}{1 - 2s_4}x + \frac{(s_3 - s_2)f^*}{(1 - 2s_4)L}x^2\right] \cdot$$

$$\sin\left(2\pi s_0 ft - \frac{2\pi}{s_1 L}x\right) \tag{2-8}$$

设鱼类沿轴线方向上的任意位置为 $x = x^* L$,x^* 为无量纲化长度,$x^* \in [0,$

1]。将其代入式(2-8)，进一步化简为

$$h(x,t)=LG(x^*,t) \tag{2-9}$$

$$G(x^*,t)=\left[s_2 f^* + \frac{-2s_4(s_3-s_2)f^*}{1-2s_4}x^* + \frac{(s_3-s_2)f^*}{1-2s_4}x^{*2}\right]\cdot$$

$$\sin\left(2\pi s_0 ft - \frac{2\pi}{s_1}x^*\right) \tag{2-10}$$

式(2-10)表明鱼类摆动曲线存在着一个与鱼体长度无关的基本构型$G(x^*,t)$，而影响基本构型的因素包括鱼类摆动曲线包络线、摆动频率和波数。鱼类摆动曲线基本构型可用于鱼类摆动曲线复模态特性的分析，也可用于仿生水下鱼类的设计。

2.2.3　鱼类复合波动运动的讨论

针对鱼类不同的摆动推进模式，鳗鲡科、亚鲹科和鲹科的鱼类摆动曲线可利用式(2-1)进行描述，但鲔科的鱼类摆动曲线需要考虑尾鳍的摆动。以金枪鱼等鲔科鱼类为例，鱼类摆动曲线可看作身体波动和尾鳍摆动的复合运动，而尾鳍的运动可通过相位差和击水角等参数进行描述。本书尾鳍摆动的相位差可根据式(2-1)中的kx进行描述，但并未单独讨论尾鳍形状及尾鳍击水角的影响，原因在于：

(1) 鱼类尾鳍的击水角描述了尾鳍击水动作的强度，对研究鱼类摆动曲线动力学特性的影响较小。本书采用大摆幅细长体理论来分析尾鳍与流体间的相互作用，并通过该理论来分析鱼类尾鳍对摆动推进鱼类推进性能的影响。

(2) 本书研究鱼类摆动曲线的运动特性及其对应的复模态特性(见第3章)，重点考虑了摆动推进鱼类尾鳍的摆幅，而尾鳍形状以及击水角对该研究的影响较小。

2.3　波动运动对推进性能的影响

鱼类摆动曲线游动特性的分析主要是指通过摆动曲线的参数来研究鱼类的稳态游动性能。由式(2-1)可知，鱼类摆动曲线包含了摆动频率、摆幅包络线和鱼类摆动曲线波数三个基本参数。其中，摆动频率与游动速度成正比；幅值包络线描述了摆动幅值的增长方式，推力和游动速度会随着摆幅的增大而增大(最大摆幅通常小于0.2 BL)；波数描述了摆动推进鱼类的弯曲程度，鱼类可通过弯曲身体来改变周围流体的压力分布从而获得不同的游动性能。以鳕鱼为研究对象[13-14]，分析鱼类摆动曲线参数对游动速度和游动效率的影响，对应的生物学尺寸及运动学参数如表2-2所示。

表 2-2　鳕鱼的生物学尺寸以及运动学参数

鳕鱼参数	参　数　值	单　位
鱼体长度 L	0.40	m
鱼体质量 m	$11.3L^3$	kg
摆动周期 T	0.28	s
尾鳍摆动幅值 H	$0.083L$	m
游动速度	$0.86L/T$	m/s
鱼体体积	$0.011L^3$	m^3
鱼体尾鳍虚质量	0.045	kg
鱼体表面积	$0.401L^2$	m^2
阻力系数	0.01	——
尾鳍末端高度	$0.24L$	m

2.3.1　游动速度分析

在鳕鱼游动的观测实验中,鱼类摆动曲线的幅值曲线是通过傅里叶级数进行描述的[13-14]。通过拟合得到鱼类摆动曲线的包络线方程为

$$H(x) = 0.163x^2 - 0.084x + 0.021 \tag{2-11}$$

根据 Lighthill 细长体理论(elongated body theory,EBT)[35],鱼类游动所需的推力主要依赖于尾体末端,求解摆动推进鱼类的平均推力 $\overline{T}$ 为

$$\overline{T} = \frac{1}{4}m(L)\left[\omega^2 H(L)^2\left(1 - \frac{U^2}{V^2}\right) - U^2 H'(L)^2\right] \tag{2-12}$$

式中,$m(L)$——鱼类尾体末端处的质量,kg;

$H(L)$——鱼类尾体的摆动幅值,m;

$H'(L)$——鱼类摆动曲线在尾体末端处的斜率。

在游动过程中,摆动推进鱼类所受的阻力 D 为 $0.5\rho_f C_d A_s U^2$,其中 C_d 为阻力系数,A_s 为鱼类最大截面面积。在稳态游动时,摆动推进鱼类所受推力和阻力相平衡,即

$$\frac{1}{4}m(L)\left(\omega^2 H(L)^2 - \frac{U^2}{V^2}\omega^2 H(L)^2 - U^2 H'(L)^2\right) = \frac{1}{2}\rho_f C_d A_s U^2 \tag{2-13}$$

根据式(2-13),求解鱼类的稳态游动速度为

$$U = \sqrt{\frac{m(L)\omega^2 H(L)^2}{m(L)\left(\frac{\omega^2 H(L)^2}{V^2} + H'(L)^2\right) + 2\rho_f C_d A_s}} \tag{2-14}$$

通过对鱼类摆动曲线相位的拟合,得到鱼类摆动曲线波速 V 约为 $1.02L/T$[13-14]。结合表 2-2 中的数据,计算鳕鱼稳态游动时的速度为 0.90 BL/s,比生物学数据 0.86 BL/s 略高。其原因在于实验观测给出的尾鳍最大摆幅为 $0.08L$,而在式(2-14)中使用的尾鳍最大摆幅为 $0.1L$。这也说明在一定范围内,鱼类尾体的摆幅越大,对应的稳态游速也越大。

2.3.2 游动效率分析

对于稳态游动的鱼类,游动总功率包括鱼类向前游动时所需的有用功功率、鱼类与流体相互作用所产生的功率以及游动中耗散的功率。在 Lighthill 的细长体理论中[15],假设鱼类外形尺寸变化较小,且鱼类尾鳍的攻角为零。利用 EBT 理论求解摆动推进鱼类的游动效率为

$$\eta = \frac{1}{2}(1+\beta) = \frac{1}{2}\left(1 + \frac{U}{V}\right) \tag{2-15}$$

式中,β——滑移率,$\beta = U/V$;

V——向后传播的鱼类摆动曲线波速,m/s。

在考虑摆动推进鱼类尾鳍的攻角不为零的情况下,Cheng 和 Blickhan 等[16]修正了 EBT 理论,对应游动效率的表达式为

$$\eta_2 = \frac{1}{2}(1+\beta) - \frac{1}{2}\left(\frac{\lambda}{2\pi}\frac{h'(L)}{h(L)}\right)^2 \frac{\beta^2}{1+\beta} \tag{2-16}$$

式中,λ——鱼类摆动曲线的波长,m;

$h(L)$——尾鳍摆动幅值,m;

$h'(L)$——尾鳍摆动幅值的变化率,即幅值导数。

根据式(2-15)和式(2-16),Cheng 等[16]分别计算了鳕鱼的游动效率,发现二者相差高达 20%。后来,Lighthill 将 EBT 理论进一步发展为大摆幅细长体理论,可以更好地预测鲹科和鲔科鱼类的游动,如 Katz 和 Weihs 应用该理论计算了摆动推进鱼类的推力和效率[17]。Newman 和 Wu 在考虑摆动推进鱼类厚度和尾鳍的大攻角形状的前提下,提出了二维波动板理论来分析鱼类的非稳态游动[18]。上述理论均假设流体为无黏惯性流,所以无法分析流体黏性对鱼类游动性能的影响。

2.4 鱼类复合波动曲线复模态分析

为了验证鱼类摆动曲线的复模态特性,本书采用复模态分解方法提取鱼类摆动曲线中的纯行波和纯驻波成分,并利用行波系数评价鱼类摆动曲线的复模态特性。如图 2-4 所示,通过获得活体鱼类稳态游动的鱼类摆动曲线,利用复模态分解方法研究鱼类摆动曲线的复模态特性。

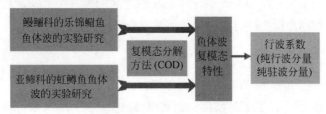

图 2-4 摆动推进鱼类摆动曲线的实验方案

2.4.1　复模态分解方法

摆动推进鱼体波是鱼类在流体环境中的复模态振型,本身包含了很多运动学信息。本书采用复模态分解方法(COD)研究鱼类摆动曲线的复模态特性,其中COD方法是特征正交分解方法(POD)的通用表达[19-20]。POD方法是一种用于提取模态信息的工具,常用于驻波分析。相比较,COD方法常应用在行波分析中,适合摆动推进模式鱼类运动情况的分析。

首先,获得鱼类稳态游动的侧向位移数据 $y_j = [y_j(t_1), y_j(t_2), \cdots, y_j(t_N)]^T$,写成矩阵的形式为

$$Y_{M \times N} = [y_1, y_2, \cdots, y_M]^T \tag{2-17}$$

其中,第 m 行、第 n 列元素 $y_m(t_n)$ 表示摆动推进鱼类在不同轴向位置 x_m 和不同时刻 t_n 的侧向位移 $h(x_m, t_n)$,用 m 个不同点 $x_m (m=1,2,3,\cdots,M)$ 来表示摆动推进鱼类的轴向位置,用 $t_n (n=1,2,\cdots,N)$ 表示在一个摆动周期内第 n 个时刻。在该矩阵中,鱼类的标记点 x_m 沿鱼类轴向长度均匀分布,$x_m = mL/M$,而时刻 t_n 在单位摆动周期内同样均匀分布,$t_n = nT/N$。

然后利用希尔伯特变换方法将鱼类摆动曲线的样本信号 y_j 转化为可用于复模态分析的信号 z_j,其中,$z_j(t) = y_j(t) + iH(y_j(t))$ 是 y_j 的解析矢量形式,$i = \sqrt{-1}$ 为虚数单位,$H(y_j(t))$ 为 $y_j(t)$ 的希尔伯特变化后的形式。将摆动推进鱼类各位置的复信号写成矩阵形式:

$$Z_{M \times N} = [z_1, z_2, \cdots, z_M]^T \tag{2-18}$$

在 COD 方法中,需要求解包含鱼类摆动曲线运动信息的特征方程

$$Rw = \lambda w \tag{2-19}$$

式中,矩阵 R 为在不同时刻记录摆动推进鱼类侧向位移的一个复系数矩阵,定义为

$$R = \frac{Z\bar{Z}^T}{n} \tag{2-20}$$

矩阵 R 是一个大小为 $m \times m$ 的埃尔米特矩阵(Hermitian matrix),对应的特征值记为 λ,特征向量记为 w。最大特征值对应着鱼类游动过程中的主导波形(或特征向量)。特征向量 w 可表示为 $c + id$,c 和 d 分别表示两种不同模态振型。鱼类摆动曲线信号 $z(t)$ 可看作两种不同模态振型 c 和 d 之间的一种连续过渡形式,而 c 和 d 之间的相关性表示了鱼类摆动曲线中行波和驻波之间的混合关系。在此,使用行波系数 α 评价鱼类摆动曲线中纯行波分量和纯驻波分量之间的关系:

$$\alpha = \frac{1}{\text{cond}(W)} \tag{2-21}$$

式中,$\text{cond}(W)$——矩阵 W 的条件数,W 为 $[\text{Re}(w), \text{Im}(w)]$。

当行波系数等于 0 时,表明实部向量和虚部向量之间线性关联,对应的条件数趋于无穷,鱼类摆动曲线为驻波形式。当行波系数等于 1 时,表明实部向量和虚部向量

之间线性独立,对应鱼类摆动曲线为行波形式。

2.4.2　乐锦鳚鱼波动曲线的复模态分析

乐锦鳚鱼(pholis laeta)身体细长且全身参与摆动,属于典型的鳗鲡科鱼类。在该实验中,乐锦鳚鱼的总长度为 0.4 m,根据其稳态游动时鱼类摆动曲线的变化情况来研究其复模态特性。如图 2-5 所示,乐锦鳚鱼从左向右游动,身体有着较大的弯曲,其游动速度约为 1.5 BL/s。

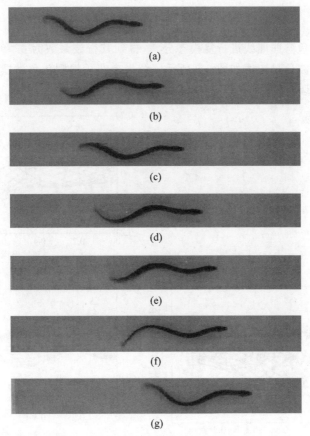

图 2-5　乐锦鳚鱼在稳态游动时的摆动情况
(a) $t=0$；(b) $t=T/6$；(c) $t=T/3$；(d) $t=T/2$；
(e) $t=2T/3$；(f) $t=5T/6$；(g) $t=T$

通过逐帧分解乐锦鳚鱼在稳态游动时所拍摄的视频,提取出摆动推进鱼类在不同位置时的游动轨迹,如图 2-6 所示。最后,选定乐锦鳚鱼的摆动推进鱼类坐标系,将不同图片中鱼类摆动曲线的位置进行平移,得到乐锦鳚鱼的鱼体弯曲曲线,如图 2-7 所示。图中摆动推进鱼类的游动方向为正,鱼类摆动曲线摆幅由头部逐渐向尾部增大,而且尾部的摆幅可达 0.15 BL。

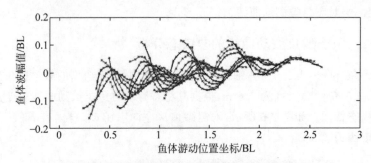

图 2-6   乐锦鲫鱼在不同位置处的游动轨迹

　　将乐锦鲫鱼弯曲曲线进行复模态分解,得到其行波系数为 0.793,对应的纯行波分量和纯驻波分量幅值如图 2-8 所示。结果表明乐锦鲫鱼鱼类摆动曲线的行波成分占主导,其行波系数在鳗鲡科鱼类的行波系数范围内(0.74~0.90,见附录)。

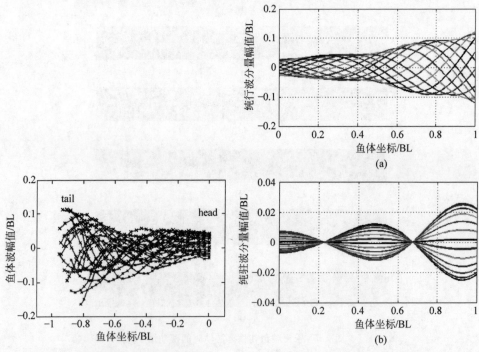

图 2-7   在不同时刻的乐锦鲫鱼弯曲曲线

图 2-8   乐锦鲫鱼摆动曲线的纯行波和纯驻波分量
(a) 纯行波分量;(b)纯驻波分量

2.4.3   虹鳟鱼波动曲线的复模态分析

　　选择长度为 0.35 m 的虹鳟鱼(rainbow trout)为研究对象,通过拍摄其在稳态游动时的鱼类摆动曲线来研究鱼类摆动曲线的复模态特性。虹鳟鱼的鱼体弯曲曲线如图 2-9 所示,在半摆动周期内的游动状态如图 2-10 所示。

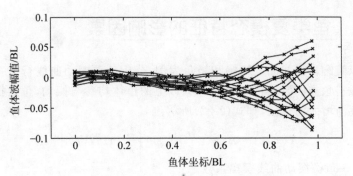

图 2-9　虹鳟鱼稳态游动时鱼体弯曲曲线

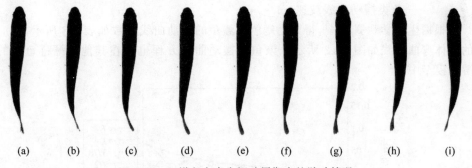

图 2-10　虹鳟鱼在半个摆动周期内的游动情况

(a) $t=0$；(b) $t=T/16$；(c) $t=T/8$；(d) $t=3T/16$；(e) $t=T/4$

(f) $t=5T/16$；(g) $t=3T/8$；(h) $t=7T/16$；(i) $t=T/2$

　　将虹鳟鱼的摆动曲线分解为纯行波分量和纯驻波分量，如图 2-11 所示。对应鱼类摆动曲线的行波系数为 0.604，该数值也符合亚鲹科鱼类行波系数的范围 0.52~0.78。与乐锦鲗鱼相比，虹鳟鱼鱼类摆动曲线的纯驻波分量有所增加，行波系数变小。

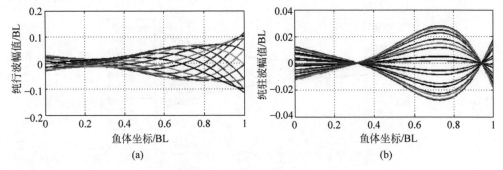

图 2-11　虹鳟鱼摆动曲线分解得到的纯行波分量和纯驻波分量

(a) 纯行波分量；(b) 纯驻波分量

2.5 鱼类复模态特征的影响因素

本节以鳗鲡科模式的七鳃鳗和鳗鱼为例,分析鱼类摆动曲线行波系数的影响因素。鳗鲡科鱼类的游动特点是其75%以上的鱼体均参与摆动,鱼类摆动曲线形式为幅值逐渐增大的行波,如式(2-22)所示:

$$h(x,t) = A_0 e^{\alpha(x/L-1)} \sin\left[\frac{2\pi}{\lambda}(x-Vt)\right]$$ (2-22)

式中,A_0——鱼类摆动曲线摆幅系数;

α——幅值增长系数;

λ——鱼类摆动曲线波长,m;

V——鱼类摆动曲线波速,m/s。

根据生物学观测[9,21],得到七鳃鳗和鳗鱼的摆动曲线参数如表2-3所示,对应的鱼体弯曲曲线如图2-12所示。该鱼类摆动曲线方程也用在其他鳗鲡科鱼类的游动模型中。

图 2-12

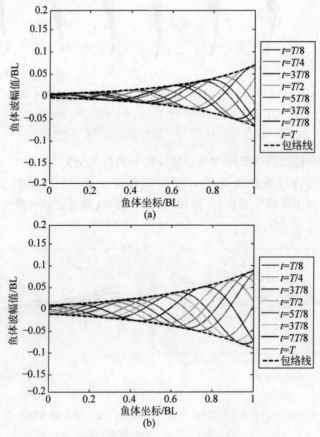

图 2-12　在单位摆动周期内鳗鱼和七鳃鳗的摆动曲线

(a) 鳗鱼摆动曲线 ; (b) 七鳃鳗摆动曲线

表 2-3　七鳃鳗和鳗鱼的鱼类摆动曲线参数

种类	A_0	α	λ / m	$V/(m/s)$
七鳃鳗	0.089	2.18	0.642	1.404
鳗鱼	0.069	2.76	0.604	1.878

在式（2-2）中，鱼类摆动曲线的摆幅是通过二次项方程描述的，而式（2-22）中鱼类摆动曲线的摆幅是由指数函数描述的。为研究幅值函数类型对行波系数的影响，在此将七鳃鳗和鳗鱼的幅值函数写为二次多项式的形式，分别为

$$H_{lam}(x) = 0.012 - 0.004x + 0.078x^2 \tag{2-23}$$

$$H_{eel}(x) = 0.007 - 0.018x + 0.076x^2 \tag{2-24}$$

2.5.1　离散间隔数的影响

在复模态分解方法中，鱼类摆动曲线位移矩阵是求解鱼类摆动曲线行波系数的基础。在单位摆动周期内，鱼类摆动曲线被离散为多个样本，且离散样本的间隔应足够小以确保计算精度。如图 2-13 所示，在其他参数不变的情况下，当离散样本数从 5 增大到 1000 时，行波系数会逐渐增加到一个稳定值。根据式（2-23）及式（2-24），可得七鳃鳗摆动曲线行波系数的稳定值为 0.8124，鳗鱼摆动曲线对应的行波系数为 0.7873。

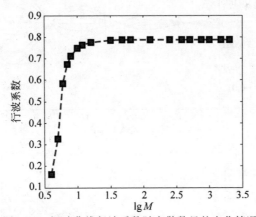

图 2-13　摆动曲线行波系数随离散数目的变化情况

在离散过程中，鱼类摆动曲线的采样周期同样会影响行波系数的求解精度。在图 2-14 中，通过改变鱼类摆动曲线的采样数目或采样时间（摆动周期除以采样数目），研究采样数目对计算行波系数的影响。当采样数目从 5 逐渐增加到 1000 时，鱼类摆动曲线的行波系数逐渐趋于稳定值 0.787。该结果说明离散过程中存在着不同的最大采样周期，以满足行波系数的计算精度。对比图 2-13 和图 2-14，发现离散数目对鱼类摆动曲线行波系数的影响远大于采样数目的影响。

根据鳗鱼和七鳃鳗鱼的生物学参数，利用复模态方法将鱼类摆动曲线分解为纯驻波分量和纯行波分量，分别如图 2-15 和图 2-16 所示。由于这两种鳗鲡科摆动

推进鱼类的行波系数接近,因此对应纯行波和纯驻波的分布情况类似。对比鳗鱼和七鳃鳗摆动曲线分解得到的纯行波分量,发现鳗鱼摆动曲线在头部和尾部的摆幅更加集中,这与鱼类摆动曲线的分布情况一致。

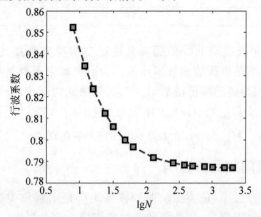

图 2-14　鱼类摆动曲线行波系数随采样数目的变化情况

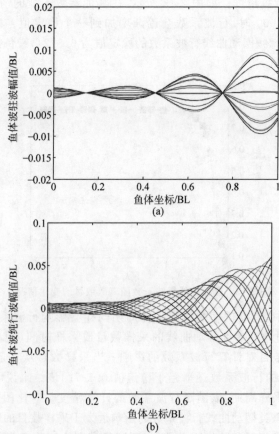

图 2-15　鳗鱼摆动曲线分解得到的纯行波和纯驻波分量

（a）纯驻波分量；（b）纯行波分量

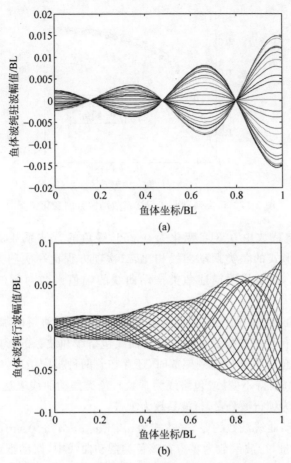

图 2-16 七鳃鳗摆动曲线分解得到的纯行波和纯驻波分量

(a) 纯驻波分量；(b) 纯行波分量

2.5.2 波动曲线波数的影响

在不同的游动状态下,摆动推进鱼体波的波数可能会发生变化。在其他参数不变的情况下,当鱼类摆动曲线波数从 0.1 增加到 20 时,计算得到鳗鱼和七鳃鳗的行波系数如图 2-17 所示。结果表明鱼类摆动曲线行波系数随着波数的增加而增大,且最终趋于稳定。同理,当鱼类尾鳍的摆动频率在 0～15 Hz 之间变化,通过复模态方法计算行波系数,发现鱼类摆动曲线的行波系数与摆动频率无关。

2.5.3 包络线参数的影响

根据生物学观测可知,鳗鲡科鱼类摆动曲线幅值的增长形式可归纳为两类:指数形式和二次项形式。将式(2-1)分别写为一次项和二次项两种形式,计算其行波系数如表 2-4 所示。当描述鱼类摆动曲线幅值的方程由二次项转变为一次项

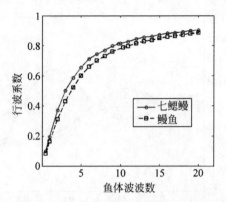

图 2-17 鱼类摆动曲线行波系数随波数的变化情况

时,七鳃鳗的行波系数由 0.813 变化为 0.856,鳗鱼的行波系数由 0.787 变化为 0.851。与指数形式的鱼类摆动曲线相比,二次项方程比一次项方程更适合描述鱼类的摆动曲线,这也说明描述鱼类摆动曲线的幅值函数对行波系数有较大的影响。

总的来说,鱼类摆动曲线的构成要素包括包络线、摆动频率和波数三方面,而鱼类摆动曲线的行波系数仅受到鱼类摆动曲线包络线和波数的影响。当鱼类摆动曲线从摆动推进鱼类头部传播到尾部时,还存在着两种极限情况:

(1) 摆动幅值维持不变(或包络线为常数),鱼类摆动曲线表达式为 $a_0\sin(\omega t - kx)$,对应的曲线为纯行波分量,行波系数为 1。

(2) 鱼类摆动曲线波数为零,表达式为 $(a_0 + a_1 x + a_2 x^2)\sin(\omega t)$,则鱼类摆动曲线为纯驻波分量,行波系数为零。在该鱼类摆动曲线中,摆动推进鱼类轴线方向上各点在运动过程中并不迁移,对应的驻波分量与鱼类摆动曲线本身保持一致。

表 2-4 不同类型鱼类摆动曲线幅值函数对应的行波系数

鱼的类别	a_1	a_2	a_3	k	f	行波系数
七鳃鳗 1	0.0124	−0.004	0.077	9.787	2.187	0.813
七鳃鳗 2	−0.0004	0.074	0	9.787	2.187	0.856
鳗鱼 1	0.0071	−0.018	0.076	10.4	3.109	0.787
鳗鱼 2	−0.0054	0.058	0	10.4	3.109	0.851

2.5.4 鱼体长径比的影响

摆动推进鱼类的几何外形呈流线型,可采用长径比 F_r(fitness ratio)来描述其形态特征。例如,Fish 等[22]通过实验测量得到虎鲸和宽吻海豚的长径比分别为 4.57~4.91 和 4.69~5.63。Scarnecchiap 通过比较 14 种其他摆动推进鱼类的数据,发现大部分鱼类的长径比分布在 2.40~5.40 之间[23]。设摆动推进鱼类长度为 0.3 m,在弹性阻尼不变的情况下(与 2.2 节波动推进鱼类数据相同),通过改变鱼体的长径比(2.5～4.5)来研究其对行波系数的影响。如图 2-18 所示,当摆动推进鱼类的长径比为 4.5 时,鱼类摆动曲线的行波系数为 0.93;当摆动推进鱼类的长径比为 3.5 时,鱼类摆动曲线的行波系数为 0.63。

如图 2-19 所示,当摆动推进鱼类的长径比较小时,摆动推进鱼体波对应的行波系数较小。随着长径比的增加,鱼类摆动曲线的行波系数会逐渐增大。该结论与鱼类生物学数据相吻合(见附录),即鳗鲡科鱼类有较大的长径比,对应着较大的行波系数;而鲔科鱼类则刚好相反。该结果从动力学的角度给出了鱼类在自然界中选择不同长径比的理论依据。

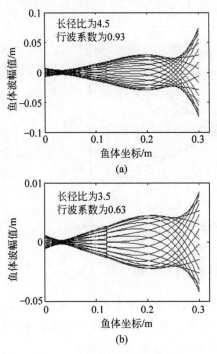

图 2-18 鱼体长径比对鱼体
弯曲曲线的影响

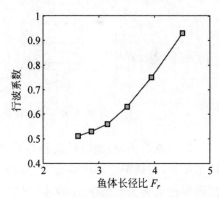

图 2-19 鱼体长径比对波动
曲线行波系数的影响

2.6 波动推进运动的复模态特征

2.6.1 鱼类游动复模态分析

根据上述研究结果可知,鱼类摆动频率与摆动曲线的行波系数无关,故对鱼类的复合波动曲线基本构型进行进一步简化,得

$$G_b(x^*,t) = \left[s_2 + \frac{-2s_4(s_3-s_2)}{1-2s_4}x^* + \frac{s_3-s_2}{1-2s_4}x^{*2}\right] \cdot$$

$$\sin\left(2\pi s_0 ft - \frac{2\pi}{s_1}x\right) \tag{2-25}$$

式中，s_2——头部摆幅的无量纲化参数；

s_3——尾部摆幅的无量纲化参数，如图 2-20 所示。

对于摆动推进模式的鱼类，鱼体尾部的摆幅远大于其头部的摆幅，即 $s_3 - s_2 > 0$，且摆幅的最小位置位于鱼体前部，即 $s_4 < 0.5$。所以，$s_2 > 0$，$\dfrac{-2s_4(s_3 - s_2)}{1 - 2s_4} < 0$，$\dfrac{s_3 - s_2}{1 - 2s_4} > 0$。在分析鱼类摆动曲线包络线的变化情况时，需要考虑鱼类摆动曲线的最低点位置 s_4 和首尾两端间的连线斜率 $(s_3 - s_2)$。

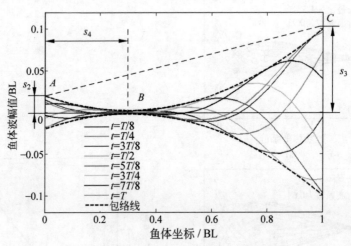

图 2-20   鱼类摆动推进曲线的基本构型参数

以鳗鱼为例，鳗鲡科模式的游动特点为鱼类大部分身体参与波动且波动的横向幅度大，在狭窄空间内具有较好的机动性。摆动推进鱼类摆动幅度变化较小，且摆动推进鱼类头部摆幅 s_4 较小，对应的鱼类摆动曲线包络线可简化为

$$H_a(x^*, t) = s_2 + (s_3 - s^*)x^2 \tag{2-26}$$

总结鳗鲡科模式鱼类生物学参数，发现摆动推进鱼类尾部的最大摆幅一般为 2～10 倍的鱼头摆幅。鱼类摆动曲线的波长小于鱼体长度，即鱼类摆动曲线的波数大于 6.28，故鳗鲡科鱼类摆动曲线波数选择的范围为 6.28～20（对应波长为 0.3～1.0 BL）。基于上述条件，计算得到行波系数的极限值为 0.70 和 0.94。这与表 2-5 中鳗鲡科鱼类摆动曲线的行波系数范围 0.74～0.90 相一致（其他统计数据见附录），说明行波系数同样能够反映鳗鲡科鱼类的游动特点。

相比较而言，亚鲹科和鲹科模式的鱼类游动速度和推进效率较高，机动性能也较强，综合游动性能好。在游动过程中，亚鲹科和鲹科鱼类前部的刚度较大，头部会有微小的周期性摆动。Gray 发现除大西洋鲭鱼（Atlantic mackerel）外，鲹科鱼类摆动曲线波长接近鱼体长度,约为身体长度的 93%[24]。鲭鱼的平均波长为 98% 的鱼体长度,波动范围为 $78\%\sim106\%$[13]。

表 2-5　鳗鲡科鱼类行波系数的生物学数据

鳗鲡科鱼类	s_2/BL	s_3/BL	s_4/BL	λ/BL	行波系数
七鳃鳗(lamprey)	0.236	0.1	0	0.642	0.90
颌针鱼(needle fish)	0.004	0.063	0	0.49~0.73	0.76~0.84
美洲鳗(American eels)	0.003~0.01	0.06~0.08	0	0.59~0.60	0.80~0.82
美西钝口螈(Ambystoma mexicanum)	0.031	0.11	0.23	0.47~0.69	0.80~0.84
欧洲鳗黄色阶段(European eel yellow-phase)	0.008~0.013	0.099~0.102	0~0.2	0.6	0.74~0.82
欧洲鳗银色阶段(European eel silver-phase)	0.006~0.082	0.084~0.108	0~0.2	0.6	0.74~0.81
鳗鱼(eels)	0.03	0.1	0	0.59	0.85

对于该类型鱼类,鱼类摆动曲线最低点位于鱼体前部,$s_4\approx0.3$,鱼类摆动曲线的波长变化范围约为 $0.6\sim1.0$ 倍的鱼体长度(鱼类摆动曲线波数范围为 $5.2\sim10.4$),摆动推进鱼类尾部的最大摆幅为 $2\sim10$ 倍的鱼体头部摆幅。综合上述分析,计算得到亚鲹科和鲹科模式行波系数的范围为 $0.42\sim0.88$。如表 2-6 和表 2-7 所示,根据已有的生物学数据分析得到亚鲹科和鲹科鱼类的行波系数范围为 $0.52\sim0.78$(其他数据见附录),该数值范围与理论分析的范围接近。

表 2-6　亚鲹科鱼类行波系数的生物学数据

亚鲹科鱼类	s_2/BL	s_3/BL	s_4/BL	λ/BL	行波系数
虹鳟鱼(rainbow trout)	0	0.12	0	0.7~1.3	0.61~0.77
白化豹纹鲨(leopard shark)	0	0.16~0.24	0	0.63~0.91	0.68~0.78
金鱼(goldfish)	0.058	0.17	0.34	0.88	0.62
斑马鱼(zebrafish)	0	0.275	0.2	1.0	0.67
黑鳍鲨(blacktip shark)	0	0.16~0.20		0.98~1.16	0.62~0.67
稚鱼(juvenile)	0.018	0.126	0.25	0.5~1.0	0.60~0.78
梭子鱼(tiger musky)	0.015	0.102		0.8	0.77

表 2-7　鲹科鱼类行波系数的生物学数据

鲹科鱼类	s_2/BL	s_3/BL	s_4/BL	λ/BL	行波系数
大口鲈鱼(largemouth bass)	0.004~0.018	0.047~0.072	0.3	0.59~0.83	0.58~0.73
绿青鳕鱼(saithe)	0.018	0.095	0.25	0.64~1.0	0.63~0.75
鲭鱼(mackerel)	0.019	0.108	0.35	0.63~0.83	0.55~0.63
鲤鱼(carp)	0.01	0.1	0	1.25	0.64

续表

鲹科鱼类	s_2/BL	s_3/BL	s_4/BL	λ/BL	行波系数
鲷鱼（scup）	0.01	0.1	0	1.54	0.58
真鳕鱼（cod）	0.043	0.156	0.25	0.93	0.70
鲻鱼（mullet fish）	0.038	0.13	0.26	0.74～1.11	0.68～0.76
鲟鱼（lake sturgeon）	0	0.16～0.22	0	0.71～0.81	0.72～0.75

与其他鱼类相比,鲔科鱼类的头部摆幅较小,大约 90% 的推进力来自尾鳍的摆动[23-24]。鲔科鱼类比鲹科鱼类的身体刚度更大,摆动推进鱼类很难出现局部弯曲,对应的鱼类摆动曲线波长一般大于鱼体长度。例如,金枪鱼 kawakawa(鲔科鱼类)对应的摆动曲线波长为 100%～200% 的鱼体长度。Dewar 和 Graham 的实验表明,黄鳍金枪鱼(yellowfin tuna)的鱼类摆动曲线波长为 123%～129% 的鱼体长度[25]。Knower 也发现黄鳍金枪鱼和鲣鱼(skipjack tuna)对应的鱼类摆动曲线波长分别为 103% 和 97% 的鱼体长度[26]。

综合上述条件,计算鲔科鱼类摆动曲线行波系数的范围为 0.28～0.70,该数值与表 2-8 中由鱼类摆动曲线生物学参数计算得到的行波系数范围为 0.36～0.64接近(生物学数据见附录)。

表 2-8　鲔科鱼类行波系数的生物学数据

鲔科鱼类	s_2/BL	s_3/BL	s_4/BL	λ/BL	行波系数
鲣鱼（skipjack tuna）	0.005	0.06	0.3	1.0	0.49
灰鲭鲨（mako shark）	0.01	0.1	0.4	1.1	0.64
金枪鱼（tuna）	0.05	0.1	0.3	1.1	0.44
豹纹鲨（leopard shark）	0.02	0.1	0.3	1.1	0.54
鼠鲨（lamnid shark）	0.02	0.13	0.35	1.8～2.1	0.36～0.37
鲣鱼（skipjack）	0.04	0.2	0.35	1.0	0.46
黄鳍金枪鱼（yellowfin tuna）	0.04	0.16～0.2	0.35	1.03～1.45	0.34～0.48

2.6.2　行波系数与波长的关系

摆动推进模式的传统分类方法与鱼类摆动曲线波长直接相关。鱼类摆动曲线波长越长,对应的鱼类摆动曲线波数越小,即鱼体弯曲程度越小。一般而言,摆动推进鱼类的弯曲程度越小,参与摆动的尾体占鱼体全长的比例就越小。传统分类方法关联了摆动推进鱼体波波长的分布情况,但并未与摆动推进鱼类的种类和游动状态相关联。在此,通过分析收集到的 80 多种鱼类摆动曲线数据,定量地分析鱼类摆动曲线波长,发现在自然界中鱼类摆动曲线波长的分布范围较为均匀,如图 2-21 所示。

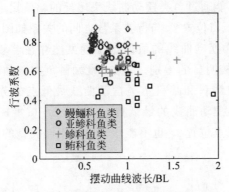

图 2-21 鱼体波波长与行波系数之间的关系

由图 2-21 可知,鳗鲡科和亚鲹科鱼类摆动曲线波长在 0.5～1.0 BL 范围内;鲹科鱼类摆动曲线波长分布范围较广,为 0.6～1.6 BL;鲔科鱼类摆动曲线波长在 0.6～1.9 BL 之间。该结果表明鱼类摆动曲线波长并不能很好地区分摆动推进鱼类不同的推进模式,也说明传统分类方法存在着较大的缺陷。此外,鳗鲡科鱼类摆动曲线的行波系数较大,亚鲹科和鲹科鱼类摆动曲线的行波系数分布范围相重叠,而鲔科鱼类摆动曲线的行波系数较低。这说明虽然鱼类摆动曲线的波数会影响行波系数的大小,但并不能完全决定摆动推进模式鱼类行波系数的分布范围。

2.6.3　行波系数与包络线的关系

除了鱼类摆动曲线波数,影响摆动推进鱼类行波系数分布范围的因素还包括摆动曲线包络线头尾部幅值比 s_2/s_3 和摆动曲线最低点位置 s_4。如图 2-22 所示,鱼类摆动曲线的头尾部幅值比 s_2/s_3 总体分布较为均匀。鳗鲡科、鲹科和鲔科鱼类摆动曲线的头尾部幅值比 s_2/s_3 基本重合,分布范围均为 0～0.4。而亚鲹科鱼类摆动曲线的头尾部幅值比 s_2/s_3 的分布较广,变化范围为 0～0.82。该结果也说

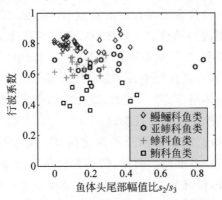

图 2-22 鱼体波包络线头尾部幅值比 s_2/s_3 与行波系数的关系

明 BCF 推进模式并不能通过鱼类摆动曲线头尾部的幅值比 s_2/s_3 进行划分。

鱼类摆动曲线最低点位置 s_4 与行波系数之间的关系如图 2-23 所示。与图 2-21 和图 2-22 相对比，鱼类摆动曲线的最低点位置虽然存在着较大的重叠，但不同类型的游动模式也有着较明显的差别。例如，鳗鲡科鱼类摆动曲线的最低点位置在 $0\sim0.25$ BL 之间；亚鲹科和鲹科鱼类摆动曲线最低点的分布范围基本重合，为 $0\sim0.4$ BL；鲔科鱼类摆动曲线的最低点 s_4 在 $0.2\sim0.4$ BL 之间。上述结果表明，鱼类摆动曲线最低点位置 s_4 也不能用来区分不同类型的摆动推进模式。

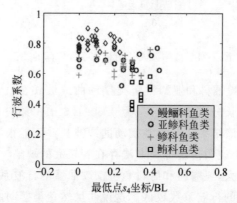

图 2-23　鱼类摆动曲线最低点 s_4 与行波系数的关系

通过分析 80 多种鱼类摆动曲线的生物学数据，本节分别讨论了鱼体波波长、鱼类摆动曲线包络线首尾幅值比和鱼类摆动曲线最低点的分布范围。对于鳗鲡科、亚鲹科、鲹科以及鲔科鱼类，鱼类摆动曲线的波数、包络线首尾幅值比 s_2/s_3 和最低点位置 s_4 的分布区域存在着较大的重叠。使用这些参数并不能区分摆动推进模式，这也说明传统分类方法存在着较大的缺陷。

2.6.4　鱼类波动推进模式新分类——行波系数法

虽然鱼类摆动曲线包含着很多有价值的运动学信息，但并没有一个明确的参数去区分摆动推进鱼类的游动模式。例如，Donley 和 Dickson 的研究表明鲔科模式并不是一个独立的游动模式，而是鲹科模式的一个特例[27]。新的生物学证据也表明，鱼类在快速游动和加速过程中头部会有较明显的摆动，鱼类在低速游动中身体的摆动主要发生在鱼体尾部[5-9]。在此，结合生物学数据，通过鱼类摆动曲线的行波系数对鱼类游动的推进方式进行探讨。

根据鱼类参与摆动长度占鱼体全长的比例，Breder 对摆动推进模式进行划分[28]，但是该划分方法并不准确。例如，摆动推进鱼类鱼体波波长会随着游动状态的变化而变化。另外，传统分类方法并未考虑鱼类摆动曲线包络线的变化情况。例如，鳗鱼鱼类曲线摆动曲线的幅值以线性方式增长，而鲭鱼鱼类摆动曲线的幅值以指数形式增长。事实上，摆动推进鱼类摆动长度、鱼类摆动曲线波数以及幅值变化情况的不同均可反映到鱼类游动的行波系数上,故可根据行波系数更准确地分析摆动推进模式。

如图 2-24 所示,不同类型的摆动推进模式对应着不同的行波系数。鳗鲡科的鱼类摆动曲线有着较大的行波分量,对应着较大的行波系数,范围为 0.74～0.90;鲔科鱼类摆动曲线对应的行波系数较低,范围为 0.36～0.64;亚鲹科和鲹科鱼类摆动曲线的行波系数范围为 0.52～0.78。根据行波系数的分布范围,本文提出了划分摆动推进模式的新方法——行波系数法,将其分为行波主导型(traveling-wave form)、行波驻波混合型(mixture-wave form)和驻波主导型(standing-wave form)三大类。

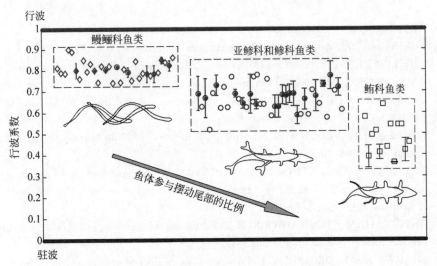

图 2-24 摆动推进模式鱼类行波系数的分布图

传统上,以参与摆动尾体长度占摆动推进鱼类全长的比例为评价指标,摆动推进模式被划分为鳗鲡科、亚鲹科、鲹科和鲔科四大类。但是,鱼类在游动过程中参与摆动的尾体长度很难通过直接观测得到。此外,在不同的生理成长期内,摆动推进鱼类参与摆动尾体的长度也会有所不同。与传统分类方法相比较,行波系数法本身融合了摆动推进鱼类游动的运动学信息,能够定量地研究鱼类的推进模式。

2.7 本章小结

本章首先以鳗鲡科的七鳃鳗和鳗鱼摆动曲线为例,分析了摆动推进鱼类包络线、摆动频率和鱼类摆动曲线波数对行波系数的影响。通过分析摆动推进模式的游动特点,提出了鱼类摆动曲线基本构型的概念,该构型仅与鱼类摆动曲线波数和包络线头尾部摆幅比有关,与鱼体长度无关。在此基础上,分析了 80 多种鱼类摆动曲线的生物学数据,发现鳗鲡科鱼类摆动曲线有着较大的行波系数(0.74～

0.90),鲔科鱼类在游动过程中具有较低的行波系数(0.36~0.64),亚鲹科和鲹科鱼类摆动曲线的行波系数在 0.52~0.78 之间。最后,分析了摆动推进模式、鱼类摆动曲线波长、包络线和行波系数之间的关系,并提出了摆动推进模式分类的行波系数法,即将摆动推进模式定量地划分为行波主导型、行波驻波混合型和驻波主导型三大类。总的来说,该划分方法结合了鱼类的游动特点和鱼类摆动曲线的运动学参数,能够更准确地描述摆动推进模式的游动特点。另外,本章还通过分析乐锦鳚鱼和虹鳟鱼的鱼体波,验证了鱼体波的复模态特性。

参考文献

[1]　ALVARADO P V. Design of biomimetic compliant devices for locomotion in liquid environments[D]. Massachusetts: Massachusetts Institute of Technology,2007.

[2]　VIDELER J J. Fish swimming[M]. London: Chapman and Hall,1993.

[3]　BAINBRIDGE R. The speed of swimming of fish as related to size and to the frequency and amplitude of the tail beat[J]. The Journal of Experimental Biology,1958,35: 109-133.

[4]　JAYNE B C,LAUDER G V. Speed effects on midline kinematics during steady undulatory swimming of largemouth bass, Micropterus Salmoides[J]. The Journal of Experimental Biology,1995,198: 585-602.

[5]　GAZZOLA M, ARGENTINA M, MAHADEVAN L. Gait and speed selection in slender inertial swimmers[J]. Proceedings of the National Academy of Sciences of the United States of America,2015,112: 3874-3879.

[6]　ALTRINGHAM J D, SHADWICK R E. Swimming and muscle function[R]. Academic Press,San Diego,CA,2001,19: 313-344.

[7]　SHADWICK R E, GEORGE V L. Fish physiology: Fish biomechanics[M]. New York: Elsevier,2006.

[8]　WEBB P W,KOSTECKI P T,STEVENS E D. The effect of size and swimming speed on locomotor kinematics of rainbow trout[J]. The Journal of Experimental Biology,1984,109: 77-95.

[9]　TYTELL E D. The hydrodynamics and eel swimming II: effects of swimming speed[J]. The Journal of Experimental Biology,2004,207: 3265-3279.

[10]　JAYNE B C, LAUDER G V. Red muscle motor patterns during steady swimming in largemouth bass: effects of speed and correlations with axial kinematics[J]. The Journal of Experimental Biology,1995,198: 1575-1587.

[11]　ELLERBY D J, ALTRINGHAM J D. Spatial variation in fast muscle function of the rainbow trout Oncorhynchus mykiss during fast-starts and sprinting[J]. The Journal of Experimental Biology,2001,204: 2239-2250.

[12]　FIERSTINE H L,WALTERS V. Studies in locomotion and anatomy of scombroid fishes [J]. Memoirs of the California Academy of Sciences,1968,6: 2-30.

[13]　VIDELER J J, HESS F. Fast continuous swimming of two pelagic predators, saithe (pollachius virens) and mackeral(scomber scombrus): a kinematic analysis[J]. Journal of Experimental Biology,1984,109: 209-228.

[14] TYTELL E D, LAUDER G V. The hydrodynamics of eel swimming: wake structure[J]. Journal of Experimental Biology, 2004, 207: 1825-1841.

[15] LIGHTHILL M J. Large-amplitude elongated-body theory of fish locomotion [J]. Proceedings of the Royal Society B-Biological Sciences, 1971, 179(1055): 125-138.

[16] CHENG J Y, BLICKHAN R. Note on the calculation of propeller efficiency using elongated body theory[J]. Journal of Experimental Biology, 1994, 192(1): 169-177.

[17] KATZ J, WEIHS D. Large amplitude unsteady motion of a flexible slender propulsor[J]. Journal of Fluid Mechanics, 1979, 90(04): 713-723.

[18] NEWMAN J N, WU T Y. A generalized slender-body theory for fish-like forms[J]. Journal of Fluid Mechanics, 1973, 57(04): 673-693.

[19] FEENY B F. A complex orthogonal decomposition for wave motion analysis[J]. The Journal of Sound and Vibration, 2008, 310: 77-90.

[20] FEENY B F, FEENY A K. Complex modal analysis of the swimming motion of a whiting [J]. Journal of Vibration and Acoustics, 2013, 135: 021004.

[21] GILLIS G B. Environmental effects on undulatory locomotion in the American eel Anguilla rostrata: kinematics in water and on land[J]. The Journal of Experimental Biology, 1998, 201: 949-961.

[22] VIDELER J J. Swimming movements, body structure and propulsion in cod Gadus morhua, in vertebrate locomotion[R]. 1981, Academic Press, London, 1-27.

[23] FISH F E. Comparative kinematics and hydrodynamics of odontocete cetacetas morphological and ecological correlates with swimming performance[J]. The Journal of Experimental Biology, 1998, 201: 2867-2877.

[24] WEBB P W. Hydrodynamics and energetics of fish propulsion[J]. Bulletin of the Fisheries Research Board of Canada, 1975, 190: 1-159.

[25] DEWAR H, GRAHAM J B. Studies of tropical tuna swimming performance in a large water tunnel. III. kinematics[J]. The Journal of Experimental Biology, 1994, 192: 45-59.

[26] KNOWER A T. Biomechanics of thunniform swimming: electromyography, kinematics and caudal tendon function in the yellowfin tuna Thunnus albacares and the skipjack tuna Katsuwonus pelamis[D]. San Diego: University of California, 1998.

[27] DONLEY J M, DICKSON K A. Swimming kinematics of juvenile kawakawa tuna (euthynnus affinis) and chub mackerel(scomber japonicus)[J]. Journal of Experimental Biology, 2000, 203(20): 3103-3116.

[28] BREDER C M. The locomotion of fishes[J]. Zoological, 1926, 4: 159-297.

第3章

波动推进鱼类动力学建模

3.1 引言

目前,波动推进鱼类游动的动力学模型大致可以分为三类:基于多体动力学的鱼游模型、基于黏弹性梁理论的鱼游模型和基于计算流体力学的 CFD 模型。具体研究情况如下:

1. 基于多体动力学的鱼游模型

McMillen 等[1]利用 Taylor 理论计算鱼体与流体的相互作用力,将鳗鲡科鱼体离散为多个刚体串联的弹性梁,各刚性段由弹簧阻尼执行器单元串联成链式结构,根据肌肉模型和鱼体身体曲率变化规律计算出关节力,并通过数值计算方法研究了鱼体外形、激励方式、弹性模量对游动性能的影响。Bhalla 等[2]建立了基于多杆模型的鱼体阻尼受迫波动模型,分析鱼体摆动与肌肉激励及流体环境的关系,研究了鱼体肌肉驱动的主动运动和周围流体引起的被动运动对游动性能的影响,发现鱼体可通过简单内部肌肉激励来实现复杂运动。Wang 等[3]把机器鱼柔性鱼尾近似为弹簧阻尼器串联的多个刚体段,并用大摆幅细长体理论计算各刚体段受到的水作用力,建立了鱼尾大摆幅摆动的动力学模型,并与基于欧拉-伯努利梁的游动模型以及实验结果对比,结果表明小摆幅时二者的计算结果一致,但是多刚体段模型的计算结果与实验结果更吻合。Boyer 等[4,5]将大摆幅细长体理论扩展到三维空间,将鱼体视为内部驱动的 Cosserat 梁,利用 Macro-continuous 方法建立了鳗鲡科鱼体三维游动模型,此方法计算效率高,可用于鳗鲡科仿生鱼的实时控制。

2. 基于黏弹性梁理论的鱼游模型

Alvarado[6]把鲹科和鲔科鱼体看作欧拉-伯努利梁,利用大摆幅细长体理论计算鱼体的侧向力,得到鱼体高阶偏微分方程形式的动力学方程。在鱼体截面性质和材料特性不变的假设下,用格林函数法求解得到游动速度、推力和游动效率等的表达式,其结果表明鱼体的游动速度、推力和游动效率在某一激励频率下出现峰值。Daou 等[7,8]将亚鲹科仿生鱼看作单点激励的变截面悬臂梁,用瑞利阻尼模型来表示鱼体的阻尼特性,结合大摆幅细长体理论表示鱼体所受的侧向力,用假设模态法求解鱼体的横向运动。Nguyen 等[9]建立了等厚变截面鱼体的动力学方程,将截面矩、截面面积及附加质量表示成指数函数形式,得到鱼体横向运动的解,并根据大摆幅细长体理论计算了尾部横向运动产生的推力、鱼体游动速度和效率,结果表明共振频率处鱼体的游动速度和推力最大。

3. 基于计算流体力学的数值模拟方法

Kern 和 Koumoutsakos[10]基于 N-S 方程和进化算法,建立计算流体力学模型,研究发现鳗鲡科鱼体在游动效率最高和突发游动速度最大时的游动步态,结果表明鳗鲡科鱼体在突发游动时产生推力的部位主要是尾部,而在高效游动时产生推力的部位还包括身体中部。Borazjani 和 Sotiropoulos[11]利用复合笛卡儿浸入边界法,建立三维鱼体的流固耦合模型,研究了游动模式和鱼体外形对游动性能的影响。Tytell 等[12]利用浸入边界法建立鳗鲡科鱼体的游动模型,研究了肌肉、鱼体黏弹性特性和流体环境的相互作用。Bhalla 等基于浸入边界法,构建可用于刚性或柔性鱼体的流固耦合自适应计算框架,研究了鱼体自主游动的机动性能。本书作者[13]提出 LS-IB 方法来建立鲹科鱼体的自主游动模型,研究鱼体波行波系数与游动性能的影响,提出鲹科鱼体在行波系数约为 0.6 时实现快速高效游动。王文全[14]和郝栋伟等[15]基于浸入边界法建立自主游动的柔性鱼模型,研究 C 形和 S 形自主游动时鱼体内力、鱼体运动和外界流体之间的耦合关系。Gazzola 等[16,17]结合涡量法和进化算法研究仔鱼的 C 形起动性能,结果表明 C 形起动可使逃逸距离最大。Tytell[18]指出鱼体水中大摆幅摆动会引起非线性现象,这可能极大地削弱鱼体在水下游动过程中对共振的利用。在上述文献中,鱼游建模通常忽略流体引起的外部阻尼,可通过数值计算研究流体阻尼对鱼游特性的影响。

上述三种方法所建立的鱼游动力学模型各有优缺点。基于 CFD 的鱼游模型可以较准确地模拟鱼体受到的水作用力,较好地分析鱼体游动中的流场信息,但数值计算方法难度大,数值计算量大。基于黏弹性梁理论的解析方法可以得到鱼体波曲线的解析解,但其动力学方程通常是高阶偏微分方程,理论求解极为困难。所以,大部分研究都基于一定的简化条件,该方法不能完全反映鱼类实际运动情况。基于多体动力方法的鱼游模型可以较准确地建立鱼体的动力学模型,而且动力学迭代方法较为成熟,也可较方便地得到鱼体游动的数值解,对鱼体游动特性作定量分析,但该方法需要借助理论流体力学来模拟鱼体与流体的相互作用力,不能较好地分析水动力学的影响。

本章重点介绍基于多体动力学的鱼游动力学模型。根据鱼类的生理结构,将由肌肉、骨骼、皮肤等复杂黏弹性结构组成的柔性鱼体简化为多刚体串联结构,其中鱼体黏弹性被简化为各关节的刚度和阻尼,鱼体的肌肉驱动被简化为特定关节的主动力矩。基于大摆幅细长体理论计算鱼体各处受到的水作用力,并考虑鱼体运动过程中受到的阻力和升力,利用基于解耦的自然正交补矩阵的多体动力学方法建立鱼体的动力学模型。根据大摆幅细长体理论,在零位将游动模型线性化,建立鱼体的横向振动方程,计算鱼体受到的平均推力,并依此计算鱼体的游动速度。

3.2　鱼类波动运动的离散化

3.2.1　波动运动的离散基础

鱼类属于脊椎动物,其身体由多根脊椎骨相互连接而成,在游动过程中通过脊椎曲线的波动来产生推力。因此,大多数波动推进鱼体可简化为由铰链连接的摆动链式结构和摆动尾鳍两部分,如图3-1所示。

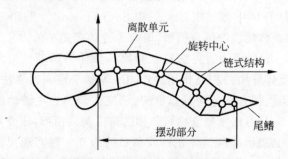

图 3-1　鱼类游动的物理模型

对鱼类游动进行仿生首先要实现运动模拟,即模仿鱼类游动过程中的复合波动情况。根据鱼体游动特征,利用函数定量地描述波动过程,建立鱼体游动的运动学模型,主要参数如下:

1. 摆动长度占鱼体总长的比例(R_l)

根据 R_l 值从大到小进行划分,波动推进鱼类可大致分为鳗鲡科、鲹科、亚鲹科和鲔科四种类型。通常来说,鱼类游动效率和游动速度会随 R_l 的减小而增加,机动性能会随 R_l 的减小而降低。

2. 脊椎关节数 N

在鱼体运动模型中,脊椎关节数 N 越多,鱼体运动越灵活。随着 R_l 的减小,N 也减小,其身体的刚性增加,身体灵活性降低。

3. 各摆动部分之间的长度比 $l_1 : l_2 : l_3 : \cdots : l_N$

在关节长度 $l_i (i=1,2,\cdots,N)$ 相对短的部位,关节密集度较高,此处柔性比较大,可以产生较大角度的摆动。多数鱼类沿着头尾轴的方向其关节长度比例越来越小,其摆动幅度由前向后却逐渐增加,在尾柄处达到最大。

4. 尾鳍形状参数

尾鳍的形状与身体的游动特征密切相关。一般来说，当摆动比例较大时，身体波动产生推进力，尾鳍主要用来调节机动性能。因此，尾鳍形状多为半圆形或梯形。游动速度快而又作长距离洄游的鱼类，尾鳍多呈新月形或叉形，且尾柄狭细而有力，如金枪鱼、鲐鱼等。

在游动过程中，鱼类通过身体波动实现推进，把周围流体对鱼体的反作用力转换为推力，推动身体向前游动。通常采用鱼体中心线（脊柱）的瞬时运动来描述鱼体波动情况，即建立鱼体波方程 $y(x,t)$。在实际中，鱼在启动、加速和转弯时大幅度、高频摆尾，以期获得高推力；而在洄游时小幅度、低频摆尾，以期获得高效率。对鲹科鱼类来说，尾鳍摆动轴的平动幅值一般不应超过 0.1 倍体长。另外一个影响鱼类游动性能的因素为尾鳍的击水角。击水角小，产生的向前推进分力就小；击水角大，则尾鳍与水流间产生的反作用力与游动方向的夹角较大，推力分量较小，不利于向前游动。通常情况下，摆动翼要获得较高推进效率，最大击水角 α_{max} 须满足 $14° < \alpha_{max} < 25°$，且相位角超前 $70° \sim 110°$。

3.2.2 鱼类运动的离散模型

在鱼类波动推进中，鱼体波曲线 $y(x,t)$ 是一种摆幅逐渐增大且向尾部传播的行波，该波动曲线表现为脊柱和尾鳍的弯曲。其运动形式可看作鱼体波幅包络线和正弦曲线的合成，其方程可表示为

$$y(x,t) = (c_0 + c_1 x + c_2 x^2)\sin(kx + \omega t) \tag{3-1}$$

式中，x——鱼体轴向位移；

k——波长倍数（$k = 2\pi/\lambda$，λ 为鱼体波波长）；

c_0、c_1 和 c_2——鱼体波包络线的系数；

ω——鱼体波频率（$\omega = 2\pi f = 2\pi/T$）。

在仿生机器鱼的设计中，需要离散已知的鱼体波方程来设计摆动关节。鱼体波离散化首先将鱼体波分解成两部分：与时间无关的样条曲线序列 $y(x,i)(i=0,1,2,\cdots,M-1)$；与时间相关的摆动频率 f，即单位时间内摆动机构完成鱼体波运动的次数。

$$y(x,i) = (c_0 + c_1 x + c_2 x^2)\sin\left(kx + \frac{2\pi}{M}i\right) \tag{3-2}$$

式中，i——单个摆动周期内样条曲线序列的第 i 个变量；

M——正整数，描述一个摆动周期内鱼体波被离散的程度。

在仿生鱼设计中，鱼体可视为一个在平面内摆动的连杆机构，该连杆机构的相对位置可通过拟合鱼体波曲线来计算，如图 3-2 所示。假设鱼体运动用 N 个串联的杆系机构来模拟（最后一个关节为尾鳍），则鱼体波运动可用 N 根串联的杆件来拟合[19]。设每根杆的长度分别为 $l_1, l_2, \cdots, l_N$，其对应的关节角分别为 $\varphi_1, \varphi_2, \cdots, \varphi_N$，对应的端点坐标分别为 $(x_0, y_0), (x_1, y_1), \cdots, (x_N, y_N)$。

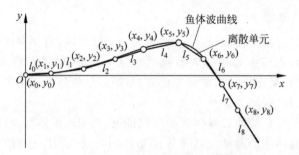

图 3-2　基于杆系结构的鱼体波曲线拟合

为了保持杆长的无量纲性,采用长度比来表示归一化的杆长,设 $l_1 : l_2 : \cdots : l_N = l_1' : l_2' : \cdots : l_N'$。对于一个摆动周期内第 i 时刻,通过拟合鱼体波曲线来计算第 $j-1$ 根杆与第 j 根杆的夹角为 $\varphi_{i,j}$。所要解决的问题是寻找合适的关节角 $\varphi_{i,j}$,使 l_j 在鱼体波曲线上首尾相接,即需要满足下列条件:

$$\begin{cases} (x_{i,j} - x_{i,j-1})^2 + (y_{i,j} - y_{i,j-1})^2 = l_j^2 \\ y_{i,j} = (c_0 + c_1 x_{i,j} + c_2 x_{i,j}^2) \sin\left(k x_{i,j} - \dfrac{2\pi}{M} i\right) \end{cases} \quad (3\text{-}3)$$

式中,$(x_{i,j}, y_{i,j})$——一个摆动周期内第 i 时刻第 j 根杆的端点坐标,$x_{i,0} = 0, 1 \leqslant j \leqslant N, 1 \leqslant i \leqslant M-1$。

由于方程组(3-3)中包含 $x_{i,j}$ 的平方项,且当 N 增大时,很难通过解析的方法计算精确解,因此常采用迭代算法来求解其近似解。该过程一般包括利用迭代逼近杆长系数、计算关节坐标$(x_{i,j}, y_{i,j})$、计算杆 l_j 与鱼体主轴(x 轴)的夹角 $\gamma_{i,j}$、计算二维关节摆动数组等步骤。在机器鱼的设计过程中,仅依靠参数集 $\{\varphi_{i,1}, \varphi_{i,2}, \cdots, \varphi_{i,N}, f\}$ 就可以实现对机器鱼的游动控制,但该控制参数集与鱼体外形尺寸无关。

3.2.3　鱼类离散模型参数优化

在仿生机器鱼设计中,由于关节数目有限,整个鱼体的运动比较僵硬,不能产生平滑的鱼体波曲线,使得机器鱼在游动过程中产生的阻力较大,降低游动效率。基于此,仿生学者通常在机器鱼骨架外侧安装弹性鱼皮,以增加鱼体柔性,使关节间的摆动角度在弹性鱼皮上实现连续的过渡。但经过过渡,实际中心线和理论中心线之间产生了偏离,如图 3-3 所示。当偏差较大时,机器鱼实际的游动将体现不出理想鱼体波曲线在水动力学上的优越性。同时,由于机器鱼是多关节串联的多刚体模型,在对鱼体波拟合的过程中并没有考虑机电系统在具体实现中的各种限制,因此必须根据机电系统的约束对机器鱼的设计参数进行优化。即根据机电系统的最小实现尺寸优化机器鱼的关节比例 $l_1, l_2, \cdots, l_N$,进而根据驱动电动机的摆动角度范围限制来调节机器鱼身体波的波形参数 $(c_0, c_1, c_2, k_1, k_2)$。

为了最大限度地拟合理想鱼体波曲线,须使实际中心线与理论中心线之间的误差尽可能地小,需要对机器鱼多个关节的结构尺寸进行参数优化。优化目标为

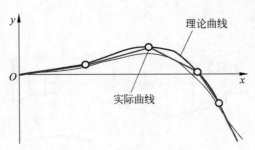

图 3-3　鱼体波理论曲线与近似拟合线

$$\min f(\boldsymbol{X}) = \sum_{i=0}^{M} S_i \qquad (3-4)$$

式中，$\boldsymbol{X} = \begin{bmatrix} l_1 & l_2 & \cdots & l_N \end{bmatrix}^{\mathrm{T}}$；$S_i$ 为理论曲线与实际曲线所形成的包络区域的面积；M 为鱼体波分辨率。通过对关节结构尺寸的优化，可参照鱼体波曲线方程 $y(x,t)$ 优化得到一组结构尺寸参数。根据优化后的关节比例 $l_1 : l_2 : \cdots : l_N$ 进行鱼体波拟合计算，进而可决定机器鱼的控制参数集 $\{\varphi_{i,1}, \varphi_{i,2}, \cdots, \varphi_{i,N}, f\}$，实现机器鱼的优化设计。

3.3　鱼类游动动力学模型

根据鱼类的生理特征，将鱼体简化为由多个刚体串联的平面串联结构，各刚体由具有黏滞阻尼的弹簧连接。结合大摆幅细长体理论和多体动力学方法，建立基于串联多刚体模型的鱼游动力学模型，并利用数值迭代方法对游动模型进行求解。该类型鱼游动力学模型及动力学特性分析（本章 3.4 节）等内容是在姜洪洲导师指导下由黄群主要完成。

3.3.1　游动鱼体建模分析

在游动过程中，黏弹性柔性鱼类由多关节躯干和尾鳍的摆动实现推进，如图 3-4 所示。鱼类脊柱沿躯干从头到尾由脊关节串联而成，在运动过程中相邻椎骨间发生相对转动，整体表现为鱼体波动推进。鱼

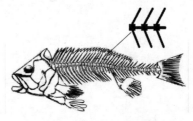

图 3-4　鱼体脊柱结构

类脊柱两侧分布着提供驱动力的大侧肌，大侧肌上各个肌节以套叠的形式配置，可看作各向异性的黏弹性体。生物学研究表明，鱼类可通过肌肉自主改变身体的弯曲刚度。

为了方便研究，将鱼体简化为具有黏弹性的柔性体，忽略鱼体背鳍的影响。根据脊柱结构，鱼体简化为多刚体串联结构，鱼体串联结构由具有黏弹性的关节连接。如图 3-5 所示，假设鱼体在固定水平面上游动，鱼体总长度不变，在鱼体脊柱上建立始于鱼体前端的自然坐标 s，鱼体前端 $s=0$，鱼体后端即尾尖处 $s=L$。将鱼体中性线离散为 n 个单元，各单元分别标记为 $\#1, \#2, \cdots, \#n$，各关节位置记为

s_i，各关节转角记作 $\theta_i(i=1,2,\cdots,n)$。

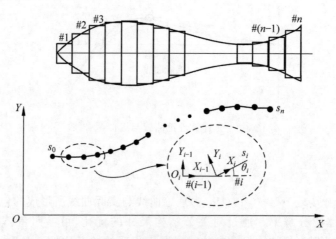

图 3-5　柔性鱼体及其离散化

　　为分析方便，建立全局坐标系 $OXYZ$ 和体坐标系 $O_iX_iY_iZ_i$，如图 3-6 所示。在初始状态时，鱼体头部所指的方向为 $-X$ 方向，Y 方向与之垂直；Z 及 Z_i 轴均垂直于鱼体的运动平面；O_1 固结在鱼体最前端，X_1 和 Y_1 轴的方向分别与 X 轴、Y 轴平行；其余各原点 O_i 固结在♯$(i-1)$关节轴末端处，X_i 轴沿♯$(i-1)$向后，Y_i 根据右手定则确定。

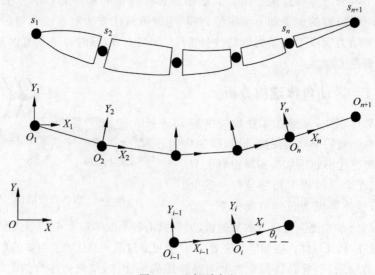

图 3-6　坐标系定义

　　鱼体各刚性单元相对于全局坐标系的转角为 $\theta_{si}=\sum\limits_{i=1}^{j}\theta_i$，各坐标系 $O_iX_iY_iZ_i$ 到全局坐标系 $OXYZ$ 的旋转矩阵为

$$Q_i = \begin{bmatrix} 1 & 0 & 0 \\ 0 & \cos\theta_{si} & -\sin\theta_{si} \\ 0 & \sin\theta_{si} & \cos\theta_{si} \end{bmatrix} \tag{3-5}$$

如图 3-7 所示，某一刚性单元 $\#i$ 与相邻单元 $\#(i-1)$ 的速度递推关系为

$$\begin{bmatrix} \omega_i \\ v_{i,x} \\ v_{i,y} \end{bmatrix} = \begin{bmatrix} 1 & 0 & 0 \\ -r_{i-1,x}-d_{i,x} & 1 & 0 \\ -r_{i-1,y}-d_{i,y} & 0 & 1 \end{bmatrix} \begin{bmatrix} \omega_{i-1} \\ v_{i-1,x} \\ v_{i-1,y} \end{bmatrix} + \begin{bmatrix} 1 \\ -d_{i,y} \\ d_{i,x} \end{bmatrix} \dot{\theta}_i \tag{3-6}$$

式中，ω_i——Z 方向的角速度，rad/s；

$\quad\quad v_{i,x}$——X 方向的质心线速度，m/s；

$\quad\quad v_{i,y}$——Y 方向的质心线速度，m/s。

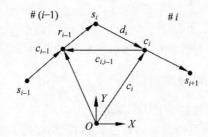

图 3-7　相邻单元的速度关系

记　$t_i = \begin{bmatrix} \omega_i & v_{i,x} & v_{i,y} \end{bmatrix}^{\mathrm{T}}$，$c_{i,i-1} = \begin{bmatrix} 1 & 0 & 0 \\ -r_{i-1,x}-d_{i,x} & 1 & 0 \\ -r_{i-1,y}-d_{i,y} & 0 & 1 \end{bmatrix}$，$p_i =$

$\begin{bmatrix} 1 & -d_{i,y} & d_{i,x} \end{bmatrix}^{\mathrm{T}}$，则相邻单元的速度关系可以简写为

$$t_i = c_{i,i-1} t_{i-1} + p_i \dot{\theta}_i \tag{3-7}$$

柔性鱼体的速度向量可以表示为 $t = \begin{bmatrix} t_1 & t_2 & t_3 \end{bmatrix}^{\mathrm{T}}$，选取状态变量 $q = [\theta_1$ x_1 y_1 θ_2 $\cdots$ $\theta_n]^{\mathrm{T}}$，根据 Shahs 研究工作[20]，柔性鱼体的速度向量可以用自然正交补矩阵 N 和各关节的速度表示，即

$$t = N\dot{q} \tag{3-8}$$

其中，自然正交补矩阵的表达式为

$$N = \begin{bmatrix} 1 & 0 & \cdots & 0 \\ c_{21} & 1 & \cdots & 0 \\ \vdots & \vdots & \ddots & \vdots \\ c_{n1} & c_{n2} & \cdots & 1 \end{bmatrix} \begin{bmatrix} 1_{3\times3} & 0 & \cdots & 0 \\ 0 & p_2 & \cdots & 0 \\ \vdots & \vdots & \ddots & \vdots \\ 0 & 0 & \cdots & p_n \end{bmatrix} \tag{3-9}$$

3.3.2　鱼体受力分析

鱼体各单元为刚性椭圆柱，其质量和转动惯量分别为

$$m_i = \rho \pi a_i b_i \Delta s_i, \quad I_i = \rho \pi a_i b_i^3 \Delta s_i \tag{3-10}$$

式中，ρ——鱼体密度，kg/m^3；

　　a_i——单元长半轴，m，$a_i = a(s_i+1)$；

　　b_i——单元短半轴，m，$b_i = b(s_i+1)$；

　　Δs_i——单元高度，m，$\Delta s_i = s_{i+1} - s_i$。

　　根据大摆幅细长体理论，鱼体在水中摆动时受到水对其的反作用力，此反作用力可以用附加质量来表示。对于长径比比较大的鱼体，可以只考虑法向的附加质量。刚性单元$\#i$在水中运动时的附加质量为$m_{a,i} = \rho \pi a_i^2 \Delta s_i$。

　　鱼体因水的黏性受到沿身体切向的阻力和沿身体法向的升力，如图3-8所示。由于各个单元为刚性椭圆柱，因此可认为阻力和升力的作用点在椭圆柱的质心，其大小均与质心速度的平方有关，即

$$F_{m,i} = \rho s_{m,i} c_{m,i} \mid v_{m,i} \mid v_{m,i} \tag{3-11}$$

$$F_{n,i} = \rho s_{n,i} c_{n,i} \mid v_{n,i} \mid v_{n,i} \tag{3-12}$$

式中，$s_{m,i}$——单元的侵入面积，m^2，按椭圆柱侧面积计算，$s_{m,i} = 2\pi a_i^2 \Delta s_i$；

　　a_i——单元在法向的投影面积，m^2，$a_i = \dfrac{s_{n,i}}{2\Delta s_i}$；

　　$c_{m,i}$，$c_{n,i}$——阻力系数、升力系数；

　　$v_{m,i}$，$v_{n,i}$——单元质心的切向和法向速度，m/s。

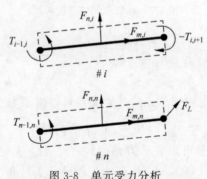

图 3-8　单元受力分析

　　根据 Lighthill 大摆幅细长体理论，鱼体尾尖受到一个集中力，此集中力反映了尾尖平面处的动量交换，是鱼体平均推力的来源。其表达式为

$$\boldsymbol{F}_L = \frac{1}{2} m_a(L) v_{n,L}^2 \hat{\boldsymbol{m}} + m_a(L) v_{m,L} v_{n,L} \hat{\boldsymbol{n}} \tag{3-13}$$

式中，$v_{m,L}$——尾尖的切向速度分量，m/s；

　　$v_{n,L}$——尾尖的法向速度分量，m/s。

　　尾尖的速度可以用鱼体末端刚性单元$\#n$的质心速度和角速度来计算，即

$$v_{m,L} = v_{m,i} \tag{3-14}$$

$$v_{n,L} = v_{n,i} + \omega_n \frac{\Delta s_n}{2} \tag{3-15}$$

串联结构鱼体模型的关节力矩可以表示为

$$M_i = M_{i,a} - M_{i,s} - M_{i,d} \qquad (3\text{-}16)$$

式中，$M_{i,a}$——主动力矩，N・m；

　$M_{i,s}$——弹簧力矩，N・m，根据关节刚度 k_i 计算，$M_{i,s} = k_i \theta_i$；

　$M_{i,d}$——阻尼力矩，N・m，根据关节阻尼系数 D_i 计算，$M_{i,d} = D_i \dot{\theta}_i$。

参考文献[20]，关节刚度和阻尼系数按下式计算：

$$k_i = \frac{EI_i}{\Delta s_i}, \quad D_i = \frac{\mu I_i}{\Delta s_i} \qquad (3\text{-}17)$$

式中，E——鱼体材料的杨氏模量，Pa；

　μ——鱼体材料的黏性系数，Pa・s；

　I_i——鱼体截面二次矩，m^4，$I_i = \pi a_i b_i^3 / 4$。

鱼类通过沿脊椎分布的拮抗肌群的协同作用，以串并联方式产生鱼体的摆动，而且沿脊椎方向各处的肌肉存在相位差，其驱动模型过于复杂，不利于研究鱼体的横向运动和游动特性与激励特性的相互关系。在此将鱼类肌肉的主动作用都简化为鱼类脊椎各个关节的内力矩。此内力矩对应串联结构鱼体模型中相应位置的关节力矩的主动项。

对刚性单元♯i 列牛顿欧拉方程为

$$\boldsymbol{Q}_i \boldsymbol{M}_i \boldsymbol{Q}_i^{\mathrm{T}} \ddot{i}_i = w_i + \bar{w}_i \qquad (3\text{-}18)$$

式中，$\boldsymbol{M}_i$——刚性单元♯i 的惯量矩阵，$\boldsymbol{M}_i = \mathrm{diag}(a_i, m_i, m_{ai} + m_i)$；

　w_i——刚性单元质心合外力和合外力矩，$w_i = [m_{i-1} - m_i, \boldsymbol{F}_{m,i}^{\mathrm{T}} + \boldsymbol{F}_{n,i}^{\mathrm{T}}]^{\mathrm{T}}$；

　$\bar{w}_i$——刚性单元间的内力。

将各刚性单元的惯量矩阵和力向量写成总体形式，即

$$\boldsymbol{M} = \mathrm{diag}(\boldsymbol{Q}_1 M_1 \boldsymbol{Q}_1^{\mathrm{T}}, \boldsymbol{Q}_2 M_2 \boldsymbol{Q}_2^{\mathrm{T}}, \cdots, \boldsymbol{Q}_n M_n \boldsymbol{Q}_n^{\mathrm{T}}) \qquad (3\text{-}19)$$

$$w = [w_1^{\mathrm{T}}, w_2^{\mathrm{T}}, \cdots, w_n^{\mathrm{T}}]^{\mathrm{T}} \qquad (3\text{-}20)$$

$$\bar{w} = [\bar{w}_1^{\mathrm{T}}, \bar{w}_2^{\mathrm{T}}, \cdots, \bar{w}_n^{\mathrm{T}}]^{\mathrm{T}} \qquad (3\text{-}21)$$

总体的牛顿欧拉方程为

$$\boldsymbol{M} \ddot{i} = w + \bar{w} \qquad (3\text{-}22)$$

式(3-22)左乘 $\boldsymbol{N}^{\mathrm{T}}$ 得到系统动力学方程为

$$\boldsymbol{N}^{\mathrm{T}} \boldsymbol{M} \boldsymbol{N} \ddot{q} + \boldsymbol{N}^{\mathrm{T}} \boldsymbol{M} \dot{\boldsymbol{N}} \dot{q} = \boldsymbol{N}^{\mathrm{T}} w \qquad (3\text{-}23)$$

其中，由文献[20]可知 $\boldsymbol{N}^{\mathrm{T}} w = \boldsymbol{0}$，故消去。

3.3.3　鱼体运动求解——振型叠加法

以下给出鱼体游动速度的近似求解方法，首先利用振型叠加法对不考虑尾部集中力时鱼体零位（即笔直状态）的横向振动进行求解，然后根据大摆幅细长体理

论计算横向振动产生的推力。结合鱼体在游动方向上所受的阻力,近似求得鱼体的稳态游动速度。

鱼体零位 $q=0$ 处的自由振动方程为

$$N^{\mathrm{T}}(MN\ddot{q} - D\dot{q} - Kq - L) = 0 \tag{3-24}$$

其中,阻尼矩阵 D 是由鱼体材料黏性引起的系数矩阵,可以根据关节阻尼系数计算,即

$$D = \begin{bmatrix} -D_1 & & & D_1 & & & & & \\ 0 & & & 0 & & & & & \\ & 0 & & & 0 & & & & \\ D_1 & & -D_1-D_2 & & & D_2 & & & \\ 0 & & & 0 & & & 0 & & \\ & 0 & & & 0 & & & 0 & \\ & D_2 & & -D_2-D_3 & & D_3 & & & \\ & 0 & & & 0 & & 0 & & \\ & & 0 & & & 0 & & & \\ & & & & D_n & & -D_n & \\ & & & & 0 & & 0 & \\ & & & & & 0 & & 0 \end{bmatrix}$$

刚度矩阵 K 是与鱼体材料的弹性对应的系数矩阵,可以根据关节刚度计算,即

$$K = \begin{bmatrix} 0 & & K_1 & & & \\ 0 & & 0 & & & \\ 0 & & 0 & & & \\ 0 & & -K_1 & K_2 & & \\ 0 & & 0 & 0 & & \\ 0 & & 0 & 0 & & \\ 0 & & 0 & -K_2 & K_3 & \\ 0 & & 0 & 0 & 0 & \\ 0 & & 0 & 0 & 0 & \\ \vdots & & \vdots & \vdots & \ddots & \\ 0 & & 0 & 0 & & -K_n \\ 0 & & 0 & 0 & \cdots & 0 \\ 0 & & 0 & 0 & & 0 \end{bmatrix}$$

在零位振动方程中,自然正交补矩阵 N 被认为是常数矩阵,即

$$
\boldsymbol{N} =
\begin{bmatrix}
1 & & & & & & \\
& 1 & & & & & \\
& & 1 & & & & \\
1 & & & 1 & & & \\
0 & 1 & & 0 & & & \\
\Delta s & 0 & 1 & \dfrac{1}{2}\Delta s & & & \\
1 & & & 1 & 1 & & \\
0 & 1 & & 0 & 1 & & \\
2\Delta s & 0 & 1 & \dfrac{3}{2}\Delta s & \dfrac{1}{2}\Delta s & & \\
\vdots & & & \vdots & \vdots & \ddots & \\
1 & & & 1 & 1 & & 1 \\
0 & 1 & & 0 & 1 & \cdots & 0 \\
n\Delta s & 0 & 1 & \dfrac{2n-1}{2}\Delta s & \dfrac{2n-3}{2}\Delta s & & \dfrac{1}{2}\Delta s
\end{bmatrix}
$$

按照单位周期内能量耗损相等的原则,与各个单元质心速度的平方成正比的升力可以等效为黏性阻力。将单元质心速度 t 用状态向量的导数 $\dot{q}$ 表示,则鱼体所受的升力可以等效为用 q 表示的黏性阻力,即

$$
\begin{aligned}
\boldsymbol{L} &= [0,0,C_{l0}v_{0y}^2,0,0,C_{l1}v_{1y}^2,\cdots,0,0,c_{ln}v_{ny}^2]^{\mathrm{T}} \\
&= \mathrm{diag}(0,0,\bar{C}_0,0,0,\bar{C}_1,\cdots,0,0,\bar{C}_n)\boldsymbol{t} = \bar{\boldsymbol{C}}\boldsymbol{t} = \bar{\boldsymbol{C}}\boldsymbol{N}\dot{\boldsymbol{q}}
\end{aligned}
\tag{3-25}
$$

其中,等效黏性阻尼 $\bar{C}_i = \dfrac{8\rho S_{ni}C_{ni}A_i f}{3}$,式中 A_i 为 ♯ i 的质心振幅,f 为 ♯ i 的质心横向振动频率。

方程(3-24)变为

$$
\widetilde{\boldsymbol{M}}\ddot{\boldsymbol{q}} + \widetilde{\boldsymbol{D}}(f,A)\dot{\boldsymbol{q}} + \widetilde{\boldsymbol{K}}\boldsymbol{q} = 0
\tag{3-26}
$$

式中,$\widetilde{\boldsymbol{M}}$——质量矩阵;

$\quad\widetilde{\boldsymbol{D}}$——阻尼矩阵;

$\quad\widetilde{\boldsymbol{K}}$——刚度矩阵。

设状态空向矢量为 $\boldsymbol{q}' = \begin{bmatrix} \boldsymbol{q} \\ \dot{\boldsymbol{q}} \end{bmatrix}$,则振动方程(3-26)化为

$$
\boldsymbol{P}\dot{\boldsymbol{q}}' + \boldsymbol{Q}\boldsymbol{q}' = 0
\tag{3-27}
$$

其中,$\boldsymbol{P} = \begin{bmatrix} \widetilde{k} & 0 \\ 0 & 0 \end{bmatrix}$,$\boldsymbol{Q} = \begin{bmatrix} \widetilde{\boldsymbol{D}} & \widetilde{\boldsymbol{M}} \\ \widetilde{\boldsymbol{M}} & -\widetilde{\boldsymbol{M}} \end{bmatrix}$。

式(3-27)对应的特征方程为

$$
|\lambda\boldsymbol{P} + \boldsymbol{Q}| = 0
\tag{3-28}
$$

求得其特征值为 λ_i 和 λ_i^*,相应的特征矢量为 $\boldsymbol{\phi}_i$ 和 $\boldsymbol{\phi}_i^*$。系统的复模态固有频率为

$$\omega_{mi} = |\lambda_i| \tag{3-29}$$

需要注意的是,此处计算的复模态固有频率考虑了水的附加质量的影响,而且是鱼体处于笔直状态下的固有频率。

采用振型叠加法求得鱼体在 $Fe^{j\omega t}$ 下的横向受迫振动解为

$$Q = \sum_{i=1}^{n} \left\{ \left(\frac{\boldsymbol{\phi}_i \boldsymbol{\phi}_i^{\mathrm{T}}}{\mathrm{i}\omega a_i + b_i} + \frac{\boldsymbol{\phi}_i^* \boldsymbol{\phi}_i^{*\mathrm{T}}}{\mathrm{i}\omega a_i^* + b_i^*} \right) F \right\} \tag{3-30}$$

其实际运动 q 为 $\mathrm{Re}(Qe^{j\omega t})$,由运动学关系可以得到对应各点的位移 q 为 $\mathrm{Re}(He^{j\omega t})$。上述过程中,求解特征值问题时需要预先知道各刚性单元质心的摆幅,采用以下迭代过程:

(1) 不考虑升力,求解方程(3-30),得到各质心振幅 A;

(2) 将各点振幅 A_j 代入方程(3-30),求得各质心振幅 A_{j+1};

(3) 重复(2)的过程,直至 $|A_{j+1} - A_j| < 0.001 A_{j+1}$。

通过鱼体的横向振动 h 可以估计鱼体的稳态游动速度。根据大摆幅细长体理论,鱼体摆动产生的平均推力为

$$T = m_a \omega \left[\frac{1}{2} (\dot{h}^2 - U_e^2 h'^2) \right]_L \tag{3-31}$$

式中,m_a——鱼体的附加质量密度函数,$\mathrm{kg/m}$,$m_a(s) = \rho\pi a^2(s)$;

h——鱼体的横向运动,m;

U_e——鱼体直线游动的稳态游动速度,$\mathrm{m/s}$,按照第一个体元在游动方向上的平均速度计算。

鱼体游动受到的阻力为

$$D = \frac{1}{2} \rho C_d S U_e^2 \tag{3-32}$$

式中,C_d——阻力系数,可以根据经验公式确定;

S——鱼体的浸润面积,m^2,由于鱼体全部浸入水中,此处即鱼体的总面积,

$S = \sum_{i=1}^{n} S_{mi}$。

稳态游动时鱼体所受阻力与推力相等,即 $D = T$,从而可以得到鱼体的稳态游动速度为

$$U_e = \sqrt{\frac{m_a \dot{h}^2}{2\rho C_d S + \langle m_a h'^2 \rangle_L}} \tag{3-33}$$

在估算鱼体游动速度的过程中需要给定阻力系数。测量鱼类运动过程中的阻力系数是极其困难的,各文献中对于阻力系数的估计也没有统一的结论。Eloy 根

据不同雷诺数下薄板运动的阻力系数,给出了估计鱼类摆动推进的阻力系数的经验公式,即

$$C_d = \max(2 \times 1.328 Re_U^{-0.2})$$ (3-34)

式中,Re_U——游动雷诺数,$Re_U = \dfrac{U_e L}{\nu}$,其中运动黏度 $\nu = 1.004 \times 10^{-6} \text{m}^2/\text{s}$。

由阻力系数的经验公式(3-34)可见,要计算阻力系数首先应得到鱼体的游动雷诺数,即首先要知道鱼体的游动速度。而游动速度的计算又依赖于阻力系数的估计。因此,此处设计一个迭代过程完成阻力系数和游动速度的估计,使二者相互吻合。具体过程为:

(1) 根据鱼类游动的雷诺数的大致范围 $10^3 \sim 10^5$ 确定初始阻力系数,从而确定初始游动速度;

(2) 利用游动速度反求阻力系数,利用阻力系数求得新的游动速度;

(3) 重复步骤(2),直到游动速度和阻力系数稳定。

3.3.4 鱼体运动求解——常微分方法

为了实现柔性鱼体游动特性的仿真分析,利用 MATLAB 中的刚性常微分方程求解器 ODE15S 对上文建立的鱼体游动模型的动力学方程(3-30)进行正动力学求解,从而建立柔性鱼体的仿真模型。仿真模型的框架如图 3-9 所示。对于给定外形和材料特性的柔性鱼体,输入鱼体的初始速度和初始姿态,以及某一关节处的激励力矩,经过数值积分可以求得不同时刻多刚体串联结构鱼体的头部单元质心位置和各个关节的转角,据此可以求得不同时刻各个鱼体单元的质心位置,从而得到不同时刻相应的鱼体中性线位置,即鱼体波。通过进一步分析可以得到鱼体波特性和鱼体的游动性能。

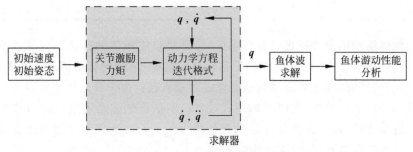

图 3-9 仿真模型框架

根据文献[20],对基于解耦后的自然正交补矩阵 N 建立的动力学模型(3-30)可以建立计算效率较高的正向动力学迭代格式。该迭代格式基于对广义惯性矩阵 $N^T MN$ 的三角分解(UDU^T decomposition),其计算复杂度仅为 $O(n)$(n 为系统的自由度),尤其适用于自由度数很大的多体动力学系统。所建立的多刚体串联结构

的鱼体模型的自由度数较大，为了提高计算效率，缩短仿真时间，首先根据文献[20]提出的动力学迭代方法将鱼体游动微分方程写成迭代格式，其迭代过程的伪代码如表 3-1 所示。

表 3-1　动力学方程迭代过程

步骤 1：计算 t、t'、w^*	步骤 2：计算 $\hat{\boldsymbol{\phi}}$、$\hat{\boldsymbol{\varphi}}$	步骤 3：$\ddot{\boldsymbol{q}}$
$t_1 = p_1 \dot{q}_1$	For $i = n : 2$	$\ddot{q} = \tilde{\boldsymbol{\phi}}_1$
$t'_1 = \mathbf{0}$	$\quad \hat{\boldsymbol{\psi}}_i = \hat{\boldsymbol{M}}_i p_i$	$\mu_1 = p_1 \ddot{q}_1$
$w_1^* = \boldsymbol{M}_1 t'_1 + \boldsymbol{W}_1 \boldsymbol{M}_1 t_1$	$\quad \hat{m}_i = p_i^{\mathrm{T}} \hat{\boldsymbol{\psi}}_i$	For $i = 2 : n$
For $i = 2 : n$	$\quad \psi_i = \hat{\boldsymbol{\psi}}_i / \hat{m}_i$	$\quad \tilde{\mu}_i = \boldsymbol{B}_{i,i-1} \mu_{i-1}$
$\quad t_i = \boldsymbol{B}_{i,i-1} t_{i-1} + p_i \dot{\theta}_i$	$\quad \hat{\varphi}_i = \tau_i - p_i^{\mathrm{T}} (\tilde{\boldsymbol{\eta}}_i + w_i^*)$	$\quad \ddot{q}_i = \tilde{\boldsymbol{\phi}}_i - \psi_i^{\mathrm{T}} \tilde{\mu}_i$
$\quad t'_i = \boldsymbol{B}_{i,i-1} t'_{i-1} + \dot{\boldsymbol{B}}_{i,i-1} t_{i-1} +$	$\quad \tilde{\varphi}_i = \hat{\varphi}_i / \hat{m}_i$	$\quad \mu_i = p_i \ddot{\theta}_i + \tilde{\mu}_i$
$\quad \boldsymbol{\Omega}_i p_i \dot{\theta}_i$		
$\quad w_i^* = \boldsymbol{M}_i t'_i + \boldsymbol{W}_i \boldsymbol{M}_i t_i$	$\quad \hat{\boldsymbol{M}}_{j,j} = \hat{\boldsymbol{M}}_j - \hat{\boldsymbol{\psi}}_i \psi_i^{\mathrm{T}}$	End
End	$\quad \eta_i = \psi_i \hat{\boldsymbol{\phi}}_i + \tilde{\boldsymbol{\eta}}_i + w_i^*$	
	$\quad \hat{\boldsymbol{M}}_i = \boldsymbol{M}_i + \boldsymbol{B}_{i+1,i}^{\mathrm{T}} \hat{\boldsymbol{M}}_{j,j} \boldsymbol{B}_{i+1,i}$	
	$\quad \tilde{\boldsymbol{\eta}}_i = \boldsymbol{B}_{i,i-1}^{\mathrm{T}} \eta_i$	
	End	
	$\hat{\boldsymbol{\psi}}_1 = \hat{\boldsymbol{M}}_i p_i$	
	$\hat{m}_1 = p_1^{\mathrm{T}} \hat{\boldsymbol{\psi}}_1$	
	$\hat{\boldsymbol{\phi}}_1 = \tau_1 - p_1^{\mathrm{T}} (\tilde{\boldsymbol{\eta}}_1 + w_1^*)$	
	$\tilde{\boldsymbol{\phi}}_1 = \hat{m}_1 \backslash \hat{\boldsymbol{\phi}}_1$	

对鱼体游动微分方程进行数值求解时，需要设定鱼体的各状态变量以及状态变量对时间的导数 $[\theta_1, x_1, y_1, \theta_2]$ 的初始值。其中，鱼体的初始游动速度为零，需要经过较长时间的加速才能达到稳态直线游动状态。由于研究的重点在于鱼体稳态直线游动的运动特性，所以可以用式（3-33）中估算的游动速度近似值作为鱼体的初始游动速度，即状态变量导数的初始值 $v_{1,x} = U_e$，这样可以使鱼体更快地进入稳定直线游动状态，从而提高仿真效率。

以激励力矩幅值为 $0.02\ \mathrm{N \cdot m}$、激励频率为 $3\ \mathrm{Hz}$ 时的鲹科鱼体直线游动的求解过程为例说明设定初始速度的意义，其中有关参数将在后续介绍。如图 3-10 所示，根据估计的游动速度设定数值求解的初始速度后，鱼体的游动可以在更短的时间内进入稳定状态。

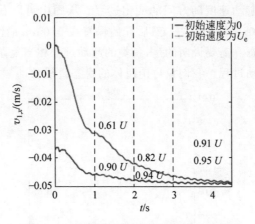

图 3-10

图 3-10 利用估计的游动速度加速求解过程

3.4 鱼体游动动力学特性分析

根据本章所建立的动力学模型,建立鲹科鱼体的动力学仿真模型,并利用动力学迭代方法进行数值求解,对求得的结果进行后处理,得到不同激励条件下鱼体波的特性及鱼体的游动性能参数,分析激励力矩幅值和激励频率对鱼类游动性能的影响。

3.4.1 鱼体模型参数

柔性鱼体的外形可以看作沿中性线连续分布的无数个椭圆截面,鲹科鱼体各位置截面的半长轴和半短轴可以根据经验公式确定,此处取鱼体长度为 0.15 m,将此鱼体均分为 30 个刚性单元,每个单元的高度为 $\Delta s_i = 0.005$ m。设鲹科鱼体的密度为 1000 kg/m³,鱼类整体看作各向异性材料,杨氏模量为 80 000 Pa,鱼体黏性系数为 100 Pa·s,阻力系数为 0.02,升力系数为 0.14。

鲹科鱼类游动时身体的摆动主要集中在身体的后 1/3,其头部摆动幅度相对较小。因此,对鲹科鱼体可假设驱动其身体摆动的主要是鱼体后部 1/3 附近的肌肉作用,身体其他部位的摆动都属于被动运动。考虑所建立鱼体模型为多关节串联结构,故在鱼体模型的第 16 关节处施加一个周期性变化的正弦激励力矩,以模拟真实鱼体拮抗肌群的驱动力矩,表示为

$$M = M_0 \sin(2\pi f t) \tag{3-35}$$

式中,M_0——激励力矩幅值,N·m;

f——激励频率,Hz。

通过数值求解,鱼体在激励力矩作用下从静止状态开始加速,最终达到直线稳定游动状态。图 3-11 所示为鲹科鱼体在幅值为 0.02 N·m、频率为 2.5 Hz 的正

弦激励力矩作用下游动速度随时间的变化过程。从图中可以看到,鱼体的游动速度从 0 逐渐增加到 0.06 m/s 左右,然后开始保持在 0.06 m/s 上下波动,说明鱼体已达到稳态游动状态。需要说明的是,鱼类的起动过程相当复杂,此处的加速过程并非鱼类的真实起动过程。我们只讨论鱼体的稳态直线游动。

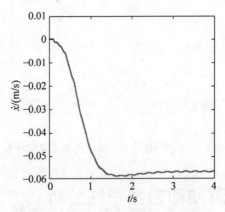

图 3-11　鲹科鱼类游动速度的变化

3.4.2　鱼体波特性分析

在仿真模型中,鱼体的整体摆幅主要与激励力矩有关。在某激励频率下,鱼体的尾鳍末端摆幅随激励力矩增加而增大。此处选取合适的激励力矩使仿真模型的尾鳍末端摆幅与同等尺寸鱼类的尾鳍末端摆幅相符,并比较身体其他部位的鱼体摆动幅值。图 3-12 所示为激励力矩幅值为 0.02 N·m、激励频率为 2.2 Hz 时仿真鱼体和鲹科鱼体包络线的对比。在尾部二者比较接近,而头部差别较大。其原因是单个集中力矩无法完全模拟鱼类的肌肉驱动以及激励位置不尽合理。但是,从图中可以看出,仿真模型的鱼体各处摆幅呈现出两头大、中间小的特点,与鲹科鱼类相同。对于鲹科鱼体而言,游动过程中其推进力主要由尾部产生,因此应重点关注仿真模型和真实鱼类尾部的鱼体波包络线。从这一角度看,本章所建立的游动模型是合理的。

鱼体波的另一重要参数是其波长。假设鱼体各处的波长相同,鲹科鱼类鱼体波的波长约为 0.9 BL。然而,诸多研究表明,即使在稳态游动中,鱼类身体各处的波长也是不同的。例如,鳕鱼鱼体波的波长在某个值上下波动。当激励力矩幅值为 0.02 N·m、频率为 2.2 Hz 时,鲹科鱼体身体各处鱼体波的波长变化如图 3-13 所示。鱼体尾部波长也存在某个值上下波动的变化规律,但在鱼体中部和头部出现较大的峰值,这可能是由于激励方式的原因造成的。

从上述对仿真模型鱼体波的包络线和波长的分析以及与真实鱼类的鱼体波的对比可以知道,上文所建立的柔性鱼体游动模型在简化激励方式作用下,仍然可以比较客观地反映自然界中鱼类鱼体波(尤其是鱼体波尾部)的重要特性。

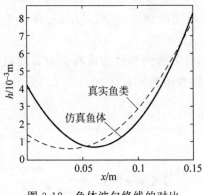

图 3-12　鱼体波包络线的对比

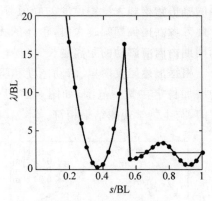

图 3-13　鲹科鱼体波波长

3.4.3　激励特性对游动性能的影响

图 3-14 所示为激励力矩幅值为 $0.01\sim0.04$ N·m 时,不同激励频率下鱼体尾尖摆幅的变化规律。从图中可见,随着激励频率的增大,鱼体的尾尖摆幅呈现出先增大后减小的变化趋势。在峰值频率 2.0 Hz 附近,尾尖摆幅取得最大值。而根据固有频率公式计算考虑附加质量的鱼体固有频率,其值约为 2.1 Hz,可见尾尖摆幅的峰值频率与鱼体的固有频率十分接近,可认为鱼体在该频率下发生共振。

图 3-15 所示为鱼体在不同激励频率下稳态游动速度的变化规律。在激励力矩幅值较小时,随着激励频率的增大,鱼体的稳态游动速度也呈现出先增大后减小的变化趋势,并在 2.2 Hz 附近达到最大值。

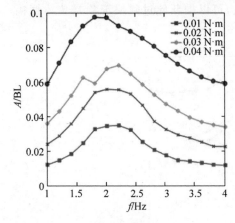

图 3-14　尾尖摆幅随频率的变化

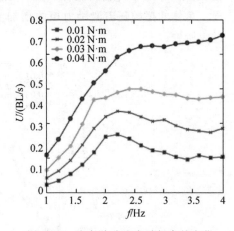

图 3-15　稳态游动速度随频率的变化

图 3-16 所示为鱼体在不同激励频率下无量纲速度的变化规律。随着激励频率的增大,无量纲速度在 2.0 Hz 附近达到最大值。上述三个峰值频率中,尾尖摆

幅的峰值频率和无量纲速度的峰值频率较接近,而稳态游动速度的峰值频率略大
于此二者。尾尖摆幅越大时,鱼体的无量纲游动速度越大,也就是说,鱼体单个摆
动周期内向前游动的距离越长。

　　根据上述尾尖摆幅、游动速度和驱动频率,计算得到鱼体的斯特鲁哈数随频率
的增加稳定在某一范围,如图 3-17 所示。斯特鲁哈数的数值保持在 0.25～0.35
之间,与生物学观测结果相符。

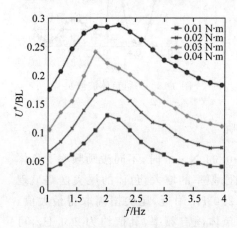

图 3-16　无量纲速度随频率的变化

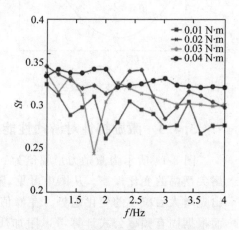

图 3-17　斯特鲁哈数随频率的变化

　　图 3-18 所示为不同激励频率下鱼体稳态直线游动过程中运输效率的变化规
律。从图中可见,当激励力矩的幅值较小时,运输效率在共振频率附近出现峰值。
但是,随着激励力矩增大,运输效率的峰值现象越来越不明显,甚至呈现出"过阻
尼"现象,即不再出现共振峰。这一趋势在稳态游动速度的变化曲线中也有所体
现。鱼体的摆幅随着激励力矩的增加而增大,可以推断此过阻尼现象是鱼体摆幅
过大所致。

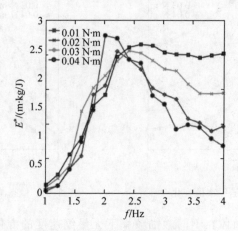

图 3-18　运输效率随频率的变化

3.5　本章小结

本章基于大摆幅细长体理论和多体动力学方法建立了柔性鱼体的游动模型。首先,根据鱼体的生理结构,将鱼体简化为多个刚性单元通过有一定刚度和阻尼的转动关节连接而成的串联结构;然后根据 Lighthill 大摆幅细长体理论,计算各个单元在鱼体游动过程中受到的流体作用力,即考虑鱼体各个位置的附加质量以及尾部末端的集中力,并考虑鱼体在水中运动过程中所受的阻力和升力,建立简化后的柔性鱼体游动模型。在此动力学模型框架下,系统输入为某一关节处的激励力矩,系统输出为柔性鱼体的身体摆动及游动情况。为了评价鱼体的游动性能,选取稳态游动速度、尾尖摆幅、斯特鲁哈数和运输效率等游动性能指标,为分析鱼体的游动特性奠定了基础。

对游动鱼体的动力学方程在零位进行线性化,并将速度平方形式的升力等效为黏性阻力,得到鱼体的线性化横向振动方程,应用振型叠加法得到鱼体在单一关节激励力矩下的横向受迫振动解。然后结合阻力经验公式,估算了柔性鱼体的稳态游动速度。在此过程中,运用反复迭代的方法确定鱼体各位置的振幅以及阻力系数的合理取值。利用 Saha 提出的动力学迭代方法建立游动模型的高效迭代格式,用MATLAB 对游动模型进行数值求解,实现柔性鱼体的直线游动过程的仿真分析。结果表明,在正弦力矩激励下,鱼体可以实现从静止加速,最终达到稳定直线游动状态。分析了不同激励力矩和激励频率下鲹科鱼类的游动特性。结果表明,当激励力矩较小时,随着激励频率增加,鱼体的尾尖摆幅和游动速度在鱼体固有频率附近出现峰值;随着激励力矩增大,尾尖摆幅和游动速度增大,峰值变得不明显甚至消失。

结合鱼体外形的经验公式,以鲹科鱼体为例,利用鱼体游动模型求解了各种鱼体在特定激励下的运动。然后,从鱼体的运动中提取出反映鱼体运动规律的稳态游动速度、尾尖摆幅以及斯特鲁哈数等性能参数,并得到了激励特性及身体外形对于各游动性能参数的影响。仿真结果反映了鱼体由于摆幅增大而导致的过阻尼效应,通过与其他文献的研究结果比较也从侧面证明了所建立的游动模型可以较好地反映鱼类的游动特性。

参考文献

[1]　MCMILLEN T,HOLMES P. An elastic rod model for anguilliform swimming[J]. Journal of Mathematical Biology,2006,53(5):843-886.

[2]　BHALLA A P S,GRIFFITH B E,PATANKAR N A. A forced damped oscillation framework for undulatory swimming provides new insights into how propulsion arises in active swimming[J]. PLoS Computational Biology,9(6):e1003097.

[3]　WANG J,MCKINLEY P K,TAN X. Dynamic modeling of robotic fish with a base-actuated

flexible tail[J]. Journal of Dynamic Systems Measurement and Control,2014,137(1): 011004.

[4] BOYER F,POREZ M,LEROYER A,et al. Fast dynamics of an eel-like robot comparisons with Navier-Stokes simulations [J]. IEEE Transactions on Robotics, 2009, 24 (6): 1274-1288.

[5] BOYER F, POREZ M, KHALIL W. Macro-continuous computed torque algorithm for a three-dimensional eel-like robot[J]. IEEE Transactions on Robotics,2006,22(4): 763-775.

[6] ALVARADO V Y,ALVARO P P. Design of biomimetic compliant devices for locomotion in liquid environments[D]. Cambridge: Massachusetts Institute of Technology,2007.

[7] DAOU H E,SALUMAE T,RISTOLAINEN A,et al. A biomimetic design and control of a fish-like robot using compliant structures [C]. International Conference on Advanced Robotics. UK: IOP Publishing Ltd,2011:563-568.

[8] EL D H,CHAMBERS L D, MEGILL W M, et al. Modelling of a biologically inspired robotic fish driven by compliant parts[J]. Bioinspiration & Biomimetics,2014,9(1): 016010.

[9] NGUYEN P L,LEE B R,AHN K K. Thrust and swimming speed analysis of fish robot with non-uniform flexible tail[J]. Journal of Bionic Engineering,2016,13(1): 73-83.

[10] KERNS,KOUMOUTSAKOS P. Simulations of optimized anguilliform swimming[J]. Journal of Experimental Biology,2006,209(24): 4841-57.

[11] BORAZJANI I, SOTIROPOULOS F. On the role of form and kinematics on the hydrodynamics of self-propelled body/caudal fin swimming[J]. Journal of Experimental Biology,2010,213(1): 89-107.

[12] TYTELL E D, HSU C Y, WILLIAMS T L, et al. Interactions between internal forces, body stiffness,and fluid environment in a neuromechanical model of lamprey swimming [J]. Proceedings of the National Academy of Sciences of the United States of America, 2010,107(46): 19832-19837.

[13] CUI Z,Li K,JIANG H,et al. CFD studies of the effects of waveform on swimming performance of carangiform fish[J]. Applied Sciences,2017,7(2): 149.

[14] 王文全,郝栋伟,闫妍,等.基于浸入边界法的鱼体自主游动的数值模拟[J].计算力学学报,2014,5: 646-651.

[15] 郝栋伟,张立翔,王文全.流固耦合 S-型自主游动柔性鱼运动特性分析[J].工程力学,2015,5: 13-18.

[16] MAZZOLA M,VAN REES W M,KOUMOUTSAKOS P. C-start: optimal start of larval fish[J]. Journal of Fluid Mechanics,2012,698: 5-18.

[17] AURELI M,KOPMAN V,PORFIRI M. Free-locomotion of underwater vehicles Actuated by Ionic Polymer Metal Composites[J]. IEEE/ASME Transactions on Mechatronics, 2010,15(4): 603-614.

[18] TYTELL E D, HSU C Y, FAUCI L J. The role of mechanical resonance in the neural control of swimming in fishes[J]. Zoology,2014,117(1): 48.

[19] KOPMAN V,PORFIRI M. Design,modeling,and characterization of a miniature robotic fish for research and education in biomimetics and bioinspiration [J]. IEEE/ASME Transactions on Mechatronics,2013,18(18): 471-483.

[20] SHAHS V,SAHA S K,DUTT J K. Dynamics of tree-type robotic systems[J]. Intelligent Systems Control & Automation Science & Engineering,2013,62: 73-88.

第4章

鱼类推进变刚度动力学特性

4.1 引言

　　摆动推进鱼类的游动鱼体模型不仅需要考虑鱼类内部的黏弹性机械特性,还需考虑鱼类与外部环境之间的相互作用力。在游动鱼体模型中,摆动推进鱼类与流体间的作用力可根据抗力理论、Lighthill 细长体理论和波动板理论等进行分析,而鱼体动力学模型大致可分为多体动力学模型和黏弹性梁模型两类。多体动力学游动鱼体模型是将摆动推进鱼类简化为多个由弹簧串联的刚体,通过计算各刚体所受的水动力和刚体间的相互作用力得到鱼体的动力学模型,该模型多用于摆动推进鱼类运动形态的设计和优化。基于黏弹性梁理论的鱼类模型是将摆动推进鱼类看作柔性黏弹性梁,在考虑柔性鱼体和外界流体相互作用的前提下,建立鱼类游动模型来分析其动力学特性。

　　目前摆动推进柔性鱼体的设计主要以串联结构、并联结构和基于黏弹性柔性材料设计为主,但每一种设计均具有一定的局限性。结合鱼体骨骼和肌肉的生物学分析,本章建立了平面串并联结构柔性鱼体的数学模型,并确定了鱼体生物学参数与柔性鱼体模型参数之间的转化关系。根据鱼体刚度对游动性能的影响,本章提出了一种计算柔性鱼体刚度的方法,并明确了鱼体刚度与其驱动频率之间的关系,即变刚度原理。该柔性鱼体模型不仅遵循鱼体肌肉、骨骼本身的串并联生理结构,而且充分考虑了鱼体肌肉调整身体刚度的这一生物特性,为快速、高效游动的仿生机器鱼设计提供了理论基础。

4.2 鱼类冗余串并联生理结构

4.2.1 鱼类的骨骼结构

　　生物解剖学表明,鱼体骨骼的主要机能是供鱼体肌肉附着,并支撑鱼体的整体形状以保护其他柔软器官,如内脏等。鱼类的骨骼主要包括中轴骨和附肢骨两种,其中轴骨又包括脊柱以及由脑颅和咽颅等组成的头骨。由于柔性鱼体的摆动推进是以鱼体尾部为主,故建立平面串并联柔性鱼体的数学模型需以鱼体尾部的骨骼结构为研究对象,该骨骼结构主要包含鱼体脊柱和鱼体脊椎骨等。

　　鱼体脊柱是指由脊椎骨连接、纵贯于全身的脊梁骨,主要起支持鱼体中轴的作用,其对应的机械模型为由多个脊椎骨连接而成的串联结构。鱼体脊椎骨的形状根据其所在的位置不同又可分为躯椎和尾椎,躯干椎与尾椎的区别在于是否附有肋骨,如图 4-1 所示。肋骨为位于躯干前部弯曲成弓形的骨骼,大致可分为背肋与腹肋两类。在鱼体模型的建立过程中,鱼体的脊椎骨以尾椎为主要研究对象,其对应的脉棘和髓棘可近似认为长度相等,主要为鱼体肌肉的相对运动提供骨架支撑。故根据对鱼体骨骼的分析,建立基于平面串并联柔性鱼体的模型不仅需要考虑鱼体脊椎的串联结构,还需考虑为附属肌肉的运动提供支撑的尾椎结构。

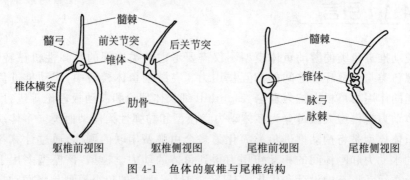

图 4-1　鱼体的躯椎与尾椎结构

4.2.2　鱼类的肌肉性能

　　由生物学可知,肌肉最重要的特性为受到刺激后会立即产生收缩反应,刺激过后则恢复原状。对于鱼类而言,产生游动所需运动的鱼体肌肉主要以牵动骨骼运动的骨骼肌为主,其收缩和宽息较急促。由于鱼体摆动推进所用的肌肉大多集中在柔性鱼体的尾部,而该处的肌肉又大多属于横纹肌,故重点研究鱼体横纹肌的运动性能。Huxley 和 Niedergerke[1] 提出了肌肉滑行理论,即在肌小节中,粗肌丝与细肌丝在肌肉收缩时发生相互滑行,如图 4-2 所示。横纹肌的肌原纤维由粗细两组平行走向的蛋白丝组成,肌肉缩短和伸长通过粗细肌丝在肌节内相互滑动发生,而肌丝本身长度没有发生变化。根据肌肉收缩运动形式以及其弹性成分的排列,可将其看作多个弹簧的串并联结构。对于平面串并联柔性鱼体的数学模型来说,鱼体肌肉可简化为一个刚度变化的弹性元件。此外,生物力学研究表明鱼体肌肉产生的力为黏弹性力,故鱼体肌肉可简化为由弹性元件和黏性元件组成的并联结构。

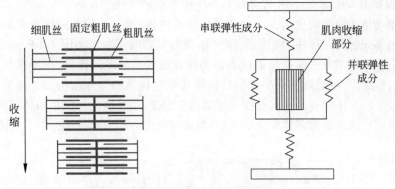

图 4-2 肌肉滑行及肌肉收缩和弹性部分结构

活鱼体内的肌肉收缩是由运动神经传递的刺激引起的,其收缩能力取决于刺激强度和刺激频率。当刺激强度大于或等于阈强度(引起肌肉收缩的最小刺激强度)时会引起收缩反应。肌肉收缩反应会随着刺激强度加大而增大。同时,肌肉的收缩能力与刺激的频率相关。当刺激频率增加时,肌肉的收缩来不及完全舒张并出现部分融合现象,其对应的张力逐渐增加。

4.2.3 鱼类骨骼、肌肉的串并联结构

活鱼的生理解剖研究表明,鱼类的游动是在肌肉系统和骨骼系统共同作用下完成的。鱼体肌肉两端通过肌腱(tendon)附着在两块或两块以上的鱼骨上,在神经系统的支配下进行收缩,一端固定不动(起点端),另一端(止点端)牵引着相连接的骨块产生相应的运动。整体上,鱼体的各种运动大多是由多组作用相反的颉抗肌群(antagonistic muscles)共同完成的,它们在神经系统的支配下共同完成有规律的运动。

产生摆动推进运动的鱼体尾部由鱼尾椎关节逐节串联而成,而附着在鱼骨上的肌肉产生收缩运动,主要通过细肌丝和粗肌丝之间的相对运动来实现,其收缩能力的强弱依赖于驱动频率和驱动强度。肌肉为鱼体的摆动推进提供了驱动力,根据其生物特性,可将其简化成黏弹性元件。若将鱼体的肌肉-骨骼模型简化为平面结构,则附着在骨骼上的肌肉可简化为弹簧与阻尼器的并联结构。结合鱼体尾椎本身形状和鱼体颉抗肌群之间发生的相反运动,鱼体的颉抗肌群可近似简化为分布在髓棘和脉棘两侧的对称肌群,当尾椎发生相对旋转运动时,两侧的肌群则产生相反的运动趋势。

值得注意的是,鱼体肌肉的收缩能力直接影响到鱼体的游动性能,而肌肉的收缩能力又与驱动幅值和驱动频率有关。一般情况下,鱼体的驱动频率越高,摆动幅度越大,对应的游动速度越快。前文从生物学角度解释了鱼体肌肉能够改变身体刚度且鱼体刚度的变化与对应的刺激频率有关这一现象,这也说明建立柔性鱼体

的数学模型需要考虑在不同驱动频率下鱼体刚度的变化情况。

　　将摆动推进鱼类简化为多个由弹簧串联的刚体,通过计算各刚体所受的流体作用力和刚体间的相互作用力得到鱼体多体动力学游动模型。如图 4-3 所示,可通过串联多个刚性体的方式模拟摆动推进鱼类的弯曲摆动情况。此外,在考虑鱼类肌肉黏弹性的情况下,可通过平面串并联结构模仿柔性鱼体的整体结构。上述游动模型用串联多个刚性体的方式来代替摆动推进鱼类脊椎,用弹性元件模拟鱼体肌肉,均属于摆动推进模式鱼游的多体动力学模型,为研究鱼类的动力学特性提供了分析手段。

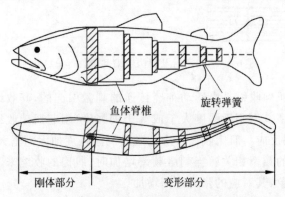

图 4-3　柔性摆动推进鱼类的多体动力学模型

　　平面串并联结构的摆动推进鱼类模型主要包括刚性体 $A_iB_iC_iB_{i+1}$、连接在各刚体之间的弹簧 k_i 和阻尼 c_i。在摆动推进鱼类某一位置施加驱动力矩时,由弹簧和阻尼连接的各刚性体发生相对旋转,以模拟摆动推进鱼类的弯曲摆动。此外,还可通过调整驱动条件、弹簧刚度和阻尼器阻尼来产生不同形式的摆动曲线。在该模型中,摆动曲线被离散为多段首尾相连的直线段,各刚体发生相对旋转,对应的运动方程为

$$y_{i+1}(x,t) = y_i(x,t) + l_i\sin(\varphi_i), \quad i = 1,2,\cdots,n \tag{4-1}$$

式中,y_i——刚体的偏转位移;

　　　l_i——刚体长度;

　　　φ_i——为刚体偏转角度。

　　根据鱼类生理结构的生物学分析,基于串联结构设计的柔性鱼体模型着重考虑了鱼体脊椎的运动,即为多关节串联成的转动机构,忽略了鱼体肌肉与附连骨骼之间的结构形式以及鱼体肌肉的机械性能。而并联结构的柔性鱼体模型则考虑了鱼体肌肉的特性,忽略鱼体脊椎或尾体本身的串联结构。由于黏弹性材料不能实现柔性鱼体刚度的变化,故基于黏弹性材料设计的柔性鱼体模型忽略了鱼体肌肉受刺激强度和刺激频率影响这一特性。

　　结合生物学家对鱼类串并联生理结构的研究,本章提出了平面串并联结构柔性鱼体的数学模型,充分考虑了鱼体脊椎的串联结构和鱼体对称颌抗肌群的黏弹性特性。本章柔性鱼体模型可使用不同刚度的弹性元件来代替鱼体肌肉,进而为

研究鱼体刚度对游动性能的影响提供了模型基础。

4.2.4　鱼体变刚度结构

对于机械机构,调整刚度的策略大致可分为被动刚度控制、反馈刚度控制和主动刚度控制。被动刚度控制策略是通过调节机构柔性元件的刚度改变机构整体刚度。由于柔性元件的刚度无法在大范围内改变,所以采用这种控制策略改变刚度的能力有限。反馈刚度控制策略是指通过改变控制器的比例系数控制末端执行器的刚度,但是受反馈控制的限制,控制器比例系数的调整可能导致系统不稳定。主动刚度控制策略利用冗余机构的对抗内力相互平衡的特性产生对抗刚度。常见的变刚度结构包括以下两种。

1. 变刚度杠杆机构

杠杆机构通过改变输出杆件与柔性元件之间的传动比来调整刚度。如图 4-4 所示,一个杠杆有两个主要的位置点:支点和弹簧连接点。改变其中一个点的位置,可调节杠杆机构的刚度。

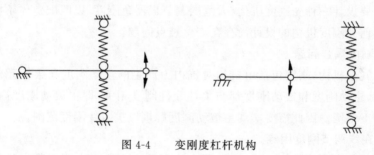

图 4-4　变刚度杠杆机构

2. 变刚度致动器

这种类型变刚度结构的主要特征是其柔性元件只有一个线性弹簧,其刚度调节仍然通过改变单个弹簧的预紧力来完成。如图 4-5 所示为三角形变刚度致动器(variable-stiffness actuator),这种非线性刚度机构由一个线性弹簧与三角形机构结合而成。如图 4-6 所示的致动器使用一定轮廓的滑块,连接同一个线性弹簧的两个轮子沿滑块滚动以改变刚度。

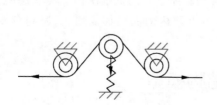

图 4-5　三角形变刚度致动器

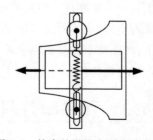

图 4-6　轮廓的滑块变刚度致动器

如图 4-7 所示,变刚度(variable stiffness,VS)关节弹簧安装在上下两个凸轮盘基座之间,通过调节弹簧预紧力改变刚度。关节转动时,辊子在特定形状的凸轮盘槽中滚动,以获得渐进的、线性的刚度。与 VS 关节的力学特性相反,浮动弹簧关节(floating spring joint,FSJ)配备有两个形状相反的凸轮轮廓。这两个凸轮盘由单个的浮动弹簧连接在一起,通过改变浮动弹簧预紧力改变刚度。

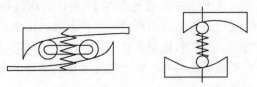

图 4-7　变刚度关节和浮动弹簧关节

可以通过在机器鱼上设置变刚度机构,调节变刚度机构的刚度以调节鱼体的刚度,从而匹配机器鱼的摆动频率,以提高机器鱼的游动性能。为了符合真实生物鱼的工作原理,使机器鱼刚度与大范围内的摆动频率匹配,变刚度范围越大越好。因此有必要设计一种变刚度机构,大范围调节机器鱼刚度,以匹配鱼体不同的摆动频率。目前变刚度机构的设计尚存在三个难点问题:

(1) 刚度耦合问题。

对于冗余机构,刚度包括由机构对抗内力产生的主动刚度和柔性元件产生的被动刚度,主动刚度和被动刚度都与柔性元件刚度相关,即主被动刚度耦合,这降低了变刚度范围。因此需要实现主被动刚度解耦以扩大变刚度范围。

(2) 在线调节刚度困难。

对于一般变刚度机构,通过驱动器在线调节内力改变中位工作点的刚度。但是,机构的刚度随着机构转角的动态位姿发生变化,因此,使刚度在机构位姿变化过程中保持一致且内力改变刚度最大化具有重要意义。在平面转动冗余并联机构的刚度随平台位姿变化的情况下,若需实现机构刚度一致,则要通过驱动器对内力随机构动态位姿变化进行在线实时控制,这增加了机构的控制难度和响应时间。

(3) 负刚度问题。

对于变刚度平面转动冗余并联机构,需要避免其刚度随拉伸内力的增加而减小并成为一个负刚度。生物实验表明,鱼类在加速逃跑反应中,肌肉血压增加使肌肉拉伸力增加,身体刚度也随之增加,鱼类由初始状态的低刚度向加速状态的高刚度变化,因此要求仿生机器鱼刚度为正刚度并随内力的增加而增大,避免负刚度,以符合生物鱼特性。

🐟 4.3　冗余串并联鱼体结构模型

根据鱼体生理结构,所设计的平面冗余串并联鱼体的动力学模型如图 4-8 所示。该模型可分为两部分：模仿由鱼尾椎相互串接的串联结构，以维持鱼体整体结构；模仿分布在脊椎周围对称颉抗肌群的并联结构，以产生驱动力。该鱼体模型主要包括尾椎（$A_iB_iC_iB_{i+1}$）、颉抗肌群（A_iA_{i+1} 和 C_iC_{i+1}）和用来连接尾椎的肌腱（各连接点 A_i、B_i 和 C_i）。当颉抗肌群产生驱动力矩时，由肌腱连接的各尾椎单元发生相对旋转，在整体上表现为弯曲的鱼体脊椎曲线。在该鱼体模型中，可通过调整鱼体肌肉的刚度来产生不同的鱼体波。

4.3.1 鱼体模型尺寸

图 4-8 中具有 T 形结构的 $A_iB_iC_iB_{i+1}$ 用于模拟鱼类尾椎的形状，包括椎体长度、脉椎长度和髓椎长度。椎体长度 B_iB_{i+1} 指鱼体脊椎之间的距离 h_i，表示鱼体第 i 个串并联结构单元的横向长度，由鱼体长度和串并联结构单元个数共同决定。为简化计算，假设脉椎长度 A_iB_i 和髓椎长度 B_iC_i 长度相等，且大小等于对应脊椎位置处鱼体横截面的纵向长度 $r(x)$，由柔性鱼体的外形决定。以鲔科鱼类为例，鱼体横截面为垂直于其中性线的椭圆，以鱼体中性线为 X 轴建立直角坐标

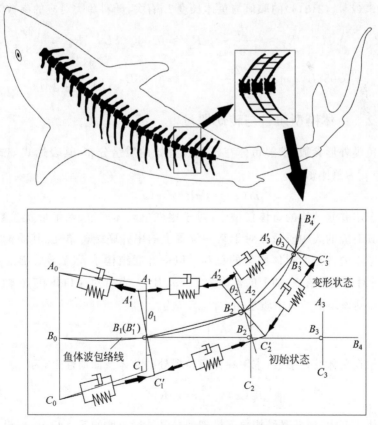

图 4-8　冗余串并联结构的柔性鱼体模型

系,并记 x 位置处椭圆的长轴(Y 轴方向)为 $R(x)$,椭圆的短轴(Z 轴方向)为 $r(x)$,如图 4-9 所示。根据对鲔科鱼类外形尺寸的归纳,可得鱼体轮廓尺寸如下所示:

$$R(x) = R_1 \sin(R_2 x) + R_3(e^{R_4 x} - 1) \tag{4-2}$$

$$r(x) = r_1 \sin(r_2 x) + r_3 \sin(r_4 x) \tag{4-3}$$

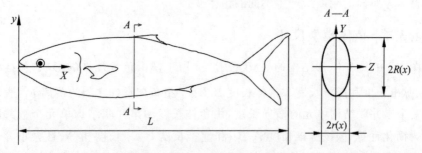

图 4-9　鱼体坐标系以及横截面尺寸

其中,R_i、$r_i(i=1,2,3,4)$ 的取值与鱼体长度 L 有关,鲔科鱼类对应的参数为

$$R_1 \approx 0.1L, \quad R_2 \approx \frac{2\pi}{1.57L}, \quad R_3 \approx 0.000\,08L, \quad R_4 \approx \frac{2\pi}{0.81L} \tag{4-4}$$

$$r_1 \approx 0.055L, \quad r_2 \approx \frac{2\pi}{1.25L}, \quad r_3 \approx 0.08L, \quad r_4 \approx \frac{2\pi}{3.14L} \tag{4-5}$$

4.3.2　鱼体模型质量与转动惯量

根据鱼类外形参数,求解鱼体在任意位置处的质量分布,其表达式如式(4-6)所示,式中 ρ 为鱼体密度。

$$m(x) = \rho \pi R(x) r(x) \tag{4-6}$$

在冗余串并联结构的鱼体模型中,对于尾椎单元体而言,除了形状参数外,还需要明确其对应的集中质量。对于某一位置上的串并联结构单元,其质量为对应鱼体长度范围内各截面鱼体质量的总和。以串并联结构单元 $A_i B_i C_i B_{i+1}$ 为例,设 B_i 点所对应鱼体在 X 轴上的坐标为 $x=a$,B_{i+1} 点所对应鱼体在 X 轴上的坐标为 $x=b$,则该尾椎的集中质量 $m_{A_i B_i C_i B_{i+1}}$ 为

$$m_{A_i B_i C_i B_{i+1}} = \int_a^b \rho \pi R(x) r(x) \mathrm{d}x \tag{4-7}$$

同样根据鱼体几何参数,求解在任意位置处的鱼体截面惯性矩,为

$$I_z(x) = \frac{\pi}{4} r(x) R^3(x) \tag{4-8}$$

在鱼体模型中,串并联结构单元模拟的是某一段鱼体的运动情况,假设该段鱼体横截面为厚度为 d_0 的椭圆体,其转动惯量为

$$I_m = \frac{1}{12}m(x)(3r^2(x) + d_0^2) \tag{4-9}$$

平面串并联结构单元转动惯量的计算,不仅要考虑鱼体发生旋转时的惯量,还需要考虑运动鱼体与流体间相互作用引起虚质量(记为 m_a)的惯量,所以对应区间上串并联结构单元的转动惯量为

$$I = \frac{1}{12}\int_a^b (m(x) + m_a(x))(3r^2(x) + d_0^2)\,\mathrm{d}x \tag{4-10}$$

式中,$m(x)$——鱼体单元体的集中质量;

$m_a(x)$——单位截面上的虚质量。

根据 Lighthill 的大摆幅细长体理论,鱼体截面的虚质量为

$$m_a(x) \approx \frac{1}{4}\beta\pi d^2(x)\rho_f \tag{4-11}$$

式中,$d(x)$——对应横截面的高度,$d(x) = 2R(x)$;

ρ_f——流体密度;

β——虚质量系数,取 1.0。

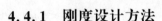 4.4　冗余串并联鱼体刚度设计

4.4.1　刚度设计方法

虽然鱼类生物力学实验表明鱼体刚度对其游动性能有着重要影响,但在某一摆动频率下鱼体肌肉本身的收缩能力强弱很难检测,且在游动过程中,鱼体肌肉之间以及肌肉与所附着的骨骼之间的相互作用也较为复杂,所以对于鱼体刚度对游动性能影响的定量研究较少。本书将鱼体复杂的串并联结构简化为平面串并联结构,且在不同的驱动频率下,通过对串并联结构单元刚度的调整,模拟鱼体的波动推进。

结合鱼体冗余串并联结构模型,下面将介绍一种鱼体刚度的设计方法,该设计方法主要依据鱼体游动过程中的鱼体波包络线。鱼体刚度设计的具体步骤如下:

步骤 1:确定冗余串并联结构的模型参数和鱼体波参数。

在串并联结构鱼体动力学模型中,串并联模型参数由鱼体生物参数确定,首先需要确定串并联结构单元个数 N 和各结构单元的椎体长度 h_i。为使冗余串并联结构的鱼体模型能最大限度地拟合鱼体波包络线,h_i 取值应尽量小。其他串并联结构的模型参数可由鱼体生物参数换算得到。在游动过程中,鱼体发生不同程度的弯曲,在不同驱动频率下和不同时刻,鱼体波曲线也有所不同。在设计刚度之前,需要明确鱼体波曲线参数。以鲔科鱼类为例,鱼体波方程如式(4-12)所示,其中,$H(x)$ 为包络线方程。

$$h(x,t) = H(x)\sin(\omega t - kx) \tag{4-12}$$

$$H(x) = a_1 + a_2 x + a_3 x^2 \tag{4-13}$$

式中，$a_1 = 0.02L$；$a_2 = -0.12$；$a_3 = 0.3/L$；$k = 5.7/L$；L 为鱼体总长度；ω 为尾鳍摆动频率。

步骤2：由平面串并联结构拟合鱼体波包络线并计算各尾椎的相对转角 θ_i。

将由步骤1确定的串并联结构单元进行相对旋转，以拟合鱼体对应的鱼体波包络线，如图4-10所示。使鱼体模型中串并联结构的一端（图中 B 点）与所需拟合的包络线端点重合，将结构单元的另一个端点（图中 C 点）旋转到与包络线相交的位置。依次类推，直到把全部串并联结构单元的端点都旋转到与包络线相交的位置。在拟合包络线的过程中，各结构单元以连接点为中心旋转了不同的相对转角 θ_i。如图4-10(b)所示，$DCFH$ 的相对转角 θ_1 为尾椎 $ABEC$ 的轴线 BC 和尾椎 $DCFH$ 的轴线 CH 之间的夹角。步骤2将鱼体包络线划分为多段首尾相连的直线段，鱼体波方程被离散为多个串并联结构单元的旋转运动，离散后的运动方程为

$$h(x,t) = \sum_{i=1}^{n} \theta_i \sin(\omega t + \varphi) \cdot x \tag{4-14}$$

式中，θ_i——各结构单元对应的相对转角；

$\quad\quad n$——串并联结构单元个数；

$\quad\quad \omega$——驱动频率；

$\quad\quad \varphi$——驱动力与结构运动单元之间的滞后相位角，与系统阻尼有关。

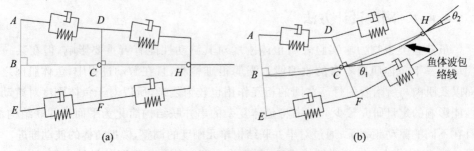

图4-10　平面串并联结构拟合包络线

(a) 未变形状态；(b) 变形后状态

步骤3：计算各串并联结构单元的肌肉变形尺寸。

鱼体模型中各串并联结构单元与鱼体包络线拟合后，各结构单元受力平衡时对应的变形状态如图4-11所示。除末端串并联结构单元外，其他结构单元均受到四个作用力，分别为 F_{i1}、F_{i2}、F_{i3} 和 F_{i4}。当四个作用力共同作用在结构单元时，其作用效果与结构单元的变形尺寸有关，变形尺寸主要包括肌肉的变形长度以及四个作用力相对尾椎旋转点的力矩距离。

结合步骤1和步骤2分别确定的模型参数和相对转角，通过几何关系计算旋转后的肌肉变形长度以及肌肉作用力 F_i 相对旋转点的力矩距离。如图4-11所示，以结构单元 $ABEC$ 为研究对象，DF 绕点 C 发生旋转，旋转后位置为 $D'F'$。设鱼体模型中，模型参数包括肋骨长度 r_i（$AB = BE = r_{i-1}$，$CD = CF = r_i$）和椎体长

度 $h_i(BC=h_{i-1})$，则

$$AC=CE=\sqrt{AB^2+BC^2}=\sqrt{r_{i-1}^2+h_{i-1}^2}$$

$$\angle ACB=\angle ECB=\angle\beta=\arctan\frac{r_{i-1}}{h_{i-1}}$$

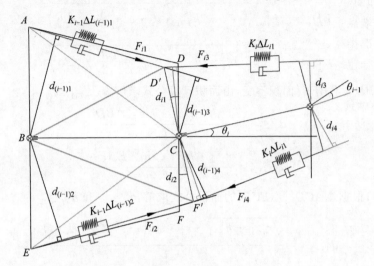

图 4-11　鱼体冗余串并联结构的受力

（1）串并联单元内肌肉变形长度的计算。

肌肉初始长度为

$$AD=EF=l_0=\sqrt{h_{i-1}^2+(r_{i-1}-r_i)^2} \tag{4-15}$$

当 DF 绕点 C 旋转到 $D'F'$ 位置时，旋转过的角度为 $\angle\theta_i$，则存在如下角度关系：

$$\angle ACD'=\frac{\pi}{2}-\angle\beta-\angle\theta_i,\quad \angle ECF'=\frac{\pi}{2}-\angle\beta+\angle\theta_i$$

$$\angle BCD'=\frac{\pi}{2}-\angle\theta_i,\quad \angle BCF'=\frac{\pi}{2}+\angle\theta_i$$

根据余弦定理，求解肌肉变形后的长度为

$$AD'=l_1=\sqrt{r_{i-1}^2+h_{i-1}^2+r_i^2-2\sqrt{r_{i-1}^2+h_{i-1}^2}\cdot r_i\cdot\cos\left(\frac{\pi}{2}-\angle\beta-\angle\theta_i\right)} \tag{4-16}$$

$$EF'=l_2=\sqrt{r_{i-1}^2+h_{i-1}^2+r_i^2-2\sqrt{r_{i-1}^2+h_{i-1}^2}\cdot r_i\cdot\cos\left(\frac{\pi}{2}-\angle\beta+\angle\theta_i\right)} \tag{4-17}$$

故串并联结构单元内的两侧肌肉的缩短长度为 $\Delta l_1=l_0-l_1$，肌肉的伸长长度为 $\Delta l_2=l_2-l_0$。

（2）肌肉作用力 F_i 相对旋转点的力矩距离 d_i 的计算。

每个串并联结构单元体都受到 4 个肌肉作用力，需要计算各作用力相对其相邻两个旋转点的距离 d_i。如图 4-11 中的 $ABEC$ 结构单元，需要计算力矩距离 $d_{(i-1)1}$、$d_{(i-1)2}$、$d_{(i-1)3}$ 和 $d_{(i-1)4}$。根据余弦定理，求解 BD'、BF' 的长度：

$$BD' = \sqrt{h_{i-1}^2 + r_i^2 - 2h_{i-1} \cdot r_i \cdot \cos\left(\frac{\pi}{2} - \angle\theta_i\right)} \tag{4-18}$$

$$BF' = \sqrt{h_{i-1}^2 + r_i^2 - 2h_{i-1} \cdot r_i \cdot \cos\left(\frac{\pi}{2} + \angle\theta_i\right)} \tag{4-19}$$

根据 $\triangle ABD'$、$\triangle BEF'$ 面积不变，由面积计算公式求解 $d_{(i-1)1}$、$d_{(i-1)2}$：

$$d_{(i-1)1} = \frac{r_{i-1} \cdot BD' \cdot \sin\angle ABD'}{l_1} \tag{4-20}$$

$$d_{(i-1)2} = \frac{r_{i-1} \cdot BF' \cdot \sin\angle EBF'}{l_2} \tag{4-21}$$

同理，根据 $\triangle ACD'$、$\triangle ECF'$ 的面积公式求解 $d_{(i-1)3}$ 和 $d_{(i-1)4}$：

$$d_{(i-1)3} = \frac{\sqrt{r_{i-1}^2 + h_{i-1}^2} \cdot r_i \cdot \sin\left(\frac{\pi}{2} \angle\beta - \angle\theta_i\right)}{l_1} \tag{4-22}$$

$$d_{(i-1)4} = \frac{\sqrt{r_{i-1}^2 + h_{i-1}^2} \cdot r_i \cdot \sin\left(\frac{\pi}{2} - \angle\beta + \angle\theta_i\right)}{l_2} \tag{4-23}$$

步骤 4：建立各结构单元动力学方程，并计算分配刚度。

为分析肌肉刚度在鱼体推进中的作用，在不影响平面串并联结构柔性鱼体模型建立的前提下，为简化分析作如下假设：

（1）在串并联结构单元中，对称分布在尾椎两侧的肌肉仅考虑其刚度和阻尼的影响，对称分布在两侧的肌肉刚度相同。

（2）各尾椎单元体均具有一个集中质量，且质心位于连接点。

（3）在游动过程中，鱼体各尾椎间隔距离较小，且驱动频率较小（低于 5 Hz），故忽略其肌肉收缩运动与尾椎相对旋转运动之间的滞后性。

在平面串并联结构鱼体模型中，将各结构单元作为研究对象，对其进行受力分析并建立动力学方程。代入结构变形参数，求解对应频率下的串并联结构单元刚度。以图 4-11 中结构件 DCF 为例，建立动力学方程：

$$-F_{i1}d_{(i-1)3} + F_{i2}d_{(i-1)4} + F_{i3}d_{i1} - F_{i4}d_{i2} = I_i\ddot{\theta}_i \tag{4-24}$$

式中，I_i——第 i 个结构单元的转动惯量；

θ_i——相对偏转角度；

F_{i1}、F_{i2}——结构件上的主动弹性力；

F_{i3}、F_{i4}——被动弹性力；

d_{i1}、d_{i2}——主动弹性力对应的力矩距离；

$d_{(i-1)3}$、$d_{(i-1)4}$——被动弹性力对应的力矩距离。

将多个颉抗肌群产生的驱动力矩简化为作用在串并联结构某一点的力矩，以实现鱼体的摆动推进。设驱动力矩的形式为

$$M_0 = M_{i0} \sin(\omega t) \tag{4-25}$$

式中，M_{i0}——驱动力矩的幅值。

结合式(4-25)及式(4-24)可求得

$$\begin{cases} M_i \sin(\omega t) = k_i f(\theta_i) \sin(\omega t - \delta) + c_i \omega f(\theta_i) \cos(\omega t - \delta) + I_i \theta_i \omega^2 \sin(\omega t - \delta) \\ M_i = F_{i2} d_{(i-1)4} - F_{i1} d_{(i-1)3} = k_{i-1}(\Delta l_{(i-1)1} d_{(i-1)3} + \Delta l_{(i-1)2} d_{(i-1)4}) \\ f(\theta_i) = \Delta l_{i1} d_{i1} + \Delta l_{i2} d_{i2} \end{cases}$$

$$\tag{4-26}$$

式中，M_i——由相邻尾椎的肌肉提供的传递力矩；

k_i——第 i 个平面串并联结构单元对应的肌肉刚度；

c_i——第 i 个结构单元对应的肌肉阻尼系数；

$f(\theta_i)$——与相对转角 θ_i 有关的肌肉变形尺寸。

忽略力矩在柔性鱼体模型中传递的滞后性，即满足 $\delta \ll \omega t$。取柔性鱼体摆动过程中的某一特殊时刻，即 $\sin(\omega t - \delta) = 1$，则方程(4-26)简化为

$$M_i = k_i f(\theta_i) + I_i \theta_i \omega^2$$

令

$$f(\theta_{i-1}) = \Delta l_{(i-1)1} d_{(i-1)3} + \Delta l_{(i-1)2} d_{(i-1)4}$$

则

$$I \omega^2 \theta_i = k_{i-1} f(\theta_{i-1}) - k_i f(\theta_i) \tag{4-27}$$

式(4-27)为单个尾椎在某一特殊时刻的动力学方程。同理，列写其他各尾椎的动力学方程并写成矩阵的形式：

$$I \omega^2 \boldsymbol{\theta} = \boldsymbol{HK} \tag{4-28}$$

$$\boldsymbol{I} = \begin{bmatrix} I_0 & 0 & \cdots & 0 & 0 \\ 0 & I_2 & 0 & \cdots & 0 \\ \cdots & 0 & \cdots & 0 & \cdots \\ 0 & \cdots & 0 & I_{n-1} & 0 \\ 0 & 0 & \cdots & 0 & I_n \end{bmatrix}, \quad \boldsymbol{\theta} = \begin{bmatrix} \theta_1 \\ \theta_2 \\ \vdots \\ \theta_{n-1} \\ \theta_n \end{bmatrix}, \quad \boldsymbol{K} = \begin{bmatrix} k_1 \\ k_2 \\ \vdots \\ k_{n-1} \\ k_n \end{bmatrix}$$

$$\boldsymbol{H} = \begin{bmatrix} f(\theta_1) & -f(\theta_2) & 0 & 0 & 0 \\ 0 & f(\theta_2) & -f(\theta_3) & 0 & 0 \\ \vdots & \vdots & \vdots & \vdots & \vdots \\ \cdots & \cdots & f(\theta_{n-1}) & -f(\theta_n) & 0 \\ 0 & 0 & 0 & 0 & f(\theta_n) \end{bmatrix}$$

其中,I——尾椎的转动惯量矩阵;

　　θ——偏转角度矩阵;

　　K——刚度矩阵;

　　H——平面串并联的结构矩阵。

将根据以上步骤确定的模型参数以及计算出的变形尺寸代入方程(4-28),求解该矩阵即可得到鱼体平面串并联各结构单元对应的肌肉刚度。

步骤5：校核设计得到的鱼体刚度。

将根据步骤4计算得到的鱼体刚度代入冗余串并联结构的仿真模型中,或者根据鱼体刚度制作的仿生机器鱼,验证鱼体在对应刚度下的游动性能。若不符合建模要求,则需要修正串并联结构鱼体的数学模型(如增加尾椎个数、调整鱼体肌肉阻尼等),直到满足建模要求。

根据以上步骤,得到刚度设计流程如图 4-12 所示。

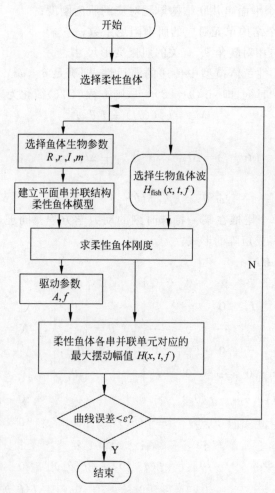

图 4-12　柔性鱼体刚度设计流程图

总体上，建立冗余串并联结构鱼体动力学模型主要依据三方面参数，分别为：鱼体几何尺寸，包括椎体长度、尾椎肋骨长度和鱼体密度等；冗余串并联结构的模型参数，包括刚度、阻尼系数、结构单元体质量和转动惯量等；鱼体模型的驱动参数，如驱动幅值和驱动频率等。将鱼体的生物学参数转化为冗余串并联鱼体的模型参数，然后将模型中的结构单元逐一旋转，并与鱼体波包络线相拟合。最后，根据结构件的相对转角以及各结构单元中的变形尺寸，计算鱼体刚度。

4.4.2　串并联结构变刚度分析

生物实验表明，鱼类通过调节身体刚度来改变自身的固有频率，以匹配身体摆动频率，从而提高游动性能。可见鱼体的游动性能依赖于鱼体刚度和对应的驱动频率，然而人们对鱼体刚度随驱动频率的变化情况研究较少。本节结合鱼体生理结构，在串并联结构鱼体刚度分析基础上，探索鱼类的变刚度机理，研究串并联结构固有频率的变化情况。

如图 4-10 所示，除最末端结构件受两个弹性力作用外，其余结构件均受到 4 个弹性力的作用。其中，促使尾椎发生旋转的两个弹性力称为主动弹性力，阻碍尾椎旋转的弹性力称为被动弹性力。由于平面串并联结构柔性鱼体模型的摆动是通过一个单独的驱动源来实现被动控制的，即第 $i+1$ 个尾椎的主动弹性力恰好是第 i 个尾椎的被动弹性力，故将方程(4-27)进一步化简，得

$$k_i(\Delta l_{1-i}d_{1-i} + \Delta l_{2-i}d_{2-i}) = k_{i+1}(\Delta l_{1-i+1}d_{3-i} + \Delta l_{2-i+1}d_{4-i}) + I_i\theta_i\omega^2$$

$$(4-29)$$

对于鱼体模型，所需拟合的鱼体波及各结构参数均为常数，即

$$c_{i1} = \Delta l_{1-i}d_{1-i} + \Delta l_{2-i}d_{2-i}$$
$$c_{i2} = \Delta l_{1-i+1}d_{3-i} + \Delta l_{2-i+1}d_{4-i}$$
$$c_{i3} = I_i\theta_{\max i}$$

式中，c_{i1}、c_{i2}、c_{i3}——第 i 个串并联结构单元的变形尺寸，均为常数。

则方程(4-29)可简化为

$$c_{i1}k_i = c_{i2}k_{i+1} + c_{i3}\omega^2$$

根据柔性鱼体平面串并联结构弹性力的传递性以及被动驱动的特点，可用简洁的方式表示第 i 个结构单元中的肌肉刚度：

$$k_i = \frac{c_{i2}}{c_{i1}}k_{i+1} + \frac{c_{i3}}{c_{i1}}\omega^2, \quad i=1,2,\cdots,n-1; \quad k_i = \frac{c_{i3}}{c_{i1}}\omega^2, \quad i=n \quad (4-30)$$

由递推等式(4-30)推导知，在平面串并联结构柔性鱼体模型中，鱼体刚度与驱动频率的平方成正比，即 $k \propto \omega^2$。该式揭示了柔性鱼游动过程中不同身体刚度与驱动频率的匹配关系，即柔性鱼体的变刚度原理：鱼体刚度之比 k_1/k_2 等于驱动频率之比的平方 ω_1^2/ω_2^2。具体可表述为：基于平面串并联结构的柔性鱼体模型中，鱼体在某一驱动频率 ω_1 下对应的第 i 个结构单元中的肌肉刚度为 k_{i1}，则在其

他任意驱动频率 ω_2 下对应的该结构单元的肌肉刚度 k_{i2} 为 $\dfrac{\omega_2^2}{\omega_1^2}k_{i1}$。鱼体变刚度原理不仅简化了不同驱动频率下柔性鱼体刚度的设计过程,而且为进一步研究柔性鱼体变刚度摆动推进机理提供了理论依据。

　　类似的,McMillen 等[2] 将鳗鱼科细长鱼体拆分为多节离散鱼体进行刚度求解,其刚度模型转化为通过弹性元件和阻尼连接的串并联式鱼体刚度模型,如图 4-13 所示。每节离散鱼体具有一定的初始弯曲刚度,为

$$EI_i = 2k'_i r_i^2 - \frac{h_i^2}{4}(f_{Ri} + f_{Li}) \tag{4-31}$$

式中,k'_i——每节离散鱼体肌肉等效刚度;

$\quad r_i$——每节离散鱼体脊骨宽度;

$\quad h_i$——每节离散鱼体脊骨长度,离散鱼体脊骨转动关节位置为 $h_i/2$;

$\quad f_{Ri}$ 和 f_{Li}——每节离散鱼体在平衡位置时左右两侧肌肉产生的拉伸内力。

　　式(4-31)右边第一项为每节离散鱼体由肌肉刚度产生的初始刚度,也叫被动刚度;第二项为离散鱼体肌肉内力作用下产生的主动刚度。

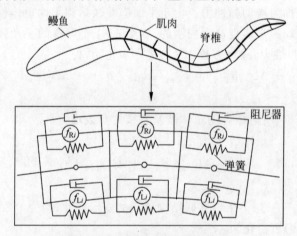

图 4-13　串并联式鱼体刚度模型

　　由式(4-31)可知,McMillen 等[2] 建立的串并联式鱼体刚度模型的刚度随两侧弹性元件的拉伸对抗内力变化,鱼体刚度可通过改变两侧弹性元件产生的拉伸内力在线调节,同时肌肉内力对鱼体刚度具有柔化效应。由式(4-31)推导可得,每节离散鱼体在无内力时具有一定的初始刚度(被动刚度),各节离散鱼体初始刚度 K_{i0} 为

$$K_{i0} = k'_i b_i \tag{4-32}$$

式中,b_i——各节并联机构的被动刚度系数,与并联机构的几何参数有关,$b_i = 2r_i^2$。每节离散鱼体在内力作用下产生的主动刚度为

$$a_i f_i = \frac{h_i^2}{4}(f_{Ri} + f_{Li}) \tag{4-33}$$

式中,a_i——各节离散鱼体内力产生的弯曲刚度系数,与每节离散鱼体脊骨的几何

参数有关,$a_i = \dfrac{h_i^2}{4}$;

f_i——各节离散鱼体中位时的内力。

将式(4-32)、式(4-33)代入式(4-31)得每节离散鱼体转动刚度的线性解析式为

$$EI_i = K_{i0} - a_i f_i \tag{4-34}$$

式(4-34)表明串并联鱼体的刚度由主动刚度 $a_i f_i$ 和被动刚度 K_{i0} 组成。

4.4.3 冗余串并联结构鱼体变刚度设计

基于上述变刚度分析,建立冗余串并联结构的鱼体动力学模型,如图 4-14 所示。每节冗余并联机构由中间刚性支腿和两侧弹性支腿组成,由弹性支腿中的弹性元件产生的对抗内力在一个闭环机构中相互平衡产生机构刚度。冗余机构通过执行器连续调节对抗内力实现变刚度。冗余串并联结构鱼体变刚度设计是指通过改变鱼体刚度调整鱼体的固有频率,以匹配鱼体的摆动频率。因此,必须建立串并联结构动力学模型分析固有频率和刚度的关系。

如图 4-14 所示,将串并联结构力学模型简化为通过各节并联机构中间刚性支腿串联而成的串联杆件,此串联杆件由多节连杆通过转动关节相互串联而成,同时各节质量为 m_i 的连杆在关节 O_i 处用转动刚度为 k_i 的弹性元件相连。结合第 3 章建立的串联杆件动力学模型,分析本章冗余串并联结构动力学模型的动力学特性。

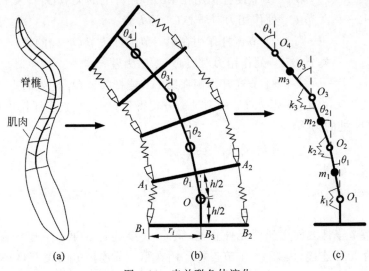

图 4-14　串并联鱼体演化

(a) 鱼体结构;(b) 串并联结构;(c) 串联杆件

图 4-14 中第 i 节连杆 $O_i O_{i+1}$ 的受力图如图 4-15 所示,其两端转动关节分别为 O_i 和 O_{i+1}。

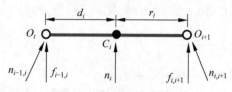

图 4-15　单节连杆受力

第 i 节连杆质心 C_i 处的作用力和作用力矩为

$$[f_i]_i = m_i[\ddot{c}_i]_i \tag{4-35}$$

$$[n_i]_i = [I_i]_i[\ddot{\theta}_i]_i \tag{4-36}$$

式中，m_i——第 i 节连杆的质量；

　　$\ddot{c}_i$——第 i 节连杆质心 C_i 处加速度；

　　θ_i——第 i 节连杆转角；

　　$[I_i]_i$——第 i 节连杆质心 C_i 处的转动惯量。

第 i 节连杆质心 C_i 的力矩平衡方程为

$$[n_{i-1,i}]_i = [n_i]_i + [n_{i,i+1}]_i + [d_i]_i \times [f_{i-1,i}]_i + [r_i]_i \times [f_{i,i+1}]_i \tag{4-37}$$

式中，$[n_{i-1,i}]_i$——第 $i-1$ 节连杆作用在第 i 节连杆上的关节 O_i 处的力矩；

　　$[n_i]_i$——第 i 节连杆质心 C_i 处的作用力矩；

　　$[n_{i,i+1}]_i$——第 $i+1$ 节连杆作用在第 i 节连杆上的关节 O_{i+1} 处的力矩；

　　$[d_i]_i$——关节 O_i 处作用力对质心 C_i 的力臂；

　　$[f_{i-1,i}]_i$——第 $i-1$ 节连杆作用在第 i 节连杆关节 O_i 处的力；

　　$[r_i]_i$——关节 O_{i+1} 处作用力对质心 C_i 的力臂；

　　$[f_{i,i+1}]_i$——第 $i+1$ 节连杆作用在第 i 节连杆关节 O_{i+1} 处的力。

利用关于第 i 节连杆质心 C_i 的力平衡方程得到第 $i-1$ 节连杆作用在第 i 节连杆关节 O_i 处的力为

$$[f_{i-1,i}]_i = [f_i]_i + [f_{i,i+1}]_i \tag{4-38}$$

由式(4-37)得

$$[n_{i-1,i}]_i - [n_{i,i+1}]_i = [n_i]_i + [d_i]_i \times [f_{i-1,i}]_i + [r_i]_i \times [f_{i,i+1}]_i \tag{4-39}$$

同时各节连杆之间用弹性元件相连，第 $i-1$ 节连杆和第 i 节连杆在关节 O_i 处通过弹性元件连接，由第 $i-1$ 节连杆作用在第 i 节连杆上的关节 O_i 处的力矩 $[n_{i,i+1}]_i$ 通过转动刚度 k_i 的弹性元件传递，则作用在关节 O_i 处的力矩为

$$[n_{i-1,i}]_i = k_i\theta_i \tag{4-40}$$

第 i 节连杆和第 $i+1$ 节连杆在关节 O_{i+1} 处通过弹性元件连接，由第 $i+1$ 节连杆作用在第 i 节连杆上的关节 O_{i+1} 处的力矩 $[n_{i,i+1}]_i$ 通过转动刚度为 k_{i+1}

的弹性元件传递,则作用在关节 O_{i+1} 处的力矩为

$$[n_{i,i+1}]_i = k_{i+1}\theta_{i+1} \qquad (4\text{-}41)$$

由以上两式得

$$[n_{i-1,i}]_i - [n_{i,i+1}]_i = k_i\theta_i - k_{i+1}\theta_{i+1} \qquad (4\text{-}42)$$

将式(4-42)代入式(4-39)得到矩阵形式的串联机构力矩平衡方程为

$$(\boldsymbol{I} + \boldsymbol{DML} + \boldsymbol{RML})\ddot{\boldsymbol{\theta}} + \boldsymbol{K}\boldsymbol{\theta} = 0 \qquad (4\text{-}43)$$

式中,$\boldsymbol{\theta}$ ——各节连杆转角 θ_i 矢量;

$\ddot{\boldsymbol{\theta}}$——各节连杆角加速度 $\ddot{\theta}_i$ 矢量;

$\boldsymbol{I}$——各节连杆质心处转动惯量 I_i 矩阵;

$\boldsymbol{D}$——关节 O_i 处作用力对质心 C_i 的力臂 d_i 矩阵;

$\boldsymbol{R}$——关节 O_{i+1} 处作用力对质心 C_i 的力臂 r_i 矩阵;

$\boldsymbol{M}$——串联机构各节连杆质量 m_i 矩阵;

$\boldsymbol{H}$——各节连杆质心 C_i 处加速度 $\ddot{c}_i$ 与角加速度 $\ddot{\theta}_i$ 之比 h_i 矩阵;

$\boldsymbol{K}$——各节连杆关节处弹性元件的转动刚度 k_i 矩阵。

根据动力学模型求解串联机构固有频率,由式(4-43)得

$$[(\boldsymbol{I} + \boldsymbol{DML} + \boldsymbol{RML})\omega^2 - \boldsymbol{K}]\boldsymbol{q} = 0 \qquad (4\text{-}44)$$

式中,$\boldsymbol{q}$——连杆转角 $\boldsymbol{\theta}$ 的主振型矩阵;

ω——串联杆件的二阶固有频率。

整体变刚度方法要求各节刚度同时按同一比例改变,当串联机构整体刚度变为原来的 n 倍时,式(4-44)两侧同时乘以 n 得

$$[(\boldsymbol{I} + \boldsymbol{DML} + \boldsymbol{RML})(\sqrt{n}\omega)^2 - n\boldsymbol{K}]\boldsymbol{q} = 0 \qquad (4\text{-}45)$$

由式(4-45)可知固有频率变为 $\sqrt{n}\omega$,即变为原来的 $\sqrt{n}$ 倍。串联机构整体固有频率倍数将按串联机构整体变刚度倍数的平方根变化。作为变刚度串并联结构的结构单元,平面转动冗余串并联结构的工作原理如图 4-16 所示,上平台 A_1OA_2 通过中间的刚性支腿 OB_3 和两侧的弹性支腿 A_1B_1、A_2B_2 用转动副铰接支撑,两侧的弹性支腿 A_1B_1、A_2B_2 用转动副铰接在下平台 $B_1B_2B_3$ 上,中间的刚性支腿 OB_3 固定在下平台 $B_1B_2B_3$ 上,上平台可绕中间的刚性支腿 OB_3 上的旋转中心 O 转动。两侧弹性支腿 A_1B_1、A_2B_2 的输出力由弹性支腿产生,其中一部分用于抵抗外力和维持机构运动,另一部分作为对抗内力在封闭的机构中相互平衡产生对抗驱动刚度。在中位平衡位置时,两侧弹性支腿只输出对抗内力。通过执行器 C_1、C_2 改变线性弹簧伸长量以调节弹性支腿 A_1B_1、A_2B_2 的内力,从而调节平面转动冗余并联机构的刚度。

对冗余串并联结构,当各节平面转动机构的弹性支腿线性弹簧伸长量相等时,弹性支腿线性弹簧伸长量可作为单变量统一控制,以调节串并联结构的整体刚度,各节并联机构刚度比例在变刚度过程中保持不变,这样可使串并联结构刚度调节

更简单。如图 4-16 所示，每节离散鱼体脊骨转动关节位置为 $h_i/2$，各节并联机构上平台旋转中心位置为 $h_i/2$，上下平台高度为 h_i。每节离散鱼体脊骨宽度为 r_i，各节并联机构支腿铰点在上下平台的中心距为 r_i，各节并联机构相对转角为 θ_i，各节并联机构弹性支腿内力为 f_i，各节并联机构弹性支腿刚度为 k'_i。

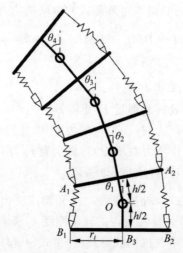

图 4-16 平面转动冗余串并联机构工作原理图

当鱼体模型两侧弹性元件为机械式线性弹簧时，弹性元件产生的内力为

$$f_i = k'_i x \tag{4-46}$$

式中，x——各节机构支腿的弹簧拉伸长度；

k'_i——各节并联机构支腿的刚度。

由上述公式推导可知，通过统一等量调节平面转动串并联结构弹性支腿的弹簧伸长量 x 得到各节机构转动刚度的线性解析式为

$$K_i = k'_i b_i - k'_i a_i x \tag{4-47}$$

式中，a_i——各节并联机构内力产生的转动刚度系数，与每节并联机构的几何参数有关，$a_i = h_i/4$。

由式(4-47)得

$$K_i = \left(1 - \frac{a_i}{b_i}x\right)K_{i0} \tag{4-48}$$

由式(4-48)得拉伸弹簧时各节并联机构的变刚度倍数为

$$n = \frac{K_{i0}}{K_i} = \frac{1}{1 - \dfrac{a_i}{b_i}x} \tag{4-49}$$

由式(4-49)得在降低到 $1/n$ 倍刚度时弹性支腿伸长量为

$$x = \left(1 - \frac{1}{n}\right)\frac{b_i}{a_i} \tag{4-50}$$

由式(4-50)可知通过统一调节弹性支腿拉伸量 x 可以使串并联结构实现连续变刚度。各节并联机构刚度比例在变刚度过程中保持不变,则各节并联机构刚度之比为

$$\frac{K_i}{K_j} = \frac{k'_i(b_i - a_i x)}{k'_j(b_j - a_j x)} = \frac{K_{i0}}{K_{j0}} = \lambda \tag{4-51}$$

式中, K_{i0}、K_{j0}——黏弹性鱼体的各节初始刚度;

　　λ——各节离散黏弹性鱼体刚度之比。

由式(4-51)可知,如果要使各节并联机构刚度比例在变刚度过程中保持不变,则需要满足以下条件:

$$\frac{k'_i}{k'_j} = \lambda \frac{a_j}{a_i} = \lambda \frac{b_j}{b_i} \tag{4-52}$$

由式(4-52)可知,要使得各节并联机构的刚度比例在变刚度过程中保持不变,则应使各节并联机构弹性支腿刚度之比 $\dfrac{k'_i}{k'_j}$ 等于各节并联机构的刚度系数之比 $\dfrac{a_j}{a_i}$ 或 $\dfrac{b_j}{b_i}$ 与各节并联机构刚度之比 λ 的乘积。当各节并联机构的几何参数相等时,各节并联机构的刚度系数 a_i、a_j 和 b_i、b_j 相等,即 $\dfrac{a_j}{a_i} = \dfrac{b_j}{b_i} = 1$,则由式(4-52)可知,各节并联机构刚度之比在变刚度过程中保持不变的条件是 $\dfrac{k'_i}{k'_j} = \lambda$,即各节并联机构弹性支腿线性弹簧刚度之比 $\dfrac{k'_i}{k'_j}$ 与各节并联机构初始刚度 K_{i0}、K_{j0} 之比相等。

4.5　基于 SimMechanics 的鱼游仿真分析

4.5.1　鱼游仿真模型

以鲔科鱼类为研究对象,建立基于冗余串并联结构的 SimMechanics 仿真动力学模型。利用大摆幅细长体理论,计算流体与鱼体之间的相互作用力,并利用游动速度和斯特鲁哈数两个指标分析鱼体的稳态游动性能。

柔性鱼体在稳态游动时,同时受到流体对其的向前推力和阻碍其前行的阻力。同理,在建立基于 MATLAB/SimMechanics 的柔性鱼仿真模型时也需考虑相应的推力和阻力。根据大摆幅细长体理论,鱼体所受的推力为尾体摆动所产生水动力在前进方向上的分力。以整个鱼体为研究对象,受力情况为

$$T - D = m_{\text{fish}} \dot{U} \tag{4-53}$$

式中, T——鱼体在前进方向上所受的推力;

　　D——鱼体游动过程中所受阻力;

　　m_{fish}——鱼体总质量;

　　U——鱼体的前进速度。

根据 Lighthill 的大摆幅细长体理论,单位长度内流体虚质量所对应的虚动量对时间的导数即为作用于单位长度鱼体上的侧向力。由尾体摆动产生的侧向力,可通过尾鳍与流体之间相互作用的虚动量求导得到,即为

$$L_y = D(m(x)\omega(x,t)) = \left(\frac{\partial}{\partial t} + U\frac{\partial}{\partial x}\right)\left[m_a(x)\left(\frac{\partial h}{\partial t} + U\frac{\partial h}{\partial x}\right)\right] \tag{4-54}$$

对于平面串并联结构的柔性鱼体模型,由于各结构单元所在的位置区间是确定的,如图 4-8 所示,故各串并联结构单元在摆动过程中,被施加的虚质量可通过积分运算得到,均为确定的常数。故式(4-54)可化简为

$$L_y = D(m_a(x)\omega(x,t)) = m_a\left(\frac{\partial^2 h}{\partial t^2} + 2U\frac{\partial^2 h}{\partial x\partial t} + U^2\frac{\partial^2 h}{\partial x^2}\right) \tag{4-55}$$

对于快速游动的鱼类,其游动速度与游动频率之间存在如下关系:

$$\frac{U}{L} \sim 0.1\omega \tag{4-56}$$

结合上式,将鱼体所受的侧向力化简为

$$L_y = 1.11 m_a \frac{\partial^2 h}{\partial t^2} \tag{4-57}$$

柔性鱼体通过尾部摆动左右击水来产生相应的水动力 L_y,其方向垂直于弯曲柔性鱼体的表面,与流体作用在鱼尾体上的动量方向相反。在建立柔性鱼体的 SimMechanics 模型时,需要考虑其游动方向上的推力。在仿真中,柔性鱼模型是沿 $-X$ 轴方向游动,则对应的推力就为各串并联结构单元侧向力在 $-X$ 轴方向上的分量之和。

在鱼体游动过程中,其所受的阻力大体上可分为压差阻力和摩擦阻力。摩擦阻力通常较小,则鱼体游动时所受的阻力主要为压差阻力,其表达式为

$$D = \frac{1}{2}\rho_f C_d A U^2 \tag{4-58}$$

式中,A——鱼体最大截面面积;

C_d——阻力系数,$C_d = 15.4 Re^{-0.4}$,Re 为对应的流体的雷诺数。

仿真模型中柔性鱼对应的最大截面面积为 0.0023 m²。经计算,阻力系数取值近似为 0.2,则阻力表达式可简化为

$$D = 0.23 U^2 \tag{4-59}$$

4.5.2　仿真模型参数设置

根据冗余串并联结构的配置参数以及其受到的侧向力和阻力,建立基于冗余串并联结构的 SimMechanics 柔性鱼仿真模型。利用传感器模块检测到侧向力在 X 轴方向的分量以及鱼体的前进速度,结合式(4-43)、式(4-59),将推力和阻力分别反馈到仿真模型中,从而在总体上复现了柔性鱼的稳态直线游动状态。最终得到 SimMechanics 仿真模型的示意图如图 4-17 所示。

图 4-17 冗余串并联结构的 SimMechanics 柔性鱼体模型

建立仿真模型时，虽然尾体串并联结构单元较多，但在建立模型时各串并联结构单元具有一定的相似性，故以三节串并联结构单元为例进行说明，如图 4-18 所示。该图例中包含肌肉模块、脊椎连接模块、驱动力矩模块、串并联结构单元推力模块和阻力模块，前进速度检测模块以及最大摆幅检测模块。

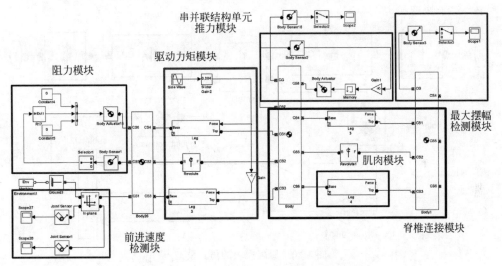

图 4-18 三节串并联结构单元对应的仿真模型

图 4-18 中，最大摆幅检测模块均为检测模块，通过传感器单元输出对应的游动速度以及尾鳍的最大摆幅。肌肉模块可以复现鱼体在流体中的受力情况，通过传感器单元检测相应的物理量（加速度、速度），并经过变换分别转化成阻力和推力反馈到鱼体模型中。驱动力矩模块为驱动模块，将一对正旋形式的驱动力对称反向地施加到串并联结构的第一个结构单元上，然后通过调节其他串并联结构单元的弹簧刚度来实现被动控制。脊椎连接模块搭建的是鱼体的脊椎结构，如图 4-19 所示。与鱼体本身的脊椎类似，各结构单元通过铰链串联且能够发生相对转动，在尾椎两端分别有黏弹性颌抗肌群相连。

图 4-19 中的肌肉模块为子系统模型，其内部仿真模型结构如图 4-20 所示。由速度及加速度传感器（joint sensor）检测两个刚体（lower leg/upper leg）之间的相对移动位移与移动速度，并利用刚度系数（gain1）将移动位移转化为弹性力，利用阻尼系数（gain2）将移动速度转化为黏性力，通过驱动元件（joint actuator）反馈到模型中。该模块实现了弹簧与阻尼器的并联结构，且弹簧刚度可通过改变刚度系数进行调节。

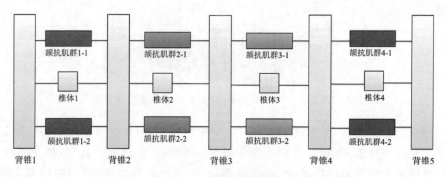

图 4-19　脊椎连接模块

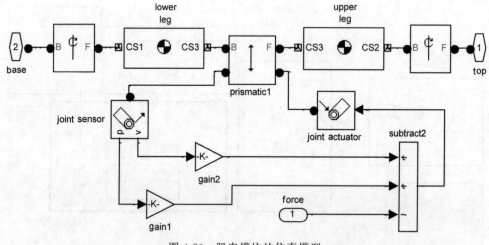

图 4-20　肌肉模块的仿真模型

4.5.3　鱼体包络线的拟合

　　由于鲔科鱼类属于身体/尾鳍推进模式,向前游动的推力主要由尾体摆动产生,因此重点分析鱼体尾部摆动的拟合情况。在冗余串并联结构的 SimMechanics 仿真模型中,头部和前半段鱼体简化为具有集中质量的刚体,并将尾体用串联的 T 形刚性体代替,分布在脊椎周边的肌肉则由弹簧和阻尼器的并联结构单元代替,而连接肌肉与鱼骨的肌腱由铰链代替。在冗余串并联结构中,T 形刚性体与尾椎在尺寸、集中质量和转动惯量上相一致,而肌肉的刚度和阻尼系数分别与串并联结构中的弹簧刚度和阻尼器的阻尼系数相同。

　　将鲔科鱼类作为研究对象,鱼体长度为 0.26 m,参与摆动的尾体长度为 0.16 m,将尾体划分为由 16 个结构单元组成的冗余串并联结构,各结构单元的横向尺寸均为 0.01 m。根据鱼体外形公式、质量计算式、各尾椎虚质量以及转动惯量的计算式,求解冗余串并联结构的配置参数,如表 4-1 所示。

表 4-1　冗余串并联结构各结构单元的配置参数

结构单元	x 轴区间段 /m	横向尺寸 R /m	径向尺寸 r /m	质量 /kg	虚质量 /kg	转动惯量 /(kg·m²)
单元 1	0.1～0.11	0.0263	0.0277	0.0231	0.0219	8.653e-6
单元 2	0.11～0.12	0.0257	0.0271	0.0225	0.0214	8.043e-6
单元 3	0.12～0.13	0.0246	0.0259	0.021	0.02	6.887e-6
单元 4	0.13～0.14	0.0230	0.0243	0.0189	0.0179	5.456e-6
单元 5	0.14～0.15	0.0210	0.0224	0.0162	0.0153	3.970e-6
单元 6	0.15～0.16	0.0188	0.0203	0.0134	0.0125	2.672e-6
单元 7	0.16～0.17	0.0163	0.0180	0.0106	0.0097	1.650e-6
单元 8	0.17～0.18	0.0139	0.0157	0.008 01	0.007 17	9.363e-7
单元 9	0.18～0.19	0.0116	0.0134	0.005 83	0.005 09	4.932e-7
单元 10	0.19～0.20	0.0097	0.0113	0.0413	0.003 56	2.464e-7
单元 11	0.20～0.21	0.0086	0.0094	0.002 95	0.002 59	1.233e-7
单元 12	0.21～0.22	0.0084	0.0078	0.002 27	0.002 21	6.896e-8
单元 13	0.22～0.23	0.0098	0.0066	0.002 01	0.002 52	4.957e-8
单元 14	0.23～0.24	0.0131	0.0057	0.002 16	0.004	5.141e-8
单元 15	0.24～0.25	0.0192	0.0053	0.002 74	0.008 02	7.703e-8
单元 16	0.25～0.26	0.0289	0.0053	0.003 93	0.0179	1.554e-7

假设摆动频率为 2 Hz,根据鱼体波经验公式,求得鱼体波方程 $h(x,t)$ 和包络线方程 $H(x)$ 分别为

$$h(x,t) = (0.0052 - 0.12x + 0.7692x^2) \cdot \sin(4\pi t - 21.9231x) \quad (4-60)$$

$$H(x) = 0.0052 - 0.12x + 0.7692x^2 \quad (4-61)$$

根据所确定冗余串并联结构的参数,并结合鱼体波包络线,将冗余串并联结构的各结构单元进行旋转拟合鱼体包络线,确定各结构单元旋转过的相对角度,计算各串并联结构单元对应的变形尺寸。各结构单元的变形尺寸均与相对转角有关,具体包括:弹簧的伸长量和缩短量;作用在 T 形刚性体上四个力矩对应的力臂长度为 d_1、d_2、d_3 和 d_4。根据以上分析并结合表 4-1 所示的结构单元尺寸数据,计算结构单元变形尺寸如表 4-2 所示。

表 4-2　平面串并联结构变形尺寸以及刚度

结构单元	偏角 /rad	弹簧伸长量 /m	弹簧缩短量 /m	d_1 /m	d_2 /m	d_3 /m	d_4 /m
单元 1	0.1217	3.40e-3	3.40e-3	0.0276	0.0273	0.0277	0.0277
单元 2	0.0227	6.13e-4	6.12e-4	0.027	0.0269	0.0269	0.0269
单元 3	0.0225	5.81e-4	5.79e-4	0.0258	0.0256	0.0256	0.0256
单元 4	0.0224	5.39e-4	5.36e-4	0.0242	0.024	0.024	0.0239
单元 5	0.0222	4.90e-4	4.87e-4	0.0222	0.0219	0.022	0.0219
单元 6	0.022	4.37e-4	4.34e-4	0.02	0.0197	0.0198	0.0198
单元 7	0.0217	3.83e-4	3.80e-4	0.0177	0.0174	0.0176	0.0175
单元 8	0.0215	3.30e-4	3.27e-4	0.0154	0.0152	0.0153	0.0153

续表

结构 单元	偏角 /rad	弹簧伸长量 /m	弹簧缩短量 /m	d_1 /m	d_2 /m	d_3 /m	d_4 /m
单元 9	0.0212	2.79e-4	2.77e-4	0.0132	0.013	0.0131	0.0131
单元 10	0.0210	2.32e-4	2.31e-4	0.0111	0.011	0.0111	0.0111
单元 11	0.0207	1.92e-4	1.91e-4	0.0093	0.0092	0.0093	0.0093
单元 12	0.0204	1.58e-4	1.57e-4	0.0078	0.0077	0.0078	0.0078
单元 13	0.0201	1.31e-4	1.31e-4	0.0066	0.0065	0.0066	0.0066
单元 14	0.0197	1.13e-4	1.13e-4	0.0057	0.0057	0.0057	0.0057
单元 15	0.0194	1.03e-4	1.03e-4	0.0053	0.0053	0.0053	0.0053
单元 16	0.0191	1.01e-4	1.01e-4	0.0053	0.0053	—	—

　　根据表 4-2 中计算所得的变形尺寸,求解各串并联结构单元中的弹簧刚度,如图 4-21 所示。

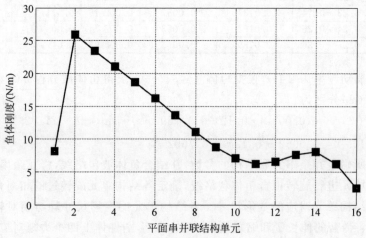

图 4-21　频率为 2 Hz 时串并联结构鱼体的刚度分布

4.5.4　变刚度鱼体的游动性能

　　在冗余串并联结构鱼体的仿真模型中,可通过传感器模块检测到尾体摆动时各结构单元的最大摆幅以及鱼体稳定状态时的游动速度。SimMechanics 鱼体模型的游动性能可通过两方面指标来验证:一是柔性鱼尾体最大摆幅与鱼体波包络线的拟合程度,通过检测各串并联结构单元摆动的最大幅度,验证其能否复现尾体的摆动运动以及能否与鱼体波包络线相拟合;二是研究鱼体刚度对游动性能的影响,通过检测鱼体稳定游动时的游动速度和斯特鲁哈数 St 来验证其稳态游动性能。斯特鲁哈数可根据不同驱动频率下的尾鳍最大摆幅以及稳定游动速度计算得到。

1. 变刚度鱼体摆动过程中包络线的拟合

　　将冗余串并联结构的设计参数以及设计频率为 2 Hz 时的刚度值代入仿真模

型中。在驱动频率为 2 Hz 的正弦力矩作用下,鱼体尾部上下摆动,通过调整正弦力矩的幅值大小,检测并记录运行 5 s 后各串并联结构单元达到稳定之后的最大摆动幅值。如图 4-22 所示,三条不同幅值的曲线分别表示第 3 个、第 10 个、第 16 个串并联结构单元的摆动幅值。根据图中曲线的变化规律可知:各平面串并联结构单元的摆动运动为频率相同、相位不同的正弦运动,其摆动频率与驱动频率保持一致。由图 4-22 还可知,各结构单元的摆动运动相位差较小,说明在设计刚度时忽略各结构单元之间力矩传递的滞后性是合理的。

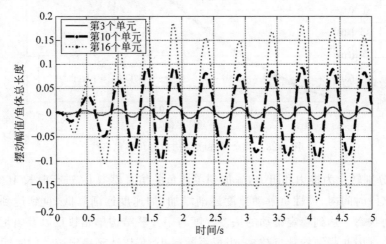

图 4-22　不同串并联结构单元对应的摆动幅值

此外,图 4-22 还说明在柔性鱼仿真模型中,鱼体尾部能够实现摆动幅值逐渐增加的摆动运动。利用传感器模块检测各串并联结构单元的摆动幅值,将得到的最大摆幅与对应的鱼体波包络线进行对比,如图 4-23 所示。虚线为由生物学观测得到的鱼体波包络线,实线为串并联结构仿真模型拟合的包络线曲线。二者拟合程度高,验证了柔性鱼体刚度设计方法的正确性,并说明了平面串并联结构柔性鱼体的数学模型能够较好地复现鱼体的游动性能。

平面串并联结构单元的摆动运动为频率相同、相位不同的正弦运动。其中,鱼体摆动运动的相位差与结构单元中的阻尼器有关,阻尼器的阻尼越大,滞后性越明显。摆动幅值与驱动幅值、刚度和阻尼系数等有关。虽然在进行刚度计算时避免了阻尼的影响,但在建立仿真模型时又增加了阻尼器,主要有两方面原因:一是肌肉本身会产生黏弹性力;二是增加阻尼有利于减小振动的高频分量,使系统较快地达到稳定状态。增加阻尼器之后的冗余串并联结构的仿真模型消耗的能量增加,故在一定范围内需要增大驱动幅值来满足拟合包络线的要求。

2. 变刚度鱼体在设计刚度不变时的游动性能

将冗余串并联结构的设计参数以及 2 Hz 设计频率所对应的刚度代入仿真模型,并通过实时检测侧向加速度的 X 轴分量和向前游动速度,将其按照式(3-7)、

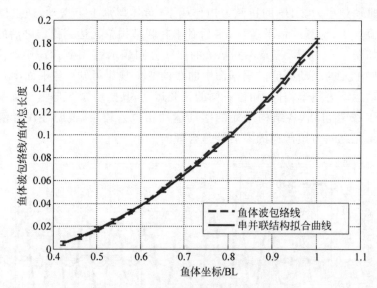

图 4-23　冗余串并联结构拟合鱼体包络线

式(3-9)分别转化为推力和阻力,施加到柔性鱼的仿真模型上,进行时长 100 s 的仿真。在该段时间内,柔性鱼游动速度逐渐增加,加速度逐渐降低,直到达到稳定的匀速游动状态。达到稳定游动的快慢程度与串并联结构单元数目以及阻尼系数的大小有关。串并联结构数目越多,阻尼系数越小,鱼体达到稳定游动的时间越长。

当驱动幅值保持不变时,驱动频率以 0.5 Hz 的间隔从 0.5 Hz 逐渐增加到 5 Hz,检测并记录在不同驱动频率下柔性鱼体的游动速度、尾体的最大摆幅,并计算斯特鲁哈数。图 4-24 所示为在固定鱼体刚度(设计频率为 2 Hz)的前提下,不同驱动频率所对应的鱼体游动速度。当驱动频率为 2 Hz 时,即与设计频率一致时,其游动速度达到 1.2 BL/s,远大于在其他不同驱动频率下的游动速度,且符合生物学观测。图 4-25 所示为在不同驱动频率下鱼体稳态游动所对应的斯特鲁哈数。结果表明驱动频率为 2 Hz 时,St 为 0.28,符合鱼体高效游动斯特鲁哈数范围 $0.25 < St < 0.35$。此外,图 4-24 显示的鱼体游动速度随驱动频率的变化规律与实验结果相吻合,验证了基于平面串并联结构柔性鱼体模型的刚度设计方法。

若将驱动频率为 i Hz 时,第 j 个串并联结构单元的刚度记为 K_{ij},则根据变刚度定理,驱动频率为 3 Hz 时对应结构单元的刚度 K_{3j} 可根据驱动频率为 2 Hz 时对应结构单元的刚度 K_{2j} 按一定比例变换得到,具体为

$$\frac{K_{2j}}{K_{3j}} = \frac{\omega_2^2}{\omega_3^2} = \frac{(4\pi)^2}{(6\pi)^2} = 0.444, \quad j = 1, 2, \cdots, 16 \tag{4-62}$$

设计频率为 3 Hz 时,平面串并联结构单元对应的弹簧刚度可根据式(4-62)直接计算得到,结果如图 4-26 所示。该图较为直观地显示了不同设计频率下鱼体刚度成比例的变化情况,驱动频率越大,鱼体对应的身体刚度越大。柔性鱼体的一般

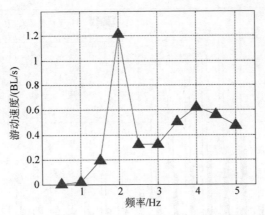

图 4-24　固定鱼体刚度(设计频率 $f=2$ Hz)时不同驱动频率对应的游动速度

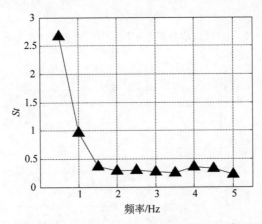

图 4-25　固定鱼体刚度(设计频率 $f=2$ Hz)时不同驱动频率对应的斯特鲁哈数

驱动频率为 1~5 Hz,对应的鱼体刚度受到鱼体肌肉本身机械特性的限制,故鱼体刚度的变化会限制在一定的范围内。图 4-26 所示的鱼体刚度的变化趋势同样说明了只要按比例改变某一设计频率的鱼体刚度,即可获得柔性鱼在对应驱动频率下的鱼体刚度。

　　类似的,当鱼体摆动频率为 3 Hz 时,将计算的鱼体刚度代入仿真模型中,分析在 3 Hz 设计频率下鱼体的游动速度和斯特鲁哈数,如图 4-27 和图 4-28 所示。结果表明,当驱动频率为 3 Hz 时,其游动速度达到 1.9 BL/s,且鱼体游动速度在不同驱动频率下的变化规律与图 4-24 中的规律类似。同时,设计频率为 3 Hz 时,St 为 0.31,符合鱼体高效游动的 St 范围,且 St 的变化规律均与图 4-25 保持一致。该组仿真结果验证了柔性鱼体的变刚度原理,同时再次证明了柔性鱼体刚度设计的有效性。

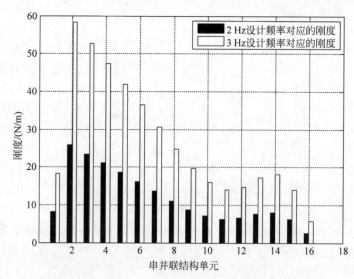

图 4-26 设计频率分别为 2 Hz、3 Hz 时鱼体刚度的分布

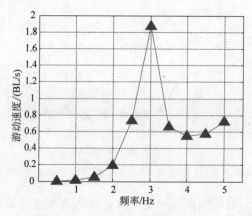

图 4-27 固定刚度($f=3$ Hz)时不同驱动频率对应速度的分布

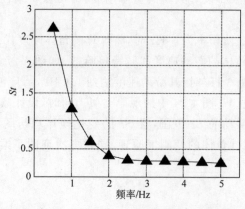

图 4-28 固定刚度($f=3$ Hz)时不同驱动频率对应 St 的分布

3. 变刚度柔性鱼的游动性能

根据生物学观测,鱼游动速度随着尾鳍摆动频率的增加呈线性增长。为验证冗余串并联鱼体刚度的设计方法以及变刚度原理,我们以 2 Hz 设计频率计算得到的鱼体刚度为基准刚度,根据变刚度原理计算了以 0.5 Hz 为间隔从 0.5～5 Hz 范围内不同频率对应的鱼体刚度,然后分析了不同计算频率对应的稳态游动速度和斯特鲁哈数。

图 4-29 示出了不同驱动频率下变刚度鱼体所对应的游动速度,该游动速度与驱动频率基本呈线性比例关系。当驱动频率为 5 Hz 时,鱼体对应的游动速度达到 3.1 BL/s。该结果与鱼类的生物观测结果相一致。图 4-30 所示为鱼体在不同设计频率下驱动所对应的斯特鲁哈数。结果表明,在 0.5～5 Hz 范围内,当驱动频率与鱼体设计频率相匹配时,St 的分布范围为 0.28～0.34,符合鱼类高效游动斯特鲁哈数范围 $0.25 < St < 0.35$。上述仿真结果充分验证了基于冗余串并联结构鱼体动力学模型、鱼体刚度的设计方法以及变刚度原理的有效性,而且为后续变刚度机器鱼的设计提供了理论依据。

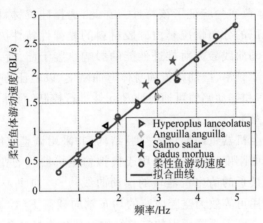

图 4-29　在不同驱动频率下的柔性鱼体游动速度

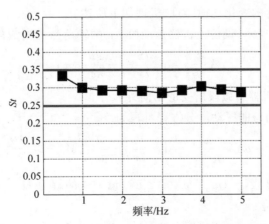

图 4-30　在不同驱动频率下的柔性鱼体的斯特鲁哈数

4.6　鱼类变刚度特性实验研究

为了验证仿生机器鱼的变刚度特性及其推进性能,我们研制了一种由硅胶材料制作的仿生机器鱼,该机器鱼可通过调节内部空腔的气压来改变弯曲刚度。通过改变仿生机器鱼的驱动频率、驱动幅值及其弯曲刚度,我们测量了该机器鱼在不同驱动状态下的游动轨迹及其推进性能,分析仿生机器鱼的变刚度特性对推进性能的影响。

4.6.1　实验方案

变刚度仿生机器鱼的设计主要考虑两个方面的问题:一方面是仿生机器鱼的摆动曲线运动形态的模拟,另一方面是仿生机器鱼的变刚度性能的研究。根据黏弹性梁理论建立了仿生机器鱼的游动模型,分析了仿生机器鱼的摆动曲线的复模态特性,并通过活体鱼实验验证了该特性。在此,选择硅胶材料制作仿生机器鱼,仿生机器鱼刚度阻尼的分布情况是由硅胶材料的黏弹性特性决定的。此外,研究了仿生机器鱼的摆动曲线参数对推进性能的影响。鉴于此,所设计的仿生机器鱼需要具有不同的摆动频率、摆动幅值和身体弯曲刚度,以验证仿生机器鱼的推进性能。其中,摆动频率和摆动幅值可通过驱动元件进行控制,而对鱼类身体的弯曲刚度的调节则较为困难。

本书通过在仿生机器鱼内部设置空腔结构,并采用调整空腔气压的方法来改变仿生机器鱼的弯曲刚度。该设计可用于模拟仿生机器鱼的变刚度特性,也有利于获得与活体鱼相接近的仿生机器鱼的摆动曲线[3-4]。如图 4-31 所示,气压对仿生机器鱼空腔的作用可等效为空腔内壁的均布轴向载荷 $F(x)$ 和径向载荷 $S(x)$,其方向垂直于气室表面。不同压力的空腔结构会使仿生机器鱼产生明显的非线性变形,虽然很难精确地求解得到仿生机器鱼模型的固有频率,但可以定性地给出固有频率随轴线载荷的变化规律,对应机理如下所述。

如图 4-31(b)所示,设仿生机器鱼微段 $\mathrm{d}x$ 的转角为 θ,对应的受力方程为

$$\rho A \frac{\partial^2 h}{\partial t^2} = -\frac{\partial S}{\partial x} + \frac{\partial (F\theta)}{\partial x} - L_y \tag{4-63}$$

式中,F——仿生机器鱼微段所受的轴向外力。

仿生机器鱼的弯曲振动微分方程可写为

$$(m_a + \rho A) \frac{\partial^2 h}{\partial t^2} - \frac{\partial}{\partial x}\left(F \frac{\partial h}{\partial x}\right) - \frac{\partial^2}{\partial x^2}\left(M - EI \frac{\partial^2 h}{\partial x^2}\right) = 0 \tag{4-64}$$

令 $\eta = \sqrt{F/EI}$,$\zeta^2 = (m_a + \rho A)\omega^2 / EI$,设方程的解为 $H(x)\sin(\omega t + \theta)$,将其代入方程(4-64),得

$$H'''' - \eta^2 H'' - \zeta^2 H = 0 \tag{4-65}$$

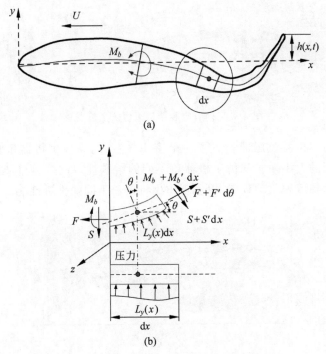

图 4-31 具有空腔结构弯曲仿生机器鱼的受力

根据自由端边界条件,得到仿生机器鱼模型固有频率的表达式为

$$\omega_n = \left(\frac{n\pi}{L}\right)^2 \sqrt{\frac{EI}{m_a + \rho A}} \sqrt{1 + \frac{F}{EI}\left(\frac{n\pi}{L}\right)^2}, \quad n = 1, 2, \cdots \quad (4\text{-}66)$$

由式(4-66)可知,当仿生机器鱼内部空腔受到轴向力 F 时,仿生机器鱼刚度和固有频率会增大。在不考虑气压导致仿生机器鱼变形的情况下,固有频率 ω_n 与气压 P 呈正比关系。虽然可通过利用空腔结构使仿生机器鱼更容易实现所需变形,但空腔结构会改变仿生机器鱼的截面惯性矩 I,对仿生机器鱼的变形会产生明显的非线性影响。因此,难以从理论上得到仿生机器鱼刚度随气压变化的具体关系。

4.6.2 结构设计与制造

我们以鲹科鱼类为研究对象,设计了仿鲹科仿生机器鱼,其具体结构如图 4-32 所示。鲹科鱼类的整体外形保持流线型,可由轮廓函数进行描述。鲹科鱼类的推进性能主要依赖于身体的弯曲摆动,其胸鳍和背鳍等鱼鳍宽短且厚度较薄,产生的推进力很弱。故在设计过程中忽略了背鳍和胸鳍的影响,而尾鳍的形状是通过轮廓函数来定义的,为平直形。

如图 4-33 所示,仿鲹科仿生机器鱼可分为刚体鱼头和柔性尾体两部分,这两部分由连接隔板进行连接。鱼头部分约占仿生机器鱼长度的 1/3,鱼头内部主要用来放置锂电池、舵机和控制系统。其中,锂电池被放置在仿生机器鱼头部最前端

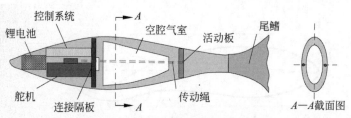

图 4-32　内有空腔结构柔性仿生机器鱼

的位置。在仿生机器鱼尾部设置了一个密闭气室(约为仿生机器鱼长度的 1/3)，通过改变气压的大小来实现仿生机器鱼不同的柔顺性。此外，还可通过调整仿生机器鱼的驱动幅值和驱动频率，以实现仿生机器鱼不同的推进性能。

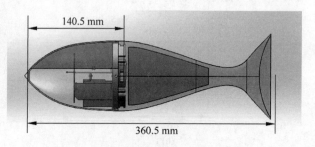

图 4-33　仿生机器鱼的装配体模型

在仿生机器鱼的设计中，还需注意以下几点：

(1) 仿鲹科仿生机器鱼通过调节空腔结构的气压来改变仿生机器鱼的弯曲刚度，故需要保证整个空腔的密封性。

(2) 本书重点考虑鱼类的直线游动性能，不考虑俯仰运动。因此，所设计的仿生机器鱼需要通过配重来调节平衡。

(3) 鲹科鱼类尾体在游动过程中会发生较大的变形，这就需要仿鲹科仿生机器鱼的身体后部具有较好的柔顺性。

(4) 仿鲹科仿生机器鱼在游动过程中需要完全浸没在水中。因此，所设计的仿生机器鱼要具有较好的防水密封性。

所设计的仿鲹科仿生机器鱼总长度为 360.5 mm，仿生机器鱼头部长度为 140.5 mm。仿生机器鱼头部外壳利用 3D 打印加工得到，仿生机器鱼尾部利用模具成型技术由黏弹性材料制作而成。本书制作的仿生机器鱼，选择的黏弹性材料是零度硅胶，具有流动性好、抗撕裂强度高和弹性好等优点。驱动元件、传动机构以及控制系统均被放置在仿生机器鱼头部位置，由弹性蒙皮覆盖在仿生机器鱼表面以保证整体密封。采用气室结构来改变仿生机器鱼刚度，气室体积越大，通过压力改变仿生机器鱼刚度的效果就越明显。所设计的仿生机器鱼的气室结构长度为 120 mm，能够有效地改善仿生机器鱼尾体的柔顺性。

图 4-34 示出了仿生机器鱼头部零件的装配图及其对应各零件的实物图。如

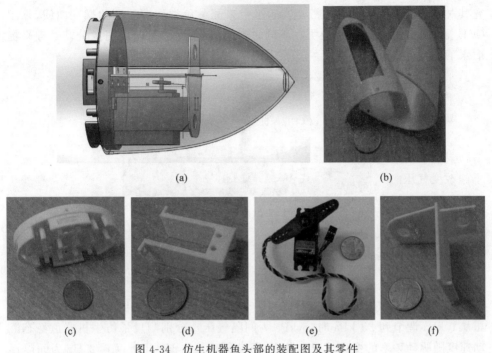

(a)　　　　　　　　　　　　　　　(b)

(c)　　　　(d)　　　　(e)　　　　(f)

图 4-34　仿生机器鱼头部的装配图及其零件

(a) 装配图；(b) 鱼头零件；(c) 连接隔板；(d) 舵机固定框；(e) 舵机；(f) 舵机前挡板

图 4-34(b)所示,仿生机器鱼头部外壳被分为上下两部分,其上半部分主要放置控制模块和无线模块等元件,而下半部分主要放置舵机以及配重物。选择舵机 HS-7940TH 作为驱动源,舵机由连接隔板和舵机固定框进行固定,分别如图 4-34(c)和图 4-34(d)所示。舵机(如图 4-34(e)所示)在仿生机器鱼头部产生力矩,通过传动绳索和活动板将力矩传递到仿生机器鱼尾部(活动板与尾部硅胶固化为一个整体)。为了避免控制模块和无线模块的导线与转动舵盘之间发生缠绕,仿生机器鱼头部上下两部分由舵机前挡板进行隔离,如图 4-34(f)所示。此外,在仿生机器鱼尾体内部设置专门孔道来放置传动绳索,以减小摩擦。

仿鲹科仿生机器鱼的运动控制系统由单片机、7.4 V 锂电池和 5 V 稳压器等组成,无线遥控模块采用芯片 PT2262/PT2272,具有低功耗和耐干扰的特点。将所有零件、控制系统和无线系统都集成到仿生鱼体内部。当仿生机器鱼在水中游动时,舵机的摆动频率和转动幅值可通过无线遥控系统和控制系统进行调整,以使仿生机器鱼获得不同的游动性能。将仿鲹科仿生机器鱼放置在水池内进行游动性能的测试,如图 4-35 所示。实验水池的尺寸为 3.0 m×1.2 m×0.5 m,摄像支架的最高高度为 2.5 m,具体高度可通过螺栓进行调节。此外,还需要设计专门夹具来固定仿生机器鱼,以测量仿生机器鱼所受的推力。实验中选择六维力传感器Nano17 测量推力,该传感器测力的量程为 12 N,符合实验测量范围。在实验过程中,仿生机器鱼可改变其摆动频率、摆动幅值以及空腔气室的压力等参数,以便研究其对应的推进性能。通过搭建实验平台来测量鱼类稳态游动的摆动曲线,采用CCD摄像机记录摆动推进鱼类在不同时刻的摆动曲线,并通过图像分帧处理来提取水下仿生机器鱼弯曲曲线。

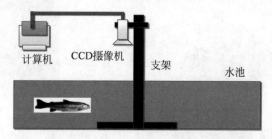

图 4-35　仿生机器鱼实验测量装置

4.6.3　实验结果分析

鱼类游动速度会受到其身体刚度、摆动频率和摆幅等因素的直接影响。在此,设置舵机转角为 25°,即仿生机器鱼的摆动幅值保持不变。当仿生机器鱼空腔的气压从 0 kPa 调节到 25 kPa 时(5 kPa 为间隔气压),分别测量了仿生机器鱼稳态游动速度随驱动频率的变化情况。其中,驱动频率从 1 Hz 开始以 0.2 Hz 为间隔逐渐增加到 3.2 Hz。如图 4-36 所示,当仿生机器鱼空腔气压一定时,仿生机器鱼的游动速度会随着驱动频率的增加而增大,但增加到某一临界数值时,游动速度会随着驱动频率的增加而降低。该临界值与仿生机器鱼空腔的气压有关,对应的驱动频率可能接近仿生机器鱼的固有频率,即当仿生机器鱼的驱动频率与其固有频率接近时,其游动速度会达到峰值。

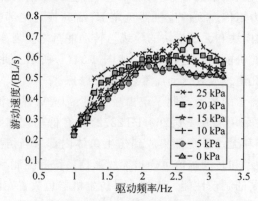

图 4-36　仿生机器鱼在不同驱动频率下的游动速度

当仿生机器鱼空腔气压由 0 kPa 变化到 25 kPa 时,仿生机器鱼的刚度或固有频率也会随之发生变化。在不同的驱动频率下,仿生机器鱼最大游动速度的变化情况如图 4-37 所示。结果表明,仿生机器鱼的游动速度与其摆动频率成正比,这与鱼类在自然界中的观测结果一致。该结果也说明可通过改变仿生机器鱼空腔气压来调整弯曲刚度,从而获得不同的固有频率。在自然界中,鱼类游动速度和摆动频率之间的斜率约为 0.73[5,6],但本书中设计的仿生机器鱼的斜率约为 0.1,存在较大的误差。这也说明该仿生机器鱼并不能完全实现鱼类在自然界中的变刚度特性。

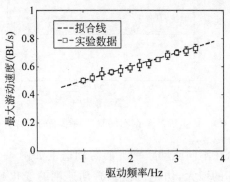

图 4-37 仿生机器鱼在不同驱动频率下的最大游动速度

当仿生机器鱼空腔气压由 0 kPa 变化到 25 kPa 时,鱼体刚度的变化同样会影响尾鳍的摆动幅值。在不同的驱动频率下,仿生机器鱼获得最大游动速度时对应摆幅的变化情况如图 4-38 所示。结果表明,仿生机器鱼尾鳍的摆幅会随驱动频率的增加而减小,这是由仿生机器鱼空腔压力逐渐增大引起的。

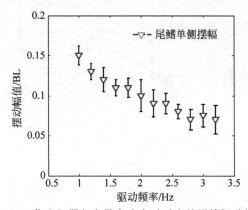

图 4-38 仿生机器鱼在最大速度时对应的尾鳍摆动幅值

此外,通过选择不同的斯特鲁哈数来进一步分析仿生机器鱼的推进性能,如图 4-39 所示。整体上,仿生机器鱼在游动过程中斯特鲁哈数的变化范围为 0.51~0.68。在自然界中,BCF 鱼类高效游动过程中斯特鲁哈数的变化范围为 0.25~0.35,本书结果与其存在一定的差距。其主要原因在于仿生机器鱼的游动速度小于自然界中鱼类的游动速度,这也说明本书中设计的仿生机器鱼并不能完全实现鱼类在自然界中的快速高效的游动性能。

当仿生机器鱼的空腔气压为 0 kPa 时,将舵机转角分别设置为 15°、25°、30°、

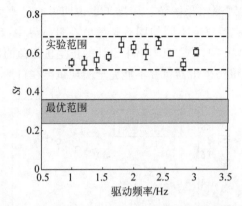

图 4-39 仿生机器鱼在不同驱动频率下的斯特鲁哈数

45°和 60°,仿生机器鱼在不同驱动频率下的游动速度如图 4-40 所示。当舵机转角较小时,随着摆动频率的增大,仿生机器鱼游动速度的变化趋势是先增大后减小。但是,当舵机转角增大到一定程度后,如舵机转角为 45°和 60°时,仿生机器鱼的游动速度会随着摆动频率的增加而增大,但增长率会变缓。该结果与鲹科鱼类游动性能的理论分析一致,可为设计快速游动的仿生机器鱼提供指导。

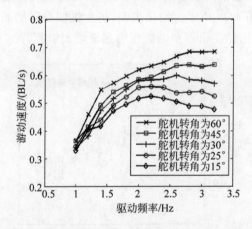

图 4-40 仿生机器鱼在不同舵机转角时的游动速度

分析上述实验结果,发现对于仿生机器鱼虽然可通过设置空腔结构来调节其弯曲刚度,但刚度变化范围有限。总体上,当仿生机器鱼摆幅较小时,游动速度和摆动频率之间的关系存在着一个峰值。但是,该峰值会随着摆动幅值的增加而逐渐消失。该实验现象同样出现在 Alvarado 的实验中[7],其原因可能是仿生机器鱼的流固耦合系统出现共振现象。即当摆幅较低时,仿生机器鱼的摆动频率与其固有频率相接近时,仿生机器鱼会获得一个较大的游动速度;而当摆幅增大时,仿生机器鱼的共振现象会逐渐消失。

4.7 本章小结

根据鱼体的串并联生理结构,本章建立了柔性鱼体的冗余串并联结构模型,提出了鱼体刚度的设计方法和变刚度原理。该动力学模型符合鱼类本身的串并联生理结构,既模拟了鱼体脊椎的连续性,又充分考虑了脊椎周围的黏弹性鱼体肌肉的影响。可通过单一驱动实现鱼体波动的被动控制,控制方法简单有效,较容易实现鱼体包络线的拟合,避免了串联结构多个驱动单元的主动协调控制问题。

基于冗余串并联结构的鱼体动力学模型具有变刚度特性,通过对串并联结构单元中刚度的调整,可以实现鱼体固有频率与驱动频率的匹配,以获得鱼体快速高效的游动效果。该鱼体模型还可以通过变刚度原理调整鱼体刚度,以匹配其不同的驱动频率,实现鱼体在不同驱动频率下的高性能游动。而关于变刚度的调整方法较多,如改变弹簧预紧力等。基于冗余串并联结构的鱼体变刚度原理不仅揭示了鱼体在不同驱动频率下对应的刚度变化情况,而且为后续变刚度仿生机器鱼的设计和研究提供了理论依据。

以鲔科鱼类为例,建立了基于冗余串并联结构的 SimMechanics 鱼体仿真模型,通过对鱼体包络线的拟合以及不同驱动频率下变刚度鱼体游动的分析,验证了鱼体刚度设计方法和变刚度原理。仿真结果表明柔性鱼体可通过调整鱼体刚度与驱动频率相匹配,获得快速高效的游动性能,也显示了冗余串并联结构鱼体模型的优越性,并为后续变刚度仿生机器鱼的设计提供了理论依据。最后通过研制变刚度仿生机器鱼,分析了仿生机器鱼在不同弯曲刚度下的游动性能,实验结果表明该仿生机器鱼能够通过改变气压的方式调整弯曲刚度,但并不能完全复现鱼类在自然界中的变刚度特性。

参考文献

[1] HUNTER J R, ZWEIFEL J R. Swimming speed, tail-beat frequency, tail-beat amplitude and size in jack mackerel, Trachyrus symmetricus, and other fishes [R]. Fishery Bulletin, United States Fish and Wildlife Service, 1971, 69: 253-267.

[2] MCMILLEN T, HOLMES P. An elastic rod model for anguilliform swimming [J]. Journal of Mathematical Biology, 2006, 53(5): 843-886.

[3] 顾兴士. 气压调节变刚度柔性仿生机器鱼机理及实验研究[D]. 哈尔滨:哈尔滨工业大学, 2015.

[4] CUI Z, JIANG H. Design and implementation of thunniform robotic fish with variable body stiffness[J]. International Journal of Robotics & Automation, 2017, 32(2): 109-116.

[5] BAINBRIDGE R. Caudal fin and body movement in the propulsion of some fish [J]. The Journal of Experimental Biology, 1963, 40: 23-56.

[6] VIDELER J J. Fish swimming [M]. London: Chapman and Hall, 1993.

[7] ALVARADO P V. Design of Biomimetic Compliant Devices for Locomotion in Liquid Environments[D]. Cambridge: Massachusetts Institute of Technology, 2007.

第5章

鱼类推进复模态动力学特性

5.1 引言

波动推进鱼类的多体动力学模型是将鱼体简化为多个由弹簧串联的刚体,通过计算各刚体所受的水动力和刚体间的相互作用力得到的鱼体动力学模型。而基于黏弹性梁理论的鱼体动力学模型是将鱼体看作柔性黏弹性梁,在考虑鱼体和外界流体相互作用的前提下,建立鱼类游动模型来分析鱼体的动力学特性。从振动模态的角度看,黏弹性鱼体的变形是由其刚度和阻尼来决定的,可由波动方程进行描述。鉴于此,本章将柔性鱼体简化为等截面的均质黏弹性梁,结合 Lighthill 细长体理论建立了鱼体在流体环境中的游动模型。通过分析鱼体的自由振动和强迫振动模态特性,研究鱼类摆动曲线的复模态特性以及其刚度、阻尼和鱼体波曲线之间的关系。总之,该类型动力学模型充分考虑了黏弹性鱼体与流体间的相互作用,为鱼类波动曲线复模态特性的研究提供了理论基础。

5.2 基于黏弹性梁的鱼游模型

基于黏弹性梁的鱼体动力学模型是将柔性鱼体看作黏弹性梁,在考虑鱼体黏弹性和外界流体相互作用的前提下,能够从鱼体内部分析其游动机理。如图 5-1 所示,将鱼体看作浸入到流体中的黏弹性梁并对其受力分析。图中 L_y 为鱼体微段的水动力;M_b 为弯曲力矩;S 为微段剪切力;M 为施加到鱼体上的集中驱动力矩;$h(x,t)$ 为鱼体弯曲曲线;U 为稳态游动速度。柔性鱼体具有抗弯刚度,采用欧拉-伯努利梁理论对鱼体进行分析,其动力学方程为高阶偏微分方程。[1]

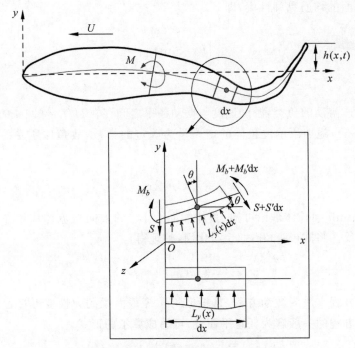

图 5-1　弯曲鱼体在流体中的受力分析

y 轴方向上的受力方程为

$$-\rho A\, \mathrm{d}x\, \frac{\partial^2 h}{\partial t^2} + S - \left(S + \frac{\partial S}{\partial x}\mathrm{d}x\right) - L_y(x)\mathrm{d}x = 0 \tag{5-1}$$

式中，A——鱼体横截面面积，m^2。

以右截面上任意一点的力矩中心，建立力矩方程为

$$S\mathrm{d}x + \frac{M_b}{\partial x}\mathrm{d}x = 0 \tag{5-2}$$

在建立鱼体的游动模型时，需要考虑鱼体与周围流体之间的相互作用。根据 Lighthill 的大摆幅细长体理论，鱼体侧向摆动排开周围流体的速度可根据鱼体侧向位移的导数求得，对应横截面的虚质量为

$$M_a(x) \approx 0.25\beta_a \rho_f \pi [d(x)]^2 \tag{5-3}$$

式中，$d(x)$——鱼体横截面的高度，m；

　　　ρ_f——流体密度，$\mathrm{kg/m}^3$；

　　　β_a——鱼体的虚质量系数，不考虑鱼鳍的影响时，$\beta_a \approx 1$。

在游动过程中，鱼体的侧向力 L_y 可通过尾体周围流体的虚动量求导得到，为

$$L_y = \left(\frac{\partial}{\partial t} + U\frac{\partial}{\partial x}\right)\left[m_a(x)\left(\frac{\partial h}{\partial t} + U\frac{\partial h}{\partial x}\right)\right] \tag{5-4}$$

鱼体外形与其种类有关，外形轮廓也存在着明显的非线性变化。在此，将鱼体

简化为等截面的均质黏弹性梁,即

$$\begin{cases} A = \text{const} \\ I = \text{const} \\ E = \text{const} \\ \mu = \text{const} \end{cases} \tag{5-5}$$

对于快速游动的鱼类,游动速度与摆动频率之间存在 $U/L=0.1\omega$ 的关系。根据条件式(5-5),施加给单位鱼体的虚质量为确定的常数,故鱼体所受的侧向力可化简为

$$L_y = 1.11 m_a \frac{\partial^2 h}{\partial t^2} \tag{5-6}$$

由 Lighthill 细长体理论可知,鱼体侧向力 L_y 的方向与流体作用在鱼体上的动量方向相反。将式(5-1)和式(5-2)化简,整理得

$$\frac{\partial^2 M_b}{\partial x^2} = (1.11 m_a(x) + \rho A) \frac{\partial^2 h}{\partial t^2} \tag{5-7}$$

该微分方程本质为波动方程,是根据均质等截面梁的弹性变形过程推导得到的。该波动方程的一般解为任意平面波,可写成算子的形式:

$$h(x,t) = F(x-ct) + G(x+ct) \tag{5-8}$$

式(5-8)中,$F(x-ct)$ 和 $G(x+ct)$ 分别表示向左和向右传播的两列波函数,最终形式还需由初始条件来确定。根据傅里叶理论,可将鱼体的摆动曲线分解成正弦波和余弦波,以有效地分析鱼体摆动曲线的运动特点。这也说明基于梁模型的鱼体游动模型可通过波动方程来研究鱼体的动力学特性。

式(5-7)中,$M_b(x)$ 为黏弹性鱼体在外界力矩作用下的截面力矩,即 $M_b(x) = -(M - M_e - M_v)$。式中 M_e 和 M_v 分别为引起黏弹性鱼体变形的弯曲力矩和阻尼力矩。其中,$M_e = EI \frac{\partial^2 h}{\partial x^2}$,$M_v = \mu I \frac{\partial}{\partial t}\left(\frac{\partial^2 h}{\partial x^2}\right)$,$E$ 和 μ 分别为弹性模量和黏性系数。将式(5-7)进行化简,整理得

$$\frac{\partial^2 M}{\partial x^2} - EI \frac{\partial^4 h}{\partial x^4} - \mu I \frac{\partial}{\partial t}\left(\frac{\partial^4 h}{\partial x^4}\right) = (1.11 m_a(x) + \rho A) \frac{\partial^2 h}{\partial t^2} \tag{5-9}$$

由于鱼体横截面的非线性变化以及鱼体刚度阻尼的时变性等原因,很难对由式(5-9)描述的鱼体动力学方程进行求解得到鱼体摆动曲线方程。Nguyen 等[2]通过指数函数来描述鱼体外形的变化情况,给出了鱼体摆动曲线的近似解。在忽略外形变化的前提下,Alvarado 等[3]根据格林函数求解了鱼体摆动曲线的理论解。在上述研究中,鱼体刚度和阻尼均被假定为常数,且与鱼体摆动曲线之间的具体关系也并未进行深入研究。结合鱼体肌肉本身的机械特性,[4]本章选择 Kelvin 模型来表示鱼体的黏弹性特性,对应关系为

$$\mu = \eta E \tag{5-10}$$

式中，η——黏滞系数（$0<\eta\leqslant1$）。

结合式(5-9)和式(5-10)，可得鱼体对应的动力学方程为

$$\frac{\partial^2 M}{\partial x^2} - EI\frac{\partial^4 h}{\partial x^4} - \eta EI\frac{\partial}{\partial t}\left(\frac{\partial^4 h}{\partial x^4}\right) = (1.11 m_a(x) + \rho A)\frac{\partial^2 h}{\partial t^2} \qquad (5\text{-}11)$$

建立鱼体游动模型的目的是在考虑鱼体与流体相互作用的前提下，研究鱼体游动过程中摆动曲线参数和受力的关系。目前存在多种理论，如细长体理论、二维波动板理论和三维波动板理论等，均描述了鱼体的水动力特性，但对鱼体运动和受力之间关系的分析较少。结合鱼体动力学特性的分析，鱼类游动模型可大致分为多体动力学模型和黏弹性梁模型，二者的区别和联系如图 5-2 所示。

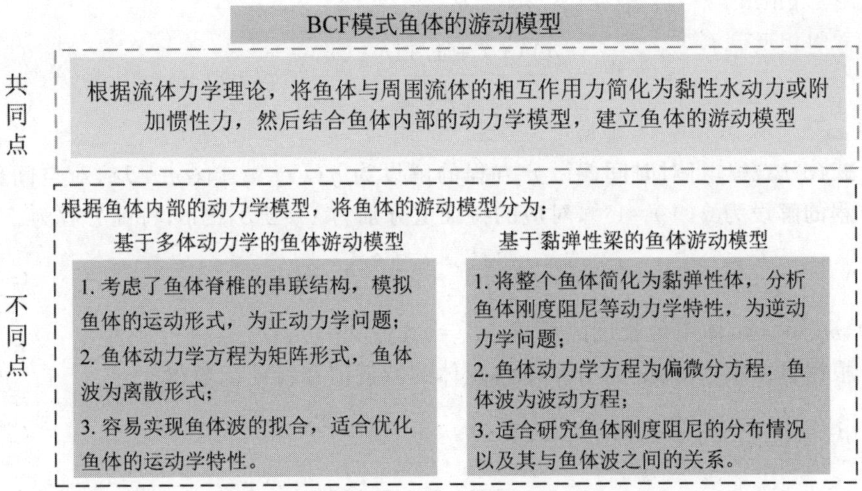

BCF模式鱼体的游动模型

共同点：根据流体力学理论，将鱼体与周围流体的相互作用力简化为黏性水动力或附加惯性力，然后结合鱼体内部的动力学模型，建立鱼体的游动模型

不同点：根据鱼体内部的动力学模型，将鱼体的游动模型分为：

基于多体动力学的鱼体游动模型
1. 考虑了鱼体脊椎的串联结构，模拟鱼体的运动形式，为正动力学问题；
2. 鱼体动力学方程为矩阵形式，鱼体波为离散形式；
3. 容易实现鱼体波的拟合，适合优化鱼体的运动学特性。

基于黏弹性梁的鱼体游动模型
1. 将整个鱼体简化为黏弹性体，分析鱼体刚度阻尼等动力学特性，为逆动力学问题；
2. 鱼体动力学方程为偏微分方程，鱼体波为波动方程；
3. 适合研究鱼体刚度阻尼的分布情况以及其与鱼体波之间的关系。

图 5-2　基于多体动力学和黏弹性梁鱼体游动模型的对比

在多体动力学游动模型中，将鱼体简化为多刚体串联结构，通过分析各刚体间的动力学来研究鱼体摆动曲线的运动情况。通过设计连接串联刚体的弹簧和阻尼来优化鱼体的游动轨迹，这属于鱼体摆动曲线的正动力学问题。该模型的动力学方程可写成矩阵形式，得到离散形式的鱼体摆动曲线方程。总的来说，该模型侧重考虑了鱼体脊椎的串联结构，可较为精确地描述鱼体摆动曲线的运动特性，适用于鱼体摆动曲线的优化，但整体结构较为复杂。

相比较，基于黏弹性梁的鱼体游动模型是将鱼体看作黏弹性梁，从鱼体内部分析鱼体摆动曲线的运动特性。根据黏弹性梁的理论，游动的鱼类可看作浸入到流体中的黏弹性梁，对其进行动力学分析，得到由波动方程描述的鱼体摆动曲线方程。该过程属于鱼体模型的逆动力学分析，适合研究鱼体摆动曲线的动力学特性，特别是鱼体刚度阻尼和鱼体摆动曲线之间的关系。鉴于此，本章选择基于黏弹性梁的鱼体游动模型来研究鱼体摆动曲线的振动特性。

5.3　柔性鱼类复模态特性分析

5.3.1　鱼体自由振动特性分析

当系统阻尼可忽略不计或为比例阻尼时,鱼体自由振动的动力学方程可化简为

$$-EI\frac{\partial^4 h}{\partial x^4}=(1.11m_a(x)+\rho A)\frac{\partial^2 h}{\partial t^2} \tag{5-12}$$

设鱼体的摆动曲线解的形式为 $h(x,t)=\varphi(x)q(t)$,对空间和时间的导数是独立的,故可采用分离变量法对式(5-12)进行求解,得

$$\begin{cases} q(t)''+\omega^2 q(t)=0 \\ \varphi(x)''''-\dfrac{\rho A(x)+1.11m_a(x)}{EI}\omega^2\varphi(x)=0 \end{cases} \tag{5-13}$$

式中,ω——模态频率,rad/s。

式(5-13)中,将对时间偏微分方程的解设为 $q(t)=a\sin(\omega t+\theta)$,对空间偏微分方程的解设为 $\varphi(x)=\mathrm{e}^{\lambda x}$,对应的特征值分别为 $\lambda=\pm\beta,\pm\mathrm{i}\beta$,特征方程为

$$\lambda^4-\frac{m_0}{EI}\omega^2=\lambda^4-\beta^4=0 \tag{5-14}$$

式中,m_0——鱼体单位长度的质量,$m_0=\rho A(x)+1.11m_a(x)$。

根据自由端边界条件,分别求解鱼体的特征值和特征函数得

$$\beta_i=\left(i+\frac{1}{2}\right)\frac{\pi}{L},\quad i=1,2,3,\cdots \tag{5-15}$$

$$\varphi_i(x)=\cos\beta_i x+\cosh\beta_i x-\frac{\cos\beta_i x-\cosh\beta_i x}{\sin\beta_i x-\sinh\beta_i x}(\sin\beta_i x+\sinh\beta_i x) \tag{5-16}$$

当鱼体自由振动时,鱼体的摆动曲线为主振动对应的模态振型,具体表达式为 $h(x,t)=\varphi_i(x)\sin(\omega_i t+\theta_i)$,对应的固有频率为

$$\omega_i=\left[\left(i+\frac{1}{2}\right)\frac{\pi}{L}\right]^2\sqrt{\frac{EI}{m_0}} \tag{5-17}$$

由上可知,当鱼体的动力学系统为比例阻尼系统或无阻尼系统时,求解的鱼体摆动曲线可分解为时间项 $q(t)$ 和空间项 $\varphi_n(x)$ 两部分,且时间项和空间项相互独立,对应的鱼体摆动曲线为纯驻波。

当鱼体动力学系统为一般阻尼系统,且驱动力矩为零时,对应的自由振动方程为

$$\frac{\partial^4 h}{\partial x^4}+\eta\frac{\partial}{\partial t}\left(\frac{\partial^4 h}{\partial x^4}\right)=-\frac{m_0}{EI}\frac{\partial^2 h}{\partial t^2} \tag{5-18}$$

式(5-18)中,鱼体阻尼项 $\eta\dfrac{\partial}{\partial t}\left(\dfrac{\partial^4 h}{\partial x^4}\right)$ 为时间和空间变量的耦合项。对该方程采用分

离变量法进行求解,设解为 $h(x,t)=\varphi(x)q(t)$,则式(5-18)化简为

$$\varphi_n''''q_n+\eta\varphi_n''''\dot{q}_n=-\frac{m_0}{EI}\varphi_n\ddot{q}_n \tag{5-19}$$

设对时间偏导项的表达式为 $q(t)=\mathrm{e}^{\mathrm{i}\lambda t}$,求解的幅值表达式为

$$\varphi_n''''-\gamma^4\varphi_n=\varphi_n''''-\frac{m_0\lambda^2}{EI(1+\mathrm{i}\lambda\eta)}\varphi_n=0 \tag{5-20}$$

根据鱼体的边界条件,即两端的弯矩和剪力均为零,求解特征频率的表达式为

$$\frac{m_0}{EI(1+\mathrm{i}\lambda\eta)}(\lambda_n)^2=\left(n+\frac{1}{2}\right)^4\frac{\pi^4}{L^4},\quad n=1,2,3 \tag{5-21}$$

将式(5-21)进行化简,得

$$\lambda_n=\frac{\mathrm{i}A_n\eta\pm\sqrt{4A_n-(A_n\eta)^2}}{2},\quad A_n=\frac{EI}{m_0}\left(n+\frac{1}{2}\right)^4\frac{\pi^4}{L^4} \tag{5-22}$$

求解得到鱼体的摆动曲线方程为

$$h(x,t)=\varphi_n(x)\mathrm{e}^{\mathrm{i}\lambda_n t} \tag{5-23}$$

其中

$$\varphi_n(x)=\cosh(\gamma_n x)+\cos(\gamma_n x)-$$
$$\frac{\sinh(\gamma_n L)+\sin(\gamma_n L)}{\cosh(\gamma_n L)+\cos(\gamma_n L)}(\sinh(\gamma_n x)+\sin(\gamma_n x))$$

5.3.2　鱼体强迫振动特性分析

当驱动力矩不为零时,柔性鱼体在外界集中力矩的作用下发生受迫振动,产生的变形与驱动条件和鱼体的刚度阻尼等参数有关。结合鱼体的自由振动特性,利用分离变量法求解鱼体在受迫振动条件下的摆动曲线表达式。当鱼体阻尼为零或为比例阻尼时,对应的求解过程与鱼体的自由振动分析类似。在此,重点研究鱼体一般阻尼系统的强迫振动特性。

在鱼体位置 $x=a$ 处施加简谐力,形式为 $f(x)=f_0\cos(\omega_0 t)\delta(x-a)$。其中,$\delta(x)$ 为脉冲函数,ω_0 为摆动频率。设鱼体的摆动曲线形式为 $h(x,t)=H(x)\mathrm{e}^{\mathrm{i}\omega_0 t}$,其实数部分为鱼体摆动曲线的幅值,虚数部分则表示鱼体摆动曲线的相位。将其代入式(5-11)中,得

$$[H(x)]''''-k^4H(x)=\frac{f(x)}{EI+\mathrm{i}\omega_0\mu I},\quad k^4=\frac{\omega_0^2 m_0}{EI+\mathrm{i}\omega_0\mu I} \tag{5-24}$$

设方程(5-24)的解为

$$H(x)=C_1\sin(kx)+C_2\cos(kx)+C_3\cosh(kx)+C_4\sinh(kx) \tag{5-25}$$

系数 C_1、C_2、C_3 和 C_4 可根据鱼体边界条件进行求解,边界条件为

$$\left[M-EI\frac{\partial^2 h}{\partial x^2}-\mu I\frac{\partial}{\partial t}\left(\frac{\partial^2 h}{\partial x^2}\right)\right]_{x=0,L}=0,$$

$$\frac{\partial}{\partial x}\left[M - EI\frac{\partial^2 h}{\partial x^2} - \mu I\frac{\partial}{\partial t}\left(\frac{\partial^2 h}{\partial x^2}\right)\right]_{x=0,L} = 0 \tag{5-26}$$

根据第 2 章所述内容,摆动推进模式的鱼体可简化为均质等截面黏弹性梁,即鱼体的刚度阻尼均为常数。为求解方程(5-24),设鱼体的摆动曲线方程为 $h(x,t) = H(x)\mathrm{e}^{\mathrm{i}\omega_0 t}$,其实数部分为鱼体摆动曲线的幅值,虚数部分为鱼体摆动曲线的相位。假设简谐力矩施加在鱼体位置 $x=a$ 处,对应的表达式为

$$M(x) = M_0\mathrm{e}^{\mathrm{i}\omega_0 t}u(x - x_0) \tag{5-27}$$

式中,$u(x)$——阶跃函数;

$\quad\quad\omega_0$——鱼体的驱动频率,rad/s。

将式(5-27)代入到方程(5-24)中,除点 $x=x_0$ 以外,鱼体在任何位置的动力学方程可化简为

$$-EI(H(x))'''' - \mathrm{i}\omega_0\mu I(H(x))'''' = (\mathrm{i}\omega_0)^2 m_0 H(x) \tag{5-28}$$

式中,m_0——单位鱼体长度的总质量,kg/m。

将式(5-28)进一步简化,得

$$(H(x))'''' - p^4(H(x)) = 0 \tag{5-29}$$

$$p^4 = \frac{\omega_0^2 m_0}{EI + \mathrm{i}\omega_0\mu I} \tag{5-30}$$

根据方程(5-29)的形式,设其解为

$$H(x) = C_1\sin(kx) + C_2\cos(kx) + C_3\cosh(kx) + C_4\sinh(kx) \tag{5-31}$$

其中,$\sinh(kx) = 0.5(\mathrm{e}^{kx} - \mathrm{e}^{-kx})$,$\cinh(kx) = 0.5(\mathrm{e}^{kx} + \mathrm{e}^{-kx})$。$C_1$、$C_2$、$C_3$ 和 C_4 均为常数。将式(5-31)代入式(5-29),得

$$C_1(k^4 - p^4)\sin(kx) + C_2(k^4 - p^4)\cos(kx) +$$
$$C_3(k^4 - p^4)\cosh(kx) + C_4(k^4 - p^4)\sinh(kx) = 0 \tag{5-32}$$

由式(5-32)可得

$$k^4 = p^4 = \frac{\omega_0^2 m_0}{EI + \mathrm{i}\omega_0\mu I} \tag{5-33}$$

鱼体自由游动时,对应的边界条件为自由约束,表达式为

$$\left[M - EI\frac{\partial^2 h}{\partial x^2} - \mu I\frac{\partial}{\partial t}\frac{\partial^2 h}{\partial x^2}\right]_{x=0,L} = 0$$

$$\frac{\partial}{\partial x}\left[M - EI\frac{\partial^2 h}{\partial x^2} - \mu I\frac{\partial}{\partial t}\frac{\partial^2 h}{\partial x^2}\right]_{x=0,L} = 0 \tag{5-34}$$

根据边界条件,可得鱼体摆动曲线幅值表达式的求解过程如下:

(1) 边界条件 1:$\left[M - EI\dfrac{\partial^2 h}{\partial x^2} - \mu I\dfrac{\partial}{\partial t}\dfrac{\partial^2 h}{\partial x^2}\right]_{x=0,L} = 0$

将 $M - EI\dfrac{\partial^2 h}{\partial x^2} - \mu I\dfrac{\partial}{\partial t}\dfrac{\partial^2 h}{\partial x^2}$ 逐项分解,化简得

$$
\begin{aligned}
&[M_0 u(x - x_0) - k^2(EI + i\omega_0\mu I)(-C_1\sin(kx) - \\
&C_2\cos(kx) + C_3\cosh(kx) + C_4\sinh(kx))]_{x=0,L} = 0
\end{aligned} \tag{5-35}
$$

当 $x = 0$ 时，对应的边界条件为

$$
M_0 u(-x_0) - k^2(EI + i\omega_0\mu I)(-C_2 + C_3) = 0 \tag{5-36}
$$

当 $x = L$ 时，对应的边界条件为

$$
\begin{aligned}
&M_0 u(L - x_0) - k^2(EI + i\omega_0\mu I)(-C_1\sin(kL) - \\
&C_2\cos(kL) + C_3\cosh(kL) + C_4\sinh(kL)) = 0
\end{aligned} \tag{5-37}
$$

(2) 边界条件 2：$\dfrac{\partial}{\partial x}\left[M - EI\dfrac{\partial^2 h}{\partial x^2} - \mu I\dfrac{\partial}{\partial t}\dfrac{\partial^2 h}{\partial x^2}\right]_{x=0,L} = 0$

将 $\dfrac{\partial}{\partial x}\left(M - EI\dfrac{\partial^2 h}{\partial x^2} - \mu I\dfrac{\partial}{\partial t}\dfrac{\partial^2 h}{\partial x^2}\right)$ 逐项分解，化简得

$$
\begin{aligned}
&[M_0\delta(x - x_0) - k^3(EI + i\omega_0\mu I)(-C_1\cos(kL) + \\
&C_2\sin(kL) + C_3\sinh(kL) + C_4\cosh(kL))]_{x=0,L} = 0
\end{aligned} \tag{5-38}
$$

当 $x = 0$ 时，对应的边界条件为

$$
[M_0\delta(-x_0) - k^3(EI + i\omega_0\mu I)(-C_1 + C_4)] = 0 \tag{5-39}
$$

当 $x = L$ 时，对应的边界条件为

$$
\begin{aligned}
&[M_0\delta(L - x_0) - k^3(EI + i\omega_0\mu I)(-C_1\cos(kL) + \\
&C_2\sin(kL) + C_3\sinh(kL) + C_4\cosh(kL))] = 0
\end{aligned} \tag{5-40}
$$

将上述边界条件式(5-36)、式(5-37)及式(5-39)和式(5-40)进行整理，得

$$
C_1 = \frac{-c\phi_1 + b\phi_2}{b^2 - ac} \tag{5-41}
$$

$$
C_2 = \frac{-a\phi_2 + b\phi_1}{b^2 - ac} \tag{5-42}
$$

$$
C_3 = \frac{-a\phi_2 + b\phi_1}{b^2 - ac} + \frac{M_0 u(-x_0)}{k^2(EI + i\omega_0\mu I)} \tag{5-43}
$$

$$
C_4 = \frac{-c\phi_1 + b\phi_2}{b^2 - ac} + \frac{M_0\delta(-x_0)}{k^3(EI + i\omega_0\mu I)} \tag{5-44}
$$

$$
\begin{aligned}
H(x) = \frac{M_0}{k^2(EI + i\omega_0\mu I)}&\left[\left(\frac{-c\psi_1 + b\psi_2}{b^2 - ac}\right)\sin(kx) + \right.\\
&\left(\frac{b\psi_1 - a\psi_2}{b^2 - ac}\right)\cos(kx) + \\
&\left(\frac{b\psi_1 - a\psi_2}{b^2 - ac} + u(-x_0)\right)\cosh(kx) + \\
&\left.\left(\frac{-c\psi_1 + b\psi_2}{b^2 - ac} + \frac{\delta(-x_0)}{k}\right)\sinh(kx)\right]
\end{aligned} \tag{5-45}
$$

其中，$\delta(x)$——脉冲函数；

$$a = \sinh(kL) - \sin(kL); \quad b = \cosh(kL) - \cos(kL); \quad c = \sinh(kL) + \sin(kL);$$

$$\phi_1 = \frac{M_0}{k^2(EI + i\omega_0\mu I)}\psi_1; \quad \phi_2 = \frac{M_0}{k^2(EI + i\omega_0\mu I)}\psi_2;$$

$$\psi_1 = u(L - x_0) - u(-x_0)\cosh(kL) - \frac{1}{k}\delta(-x_0)\sinh(kL);$$

$$\psi_2 = \frac{1}{k}\delta(L - x_0) - u(-x_0)\sinh(kL) - \frac{1}{k}\delta(-x_0)\cosh(kL)。$$

通过上述分析由外界驱动力矩引起黏弹性鱼体的强迫振动，求解得鱼体的摆动曲线方程为

$$h(x,t) = \text{Re}\left[H(x)e^{i\omega_0 t}\right] \tag{5-46}$$

$$h(x,t) = \text{Re}\left\{\frac{M_0 e^{i\omega_0 t}}{k^2(EI + i\omega_0\mu I)}\left[\left(\frac{-c\phi_1 + b\phi_2}{b^2 - ac}\right)\sin(kL) + \right.\right.$$

$$\left(\frac{b\phi_1 - a\phi_2}{b^2 - ac}\right)\cos(kL) + \left(\frac{b\phi_1 - a\phi_2}{b^2 - ac} + u(-x_0)\right)\cosh(kL) +$$

$$\left.\left.\left(\frac{-c\phi_1 + b\phi_2}{b^2 - ac} + \frac{\delta(-x_0)}{k}\right)\sinh(kL)\right]\right\} \tag{5-47}$$

因为 $k^4 = p^4 = \dfrac{\omega_0^2 m_0}{EI + i\omega_0\mu I}$，故式(5-47)简化为

$$h(x,t) = \text{Re}\left\{\frac{M_0 e^{i\omega_0 t}}{\omega_0^2 m_0}\left[k^2\left(\frac{-c\phi_1 + b\phi_2}{b^2 - ac}\right)\sin(kx) + \right.\right.$$

$$k^2\left(\frac{b\phi_1 - a\phi_2}{b^2 - ac}\right)\cos(kx) + k^2\left(\frac{b\phi_1 - a\phi_2}{b^2 - ac} + u(-x_0)\right)\cosh(kx) +$$

$$\left.\left.k^2\left(\frac{-c\phi_1 + b\phi_2}{b^2 - ac} + \frac{\delta(-x_0)}{k}\right)\sinh(kx)\right]\right\} \tag{5-48}$$

求解得鱼类的摆动曲线表达式如式(5-49)所示：

$$h(x,t) = \text{Re}\left\{\frac{M_0 e^{i\omega_0 t}}{k^2(EI + i\omega_0\mu I)}\left[\left(\frac{-c\phi_1 + b\phi_2}{b^2 - ac}\right)\sin(kx) + \right.\right.$$

$$\left(\frac{b\phi_1 - a\phi_2}{b^2 - ac}\right)\cos(kx) + \left(\frac{b\phi_1 - a\phi_2}{b^2 - ac} + u(-x_0)\right)\cosh(kx) +$$

$$\left.\left.\left(\frac{-c\phi_1 + b\phi_2}{b^2 - ac} + \frac{\delta(-x_0)}{k}\right)\sinh(kx)\right]\right\} \tag{5-49}$$

式中

$$a = \sinh(kL) - \sin(kL)$$
$$b = \cosh(kL) - \cos(kL)$$

$$c = \sin(kL) + \sinh(kL)$$

$$\psi_1 = u(L - x_0) - u(-x_0)\cosh(kL) - \delta(-x_0)\sinh(kL)/k$$

$$\psi_2 = \frac{1}{k}\delta(L - x_0) - u(-x_0)\sinh(kL) - \frac{1}{k}\delta(-x_0)\cosh(kx)$$

设鱼体长度为 0.3 m,密度为 1000 kg/m³,驱动位置为 0.18 m,鱼体弹性模量为 5000 N/m²,黏性系数为 90 N·s/m²。当鱼体摆动频率为 2.7 Hz 时,由式(5-49)求解得鱼体的摆动曲线如图 5-3 所示。该结果是由柔性鱼体的复模态振动分析得到的,对应的鱼体摆动曲线为行波形式。

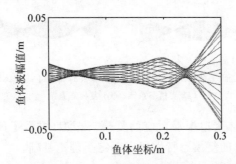

图 5-3　长度为 0.3 m 的鱼体游动模型的摆动曲线

5.3.3　鱼体波动曲线复模态的产生原因

从振动模态的角度看,鱼体的游动实质上是黏弹性鱼体在流体中的受迫振动。我们利用分离变量法分析了鱼体的自由振动特性和强迫振动特性,定性地给出了黏弹性参数与鱼体摆动曲线之间的关系。综合上述分析,可得出以下结论:

(1) 当鱼体的振动系统为比例阻尼系统时,由式(5-12)可知,表示鱼体摆动曲线的模态矢量为实数矢量,则该系统可称为实模态系统,相应的模态振型为实模态振型。如图 5-4(a)所示,鱼体不同位置处的振动相位角不是同相就是反相,即各鱼体坐标同时达到平衡位置。说明无阻尼或比例阻尼振动系统的鱼体摆动曲线为驻波,动力学系统对应的模态振型具有保持性。

(2) 根据式(5-24)可知,当鱼体振动系统为一般阻尼系统时,鱼体以某阶主振动作自由振动,每个鱼体位置的初相位不仅与该阶主振动有关,还与鱼体位置有关,即鱼体上每个位置的初相位不同。因而,在摆动过程中,各鱼体坐标并不能同时处于平衡位置,即鱼体摆动曲线的“节点”是变化的。此种情况下鱼体的摆动曲线为行波形式,对应的振动系统为复模态系统。如图 5-4(b)所示,与实模态系统不同,鱼体摆动曲线的振动形态并不能保持原来状态,即不再具备模态保持性的特点。

总的来说,当鱼体振动系统为一般阻尼系统时,鱼体对应的是复模态振型,会产生行波形式的鱼体摆动曲线;当鱼体振动系统为比例阻尼系统或者阻尼为零时,鱼体对应的是实模态振型,会产生驻波形式的鱼体摆动曲线。该研究表明鱼体

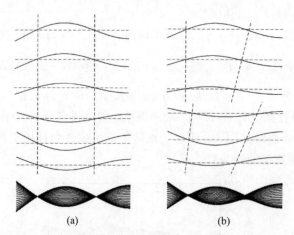

(a)　　　　　　　　　　　(b)

图 5-4　在半个摆动周期内实模态或复模态鱼体的变化情况

(a) 实模态系统；(b) 复模态系统

的摆动曲线本质为鱼体受迫振动对应的复模态振型，揭示了鱼体摆动曲线的形成机制，为鱼体摆动曲线的复模态特性研究奠定了理论基础。

5.4　机械阻抗对鱼类摆动曲线的影响

5.4.1　鱼体阻尼对摆动曲线的影响

在外界力矩驱动下，柔性鱼体发生被动变形，得到不同形式的鱼体弯曲曲线。鱼类在游动过程中，所受阻尼可分为内部阻尼和外部阻尼两部分。方程(5-20)中的黏性项可包括鱼体本身的黏性和流体的黏性，故该方程适合研究鱼体摆动曲线的复模态特性。根据文献[5]对鱼体阻尼的论述，在此确定鱼体黏性系数的变化范围为 $200\sim2500$ N·s/m^2。同样在驱动位置 $x=0.6L$ 处，施加 2.7 Hz 的摆动频率，在保持其他参数不变的前提下，研究鱼体阻尼对鱼体摆动曲线形式的影响。

在图 5-5 中，当鱼体的黏性系数从 200 N·s/m^2 变化到 2500 N·s/m^2 时，鱼体摆动曲线虽均为行波形式，但鱼体阻尼对其摆动曲线的分布影响较大。如图 5-5(a)和(b)所示，当鱼体黏性系数较低时，鱼体的摆动曲线头部和尾部的摆幅差别较大，鱼体的摆动曲线包络线中出现两次极小值。但随着鱼体黏性系数的增加，鱼体头部的摆幅会有所增加，鱼体摆动曲线包络线中的其中一个极小值也逐渐消失，如图 5-5(c)所示。在图 5-5(d)、(e)和(f)中，鱼体头部摆幅与尾部摆幅几乎相等，鱼体摆动曲线包络线的极小值随着阻尼的增加而明显减小。值得注意的是，虽然鱼体摆动曲线的形状随着鱼体黏性系数逐渐增加发生了明显的变化，但与鱼类在自然界中的鱼体摆动曲线仍存在着一定的差距。

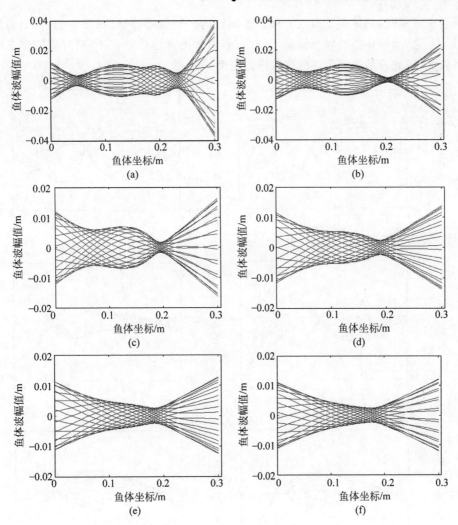

图 5-5　鱼体黏性系数对鱼体摆动曲线的影响

（a）黏性系数为 200 N·s/m²；（b）黏性系数为 500 N·s/m²；（c）黏性系数为 1000 N·s/m²；
（d）黏性系数为 1500 N·s/m²；（e）黏性系数为 2000 N·s/m²；（f）黏性系数为 2500 N·s/m²

5.4.2　鱼体刚度对摆动曲线的影响

根据文献［6］对鱼体刚度的论述，初步确定鱼体的弹性模量为 500～10 000 N·m²。在其他参数不变时，通过改变鱼体刚度来研究其对鱼体摆动曲线的影响。如图 5-6 所示，鱼类同样可通过调整其弹性模量来得到不同形式的鱼体摆动曲线。

在图 5-6（a）、（b）和（c）中，当鱼体的弹性模量较低时，鱼体弯曲曲线波数较大，对应的鱼体振型为高阶振型。随着鱼体弹性模量的增加，鱼体头部幅值和鱼体的摆动曲线波数逐渐降低，对应的鱼体振型也逐渐降低，如图 5-6（d）所示。当弹性模量继续增加时,鱼体摆动曲线的形状逐渐转向一阶模态振型,如图 5-6(e)和(f)所示。总之,当鱼体摆动频率保持不变时,若鱼体的弹性模量较小,则对应的模态频率较低,因此容易达到鱼体的高阶模态振型。[7]

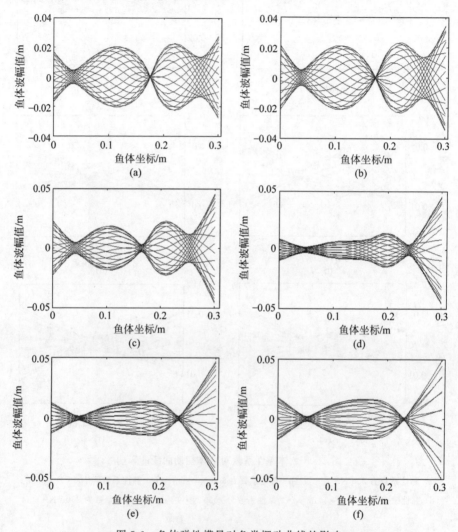

图 5-6   鱼体弹性模量对鱼类摆动曲线的影响

(a) 弹性模量为 500 N/m²;(b) 弹性模量为 1000 N/m²;(c) 弹性模量为 2000 N/m²;

(d) 弹性模量为 4500 N/m²;(e) 弹性模量为 7000 N/m²;(f) 弹性模量为 8000 N/m²

5.5   鱼体复模态特性实验研究

为了验证仿生机器鱼摆动曲线的复模态特性及其推进性能,研究团队研制了一种由硅胶材料制作的仿生机器鱼,仿生机器鱼整体上可看作黏弹性体,其刚度阻尼分布对仿生机器鱼的摆动曲线及其推进性能有着重要的影响。仿鲹科仿生机器鱼的游动轨迹与其驱动状态和身体刚度直接相关,不同的游动轨迹对应着不同的推进性能。当仿生机器鱼的摆动频率为 2 Hz,且舵机转角为 27°(舵机单侧转角,下同)时,它在稳态游动时的运动轨迹如图 5-7 所示。

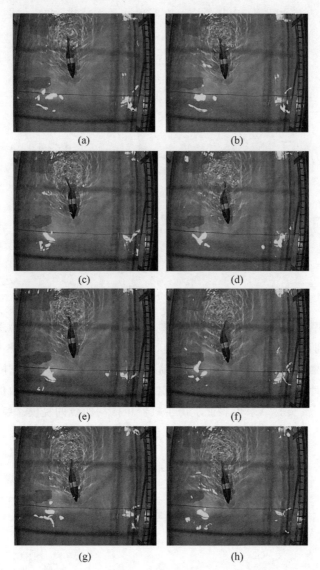

(a)　　　　　　　　　　(b)

(c)　　　　　　　　　　(d)

(e)　　　　　　　　　　(f)

(g)　　　　　　　　　　(h)

图 5-7　仿生机器鱼在单位周期内的摆动情况

(a) $t=0$; (b) $t=T/8$; (c) $t=T/4$; (d) $t=3T/8$; (e) $t=T/2$; (f) $t=5T/8$; (g) $t=3T/4$; (h) $t=T$

利用摄像机记录仿生机器鱼的运动状态,并在仿生机器鱼上方进行描点画线,以便后期逐帧分解视频来分析仿生机器鱼的摆动曲线参数。在整个游动状态中,仿生机器鱼头部有微小的摆动,参与摆动推进的尾体长度约为仿生机器鱼长度的

1/3,仿生机器鱼尾鳍对应的最大摆动幅值为 0.15 BL。在图 5-7(c)和(e)中,仿生机器鱼的摆动曲线呈 S 形,而在图 5-7(d)和(f)中,仿生机器鱼的摆动曲线呈 C 形,该结果表明所制作的仿生机器鱼有较好的柔顺性。在稳态游动状态下,记录下仿生机器鱼的游动轨迹,测量游动速度并拟合仿生机器鱼的摆动曲线。根据仿生机器鱼头部位置的变化情况,给出了仿生机器鱼游动的前进方向,如图 5-8 中的箭头方向所示。

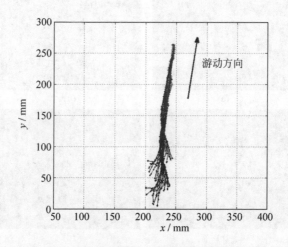

图 5-8　仿生机器鱼在不同位置处的游动轨迹

　　将图 5-8 中仿生机器鱼的摆动曲线进行坐标变换,即将仿生机器鱼平移到在同一位置,得到该仿生机器鱼在对应游动状态下的摆动曲线,如图 5-9 所示。根据复模态分解方法,将水下仿生机器鱼摆动曲线分解为纯行波和纯驻波两部分,如图 5-10 所示,计算行波系数为 0.61。该数值在鲹科鱼类行波系数的分布范围内(0.52~0.78),该实验结果也验证了仿生机器鱼摆动曲线的复模态特性。

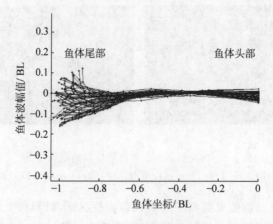

图 5-9　仿生机器鱼的摆动曲线

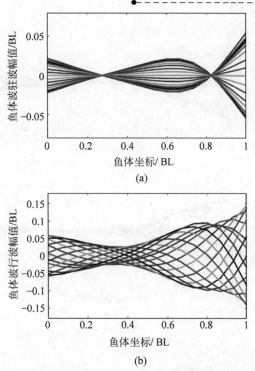

图 5-10　仿生机器鱼的摆动曲线分解得到的驻波和行波部分
(a) 驻波部分；(b) 行波部分

　　通过拟合仿生机器鱼在不同驱动频率下的游动状态,分析鱼体游动轨迹和摆动曲线。如图 5-11 所示,当驱动频率分别为 1.0 Hz、2.4 Hz 和 3.0 Hz 时,对应仿生机器鱼摆动曲线的分布相类似。通过拟合仿生机器鱼的游动轨迹,可进一步定量分析其行波系数的变化规律。

　　如图 5-12 所示,在不同驱动频率下,仿生机器鱼摆动曲线的行波系数均在0.61 附近波动。该实验结果与第 3 章仿生机器鱼摆动曲线的复模态特性分析结果一致,也验证了仿生机器鱼摆动曲线行波系数与其摆动频率无关的结论。

　　同理,当舵机转角不同时,提取仿生机器鱼的游动轨迹,并分析仿生机器鱼摆动曲线与行波系数之间的关系。如图 5-13 所示,当舵机转角为 18°时,仿生机器鱼尾体的摆幅为 0.1 BL;当舵机转角为 54°时,尾体摆幅可达到 0.15 BL。在一定范围内,仿生机器鱼摆动曲线的尾部摆幅会随着舵机转角增大而增大。

　　如图 5-14 所示,仿生机器鱼摆动曲线的行波系数会随着舵机转角的增大而增大,对应的变化范围为 0.58～0.70。仿生机器鱼摆动曲线的最低点与舵机的安装位置有关,即仿生机器鱼的摆动曲线参数 s_4 基本维持不变。当舵机转角增大时,仿生机器鱼的尾部摆幅增大,对应的仿生机器鱼摆动曲线参数 s_3 增大,这使得仿生机器鱼摆动曲线的行波系数逐渐增大。该实验结果与第 3 章仿生机器鱼摆动曲线复模态特性的分析结果一致,同时也验证了仿生机器鱼的行波系数与仿生机器鱼的摆动曲线包络线有关的结论。

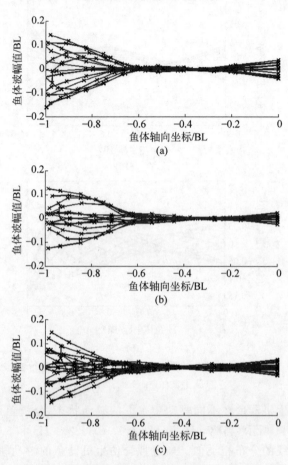

图 5-11　在不同驱动频率下仿生机器鱼的摆动曲线

(a) $f=1.0$ Hz；(b) $f=2.4$ Hz；(c) $f=3.0$ Hz

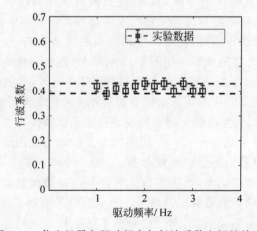

图 5-12　仿生机器鱼驱动频率与行波系数之间的关系

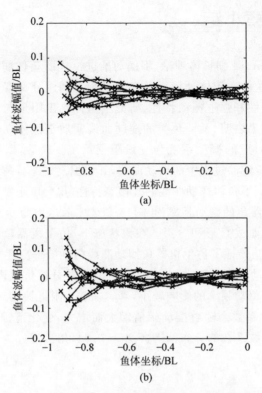

图 5-13　不同驱动转角下仿生机器鱼的摆动曲线

（a）舵机转角 $\Delta\theta=18°$；（b）舵机转角 $\Delta\theta=54°$

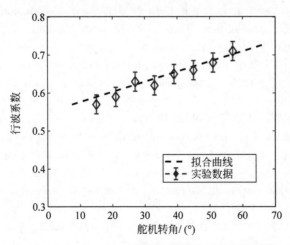

图 5-14　仿生机器鱼在不同舵机转角下的行波系数

5.6　本章小结

本章结合 Lighthill 细长体理论,将摆动推进模式的鱼体简化为等截面均质黏弹性梁,并建立了鱼体在流体环境中的游动模型。利用分离变量法定性地分析了鱼体的自由振动特性和强迫振动特性,研究了鱼体刚度阻尼与鱼体的摆动曲线参数之间的关系。结果表明,柔性鱼类的摆动曲线实质是鱼体在流体环境中强迫振动的复模态振型,对应的振动系统为一般阻尼系统。最后,以鲹科鱼类为仿生对象,通过测量机器鱼游动过程中的摆动曲线,并根据复模态分解理论对其鱼体波曲线进行了分析,验证了鱼体摆动曲线的复模态特性,得到以下结论:

(1) 当仿生机器鱼的摆动频率为 2 Hz,鱼体空腔压力为 0 kPa 时,机器鱼在游动过程中身体会弯曲成 C 形和 S 形。在该状态下,仿生机器鱼的摆动曲线的行波系数约为 0.61,实验验证了仿生机器鱼摆动曲线的复模态特性。

(2) 在不同驱动频率和摆动幅值下,多次测量并分析仿生机器鱼的摆动曲线,发现其行波系数受驱动频率的影响较小,基本在 0.6 附近波动。相比较,仿生机器鱼摆动曲线的行波系数会随着摆动幅值增大而增大,变化范围为 0.58~0.70,该数值与鲹科鱼类行波系数的分布范围(0.36~0.64)相接近。

参考文献

[1] TIMOSHENKO S,YOUNG D H,WEAVER W. Vibration problems in engineering[M]. New York:Wiley,1974.

[2] NGUYEN P L,DO V P,LEE B R. Dynamic modeling of a non-uniform flexible tail for a robotic fish[J]. Journal of Bionic Engineering,2013,10:201-209.

[3] ALVARADO P V. Design of biomimetic compliant devices for locomotion in liquid environments[D]. Massachusetts:Massachusetts Institute of Technology,2007.

[4] ELOY C. On the best design for undulatory swimming[J]. Journal of Fluid Mechanics,2013,717:48-89.

[5] LONG J H,KRENITSKY N M,ROBERTS S F,et al. Testing biomimetic structures in bioinspired robots:how vertebrae control the stiffness of the body and the behavior of fish-like swimmers[J]. Integrative and Comparative Biology,2011,51(1):158-175.

[6] RAMANANARIVO S,GODOY-DIANA R,THIRIA B. Passive elastic mechanism to mimic fish-muscle action in anguilliform swimming[J]. Journal of the Royal Society Interface,2013,10:667.

[7] 胡海岩. 振动力学——研究性教程[M]. 北京:科学出版社,2020.

第6章

模拟鱼类游动的数值方法

6.1 引言

鱼类游动的数值模拟通常具有几何边界复杂、动边界、高雷诺数和非定常湍流等特征。针对不可压湍流问题,传统 CFD 方法主要面临如下问题:

(1) 复杂几何边界和动边界。复杂几何边界下,贴体网格的网格生成过程复杂、速度慢,有时网格的生成时间甚至大于流动求解的时间。对于动边界问题,贴体网格需借助网格变形及动网格技术,间或需要重新生成网格。

(2) 高雷诺数壁湍流。高雷诺数壁湍流是大涡模拟(large eddy simulation,LES)方法应用于工业湍流的主要障碍之一,其原因在于用网格直接解析近壁湍流结构所需的计算量远远超出了目前计算机的运算能力。

(3) 非定常流动。传统的雷诺平均(reynolds-averaged Navier-Stokes,RANS)方法只能预测流动的时间平均特性。

目前数值模拟湍流的方法包括直接数值模拟(direct numerical simulation,DNS)、LES、RANS 以及 LES/RANS 混合方法。直接数值模拟要求网格尺寸小于Kolmogorov 特征长度,从而直接解析湍流的所有尺度。限于当前计算机的运算能力,还不能应用直接数值模拟预测高雷诺数复杂边界湍流。尽管雷诺平均方法在工业中具有广泛应用,但传统雷诺平均方法只能预测流动的时间平均特性,不能反映流动的非定常特性。大多数雷诺平均方法的湍流模型具有很多由简单模型湍流确定的经验参数,这在某种程度上限制了雷诺平均方法应用于复杂工业湍流。大涡模拟方法直接模拟大尺度的湍流运动,小尺度对大尺度运动的影响通过亚格子模型得以体现。流动的非定常性主要取决于大尺度旋涡的运动,而小尺度的运动可以认为是各向同性的。相对于直接数值模拟,大涡模拟方法具有计算量较少的优点。这些特点使得大涡模拟方法成为模拟复杂湍流的良好选择。

浸入边界法(immersed boundary method,IBM)是一种基于非贴体(non-body-conforming)网格进行流场计算的方法,它将边界网格和流场计算网格解耦,边界对流体的作用用体积力代替,从而避免了复杂边界下生成网格和处理动边界的问题。结合浸入边界法便于模拟复杂几何边界和动边界的优点以及大涡模拟方法可以捕捉含能大尺度流动的特点,本章发展适合于模拟复杂边界湍流的大涡模拟/浸入边界混合法,采用计算流体力学(CFD)的方法来研究鱼类的游动性能。在自然界中,鱼类的游动常发生于高雷诺数的非定常流体环境中,鱼体外形复杂且边界运动。对于复杂鱼类几何边界,贴体网格的网格生成过程复杂,生成速度慢,对于动边界问题,贴体网格需借助网格变形和动网格技术,计算量大。鉴于此,本章提出了适合模拟鱼类游动的 LS-IB 数值方法,可有效地解决上述问题。其中,固体与流体之间的相互作用力是由浸入边界法来模拟,复杂的固体界面是由 Level-set 函数进行描述的。

6.2　流固耦合数值方法概述

6.2.1　流固耦合分析

流固耦合(fluid-structure interaction,FSI)数值方法是开展流固耦合动力学系统数值研究的关键技术,它为场量的求解提供完备的数学基础。由于自然界和工程应用中所涉及的流固耦合现象往往具备多物理场属性,基本特征是以流体和固体为研究对象,以流体-固体相互作用为关键点,其耦合控制方程的建立和计算难度较大、影响因素较多,因此数值方法的研究成为该领域的一个难点和热点。

在流固耦合数值分析方法中,结构边界类型是重要的考虑因素。按照运动行为来划分,流场中的结构可归纳为静止刚体、运动刚体、主动变形柔性体和被动变形柔性体,其中后两者普遍存在于海洋生物的运动中,其特点是结构边界会产生大幅度的变形和位移。本书所要研究的问题属于柔性鱼体结构与流体之间的双向耦合,因此需要尽可能精确地求解结构运动、流场演变以及两者之间的相互作用。

在结构-流体双向耦合数值建模中,常见的有弱耦合和强耦合两种算法[1,2]。在弱耦合算法中,结构与流体的求解是在时域嵌套执行的,两者可以采用不同的控制方程进行描述。因此,有利于充分调用计算结构力学和计算流体力学的现有程序,通过加入耦合过程的描述来实现对流场的求解。可见,弱耦合算法同时适用于自编算法之间的耦合以及商业软件之间的耦合。当前用于流固耦合计算模拟的主流商业软件 ADINA、ANSYS、FLUENT、COMSOL、STAR-CD 等,也是基于弱耦合求解流程的。

流固耦合算法从网格离散的角度可分为贴体网格方法(body-conforming grids method)和非贴体网格方法(Non-body-conforming grids method)两类。代表性的贴体网格方法主要包括传统动网格模型[3,4]、任意拉格朗日-欧拉(ALE)网格模型等[5,6],这类方法发展较为成熟,也被应用到商业软件的流固耦合建模中以及多相流、自由液面、鱼类游动等典型流固耦合问题的分析中[7-9]。但是,贴体网格方法在处理运动边界时,需要在每个时间步重新划分网格和追踪界面,网格单元容易发生非物理性变化,导致结果失真、计算不稳定等[10-11]。一般情况下,生成贴体结构网格的过程十分烦琐,通常从对物体的几何描述开始,首先生成表面网格,然后以表面网格为边界条件生成流体区域的体网格。不论结构网格方法还是非结构网格方法,网格质量也会随着边界的复杂程度增加而变坏。因此,该类方法不适合处理鱼类游动所涉及的鱼体变形以及游动问题等。

相比较而言,非贴体网格方法的流体域网格在整个计算过程中都保持不变,避免了重新生成网格以及由于网格畸变而产生计算不稳定的弊端,提高了程序运行效率[12]。浸入边界法就是典型的非贴体网格方法,被广泛地应用到生物运动、颗粒沉降、血液输运等复杂流固耦合系统中。在本书鱼游问题的分析中也采用了浸入边界法,并结合鱼体光滑界面,提出了适合处理光滑复杂运动边界流固耦合问题的数值方法。

6.2.2　浸入边界法分类

在本书中,浸入边界法是一类基于非贴体网格求解流体方程方法的总称。该方法由 Peskin 在 1972 年提出,并用来模拟心脏动力学及相关的血管流动[13-14]。如图 6-1 所示,在浸入边界法中,控制方程通常在固定的直角网格上或非结构网格上进行离散求解,浸入固体边界由另一套随边界运动的曲线/曲面网格来描述(也被称为拉格朗日网格),通过向流体控制方程中加入体积力源项来实现固体边界对流场的作用。浸入边界法的主要优点是网格生成简单,且网格生成不需考虑边界的几何形状。

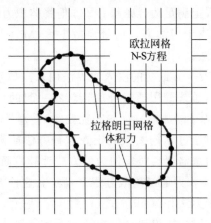

图 6-1　浸入边界方法

Peskin 提出的浸入边界法中,结构边界的受力是基于胡克定律求解的,因此在处理刚体或主动变形结构时需要人工调整弹性模量数值,并且选取较小的迭代时间步来保证计算稳定。但是,人工调整弹性模量数值具有随机性,而参数选择的不确定性会增大计算难度和计算消耗,因此算法通用性和计算效率较低。为了改善该问题,研究人员又相继提出了反馈受力法、隐式迭代法等,如 Goldstein 等通过引进迭代积分系数和松弛因子,提出了一种基于双自由恒定参数的反馈力格式(feedback-forcing scheme),该方法也称为虚拟边界法(virtual boundary method)[15]。

为避免自由参数选择的问题,Yusof 等[16] 提出了基于锐利界面处理方法(sharp interface method)的直接受力浸入边界法(direct-forcing IBM)。在该方法中,结构边界点的受力是通过对任意方向上的流体域欧拉网格点进行线性、双线性和三线性插值得到的。Fadlun 等[17]对该方法的推导进行了详细介绍,并在有限差分法的基础框架下实现了对活塞运动等复杂流动的模拟。此外,Sotiropooulos 等[18]和 Mittal 等[19]将浸入边界法应用于非结构网格中,流体部分采用嵌套-非嵌套混合网格进行离散,流体-结构边界采用非结构三角网格进行描述。Orley 等[20] 将切单元(cut-element)方法与浸入边界法相结合,用于模拟运动体在弱可压缩流场的空化现象。现阶段,浸入边界法与光滑粒子水动力法(smooth particle hydrodynamics,SPH)、格子玻耳兹曼法(lattice Boltzmann method,LBM)、蒙特卡洛法(Monte Carlo method,MCM)等非网格方法相结合,在计算效率和模拟尺度等方面更具优势。

总体上,浸入边界法在处理鱼游动边界问题方面具有得天独厚的优势。由于不需要网格的重新生成,处理动边界问题就变得十分简单。除了具有网格生成简单的优点外,基于直角网格的高效、能量守恒的流场求解器还可以直接应用到复杂边界流动的数值模拟中,这对于湍流的直接数值模拟(DNS)和大涡模拟(LES)尤为重要。如何施加边界条件是浸入边界方法的关键所在,也是不同浸入边界方法的主要区别。浸入边界方法中施加边界条件需要考虑两方面问题:①如何确定边界上体积力,使其在边界上满足边界条件;②如何将体积力施加到直角网格上。

根据力的确定是取决于连续方程还是离散方程,Mittal[21] 将浸入边界法分为连续力方法和离散力方法。

(1) 连续力方法。Peskin 最初的浸入边界法用来模拟具有弹性边界的心脏血管流动。在这些模拟中,血管壁用通过弹簧连接在一起的拉格朗日点来模化。这些拉格朗日点之间满足某种本构关系(如胡克定律)。对于弹性边界问题,已知边界变形,边界上的力可以通过本构关系确定。这种方法被称为连续力方法[4]。对于刚性边界问题,连续力方法需要通过反馈力的方式计算界面上的体积力。

(2) 离散力方法。体积力通过离散方程来确定。这种方法主要应用在刚性边界问题当中,主要有直接力法和体积分数法。对于刚性边界问题,力不能通过某些定律直接给出,因而处理刚性边界遇到的主要问题是如何计算浸入边界上的力。

类似于 Fadlun 等[17] 的分类,根据确定力的方式的不同,将浸入边界法大致分为以下两种:

(1) 反馈力法(feedback forcing methods)。Lai 和 Peskin[22]建议用具有很大弹性

系数的弹簧连接表征边界的拉格朗日点,用来表征刚性边界的特征。Goldstein[15]引入了反馈计算力的方法,使得边界上的边界条件得到渐进的满足。此种方法的缺陷在于需要人工确定自由参数,且参数的选取没有一个普适的标准,有很大的灵活性,模拟不同的流动需要不同的参数。为了反映刚性边界的特点,弹性参数通常取的很大,这就增大了方程的刚度,使得在求解离散方程时需要特别小的时间步。

(2) 直接力法(direct forcing methods)。Mohd-Yusof[23]推导了另一种计算力的方式,后来被 Fadlun 称为直接力法。这种计算力的方法不影响离散方程求解的稳定性,没有需要确定的自由参数,这就使得力的确定不依赖于具体的流动。在Yusof[23]的文章中,将这种确定力的方法与 B 样条相结合,计算了三维肋条槽道表面上的层流。Yusof[23]最初将这种确定力的方法与谱方法相结合,Fadlun[17]后来进一步将这种直接力方法应用在有限差分的框架下。该方法的核心思想是右端力源项的大小通过在边界上满足边界条件直接确定。这样力的大小直接与边界条件联系起来,因而称之为直接力法。

根据边界和直角网格之间的物理量传递方式的不同,利用体积力施加到直角网格上的方式,可将浸入边界法进行如下分类。

(1) 基于离散脉冲函数的直接力法。在 Peskin[13,14]最初提出的浸入边界法中,离散脉冲函数被用来在边界点和直角网格点之间进行物理量传递。应用离散脉冲函数进行边界力分布可以将力光滑施加到周围的直角网格点上,但同时也会降低浸入边界附近数值求解的精度。在直接力法中,根据求力过程与离散 Navier-Stokes(N-S)方程求解的结合方式,可以分为显式力法和隐式力法。

显式力法中确定力的过程不考虑离散 N-S 方程在时间上的推进方式。首先将离散 N-S 方程进行一次显式推进,计算出不加力时的预估速度,然后根据预估速度计算应该施加的边界力。力的确定过程和离散 N-S 方程的求解过程在时间上是解耦的。

隐式力法中确定力的过程需考虑 N-S 方程在时间上的具体推进方式。通过严格约束在当前计算时间步满足速度边界条件来确定力的大小,因而在隐式力法中,力的计算和离散 N-S 方程的求解在时间上是耦合的。若离散 N-S 方程在时间上采用隐式格式,隐式力法会使得力的计算和离散 N-S 方程的求解变得异常复杂。而显式力法只改变离散 N-S 方程的右端源项,程序实现非常简单。基于离散脉冲函数的隐式力法可以参见 Su 等[24]的著作。在 Su 等的方法中,离散 NS 方程在时间推进上采用显式格式,这种情况下,边界上的体积力可以通过求解与边界网格点具有相同维数的线性方程组来确定。Uhlmann[25]结合经典浸入边界方法中离散脉冲函数可以在拉格朗日网格和欧拉网格间光滑传递物理量的优点以及直接力方法计算力的优点,采用显式力法,发展了适合于运动边界计算的浸入边界方法。

(2) 基于边界重构的直接力法。在基于边界重构的直接力法中,边界力不通过离散脉冲函数分布到周围的直角网格,而是通过对边界附近直角网格点的速度进行重构,实现边界对其附近流体的作用。这样边界附近直角网格点上的速度不再通过离散 N-S 方程来确定,而是通过流场中其他直角网格点的速度和边界上的速度作插值确定。因其力只加在最靠近边界的直角网格点上,不会影响边界附近的整个区域,因而也称为清晰界面浸入边界方法(sharpe interface immersed boundary method)。

在这一类方法中,各种方法的区别主要在于边界上速度重构的方式。在Balaras[26] 和 Fadlun[17] 等的方法中,速度在最靠近边界的流体点(至少有一个相邻网格点在固体中)上重构。在 Fadlun 等[17] 的方法中,采用了任意方向的一维插值。在Balaras[26] 的方法工作中,以壁法向为插值方向。在 Tseng 等[27] 的方法中,在虚拟网格点(至少有一个相邻网格点在流体中的固体网格点)上进行速度重构。Balaras[26]、Tseng 等[27] 的方法都属于隐式力法。若 N-S 方程的时间格式中含有隐式推进项,那么隐式力法会改变边界附近直角网格点的离散格式,线性方程组的矩阵形式可能会失去五对角的形式。Fadlun 等[17] 的方法采用一维线性插值格式,他的方法可以直接对离散线性方程组的系数进行修改,而不会改变矩阵的分布形式。Balaras[14] 的方法采用的是多维插值重构,但由于其在时间上采用显式推进格式,可以直接对中间步的速度进行重构。总体而言,这些方法中体积力的大小都没有显式地计算出来,而是通过对边界附近的速度进行重构实现的。对于半隐式格式,若采用多维插值,矩阵的对称性质会改变,且不再是严格的五对角矩阵,使得求解较为费时。Kim等[28] 提出了一种方法解决了这个问题,即前面提到的显式力法。该方法中,通过一个显式的预测步计算出预估速度,通过约束预估速度满足边界条件来计算力的大小。

(3) 切割网格方法(cut-cell method)。在切割网格方法中,边界附近的网格需要根据边界与背景直角网格的相交情况进行重构(切割或者粘贴)。与基于边界重构的浸入边界方法类似,边界重构需要对最靠近边界的直角网格点上的速度进行重构,而边界附近网格的重构会使得边界附近的直角网格变成多边形网格,以清晰描述界面的相对位置。由于边界和网格相交的多种可能性,需要对各种边界上的多边形进行特殊处理。特别在复杂几何边界中,可能会产生比较小的不规则网格,这会影响求解器的守恒性以及稳定性。Ye 等[29] 提出了一种网格合并方法,较好地解决了这个问题。他们的方法基于有限体积的 N-S 求解器,通过多项式插值,构造不规则单元各个边/面的通量。该方法可以较好地应用在二维多体绕流的模拟中,但对于具有三维复杂界面及动界面的流动问题,该方法的能力有限。

目前的浸入边界法可以很好地模拟具有复杂几何边界的静边界问题,然而模拟动边界问题时力的时间变化曲线存在强烈的非物理振荡。对于基于边界重构的浸入边界法,Yang 等[30] 发展了区域延展方法(field-extension method)来处理动边界问题。在动边界问题中,一些网格点会由于边界运动从固体跑到流体中,这使得当前时刻的流体点在上一时刻没有具有物理意义的速度和压力值。区域延展方法通过多项式重构赋予这些点在上一时刻的流场值。该方法在一定程度上抑制了由于动边界带来的力的非物理振荡。Kim 等[31]借助非惯性坐标系模拟动边界问题,该方法的缺点是很难处理具有多个浸入物体的流动问题。相对于基于边界重构的浸入边界方法和体积分数法,用离散脉冲函数进行力的分布和插值可以在一定程度上降低力的非物理振荡,然而常规离散脉冲函数还是会引入明显的力的非物理振荡。

6.3 不可压 Navier-Stokes 方程求解

6.3.1 控制方程

在自然界中,鱼类游动的流体环境为不可压牛顿流体,其控制方程为 N-S 方程及连续方程。考虑不可压、黏性牛顿流体的流动,其控制方程为 N-S 方程及连续方程。采用无穷远的来流速度 U_∞、特征长度 L 进行无量纲化,无量纲的 N-S 方程及连续方程可以写成如下形式:

$$\frac{\partial u_i}{\partial t} + \frac{\partial u_i u_j}{\partial x_j} = -\frac{\partial p}{\partial x_i} + \frac{1}{Re}\frac{\partial^2 u_i}{\partial x_j x_j}, \quad i=1,2,3, j=1,2,3 \tag{6-1}$$

$$\frac{\partial u_i}{\partial x_i} = 0, \quad i=1,2,3 \tag{6-2}$$

式中,t——以 L/U_∞ 作无量纲化的时间;

$x_i(i=1,2,3)$——以 L 作无量纲化的三个坐标方向,x_1、x_2 和 x_3 分别对应于 x 方向、y 方向和 z 方向;

$u_i(i=1,2,3)$——三个坐标方向的速度,u_1、u_2 和 u_3 与 u、v 和 w 分别对应;

p——以 ρU_∞^2 作无量纲化的压力,其中 ρ 为流体密度;

Re 为雷诺数,形式为 $Re=\rho U_\infty L/\mu$,其中 μ 为流体的动力黏性系数。

对于直接数值模拟,控制方程形式为式(6-1)和式(6-2)。对于高雷诺数的流体,采用大涡模拟方法进行数值模拟,其流动的非定常性主要取决于大尺度旋涡的运动,小尺度的运动可以认为各向同性。对于大涡模拟,速度在空间上被分解为大尺度部分 $\bar{u}_i$ 以及亚格子尺度部分 u_i':

$$u_i = \bar{u}_i + u_i' \tag{6-3}$$

其中大尺度部分通过对速度 u_i 进行空间滤波得到:

$$\bar{u}_i(x) = \int G(x,y)u_i(x)\mathrm{d}y \tag{6-4}$$

式中 $G(x,y)$ 为滤波函数,其作用是过滤掉小于某一特征尺度的空间脉动。若滤波函数满足滤波运算和微分运算可交换顺序的性质,通过对式(6-1)、式(6-2)进行滤波,可得大涡模拟控制方程:

$$\frac{\partial \bar{u}_i}{\partial t} + \frac{\partial \bar{u}_i \bar{u}_j}{\partial x_j} = -\frac{\partial \bar{p}}{\partial x_i} + \frac{1}{Re}\frac{\partial^2 \bar{u}_i}{\partial x_j x_j} - \frac{\partial \tau_{ij}}{\partial x_j} \tag{6-5}$$

$$\frac{\partial \bar{u}_i}{\partial x_i} = 0 \tag{6-6}$$

其中 τ_{ij} 为亚格子应力项,其形式为

$$\tau_{ij} = \overline{u_i u_j} - \bar{u}_i \bar{u}_j \tag{6-7}$$

该项是在对方程进行空间滤波的过程中得到的,为不封闭项,需模化以封闭上述方程。具体的亚格子应力模型见 6.3.2 节。

6.3.2　亚格子应力模型

大涡模拟方法的核心思想是直接计算含能大尺度的运动,通过模型来模化小尺度对大尺度的作用。动量输运主要依赖于大尺度涡的运动,因而相对于雷诺平均方法,大涡模拟方法对模型假设依赖较少,且小尺度运动相对于大尺度具有更强的各向同性,因而有可能建立简单普适的模型。本书主要介绍经典 Smagorinsky 模型和动力模型。

1. Smagorinsky 模型

1963 年,Smagorinsky[32] 提出了亚格子应力模型,该模型的形式为

$$\tau_{ij} - \frac{1}{3}\delta_{ij}\tau_{kk} = -2\nu_t \bar{S}_{ij} = -2C\bar{\Delta}^2 \mid \bar{S} \mid \bar{S}_{ij} \tag{6-8}$$

其中 $\bar{S}_{ij}$ 为基于大尺度滤波速度的应变率张量,其形式为

$$\bar{S}_{ij} = \frac{1}{2}\left(\frac{\partial \bar{u}_i}{\partial x_j} + \frac{\partial \bar{u}_j}{\partial x_i}\right) \tag{6-9}$$

$\mid \bar{S} \mid$ 为应变率张量的幅值,表示为

$$\mid \bar{S} \mid = \sqrt{2\bar{S}_{ij}\bar{S}_{ij}} \tag{6-10}$$

$\bar{\Delta}$ 为滤波宽度,定义为 $\bar{\Delta} = (\Delta x \Delta y \Delta z)^{\frac{1}{3}}$,其中 Δx、Δy 及 Δz 分别为 x、y 及 z 方向的局部网格宽度。

如果将亚格子模型的表达式(6-8)代入式(6-5)中,并将 $\bar{p}$ 替换为 $\bar{p} + \frac{1}{3}\tau_{kk}$,那么大涡模拟的控制方程可以写为

$$\frac{\partial \bar{u}_i}{\partial t} + \frac{\partial \bar{u}_i \bar{u}_j}{\partial x_j} = -\frac{\partial \bar{p}}{\partial x_i} + \frac{\partial}{\partial x_j}\left[(\nu_t + 1/Re)\left(\frac{\partial \bar{u}_i}{\partial x_j} + \frac{\partial \bar{u}_j}{\partial x_i}\right)\right] \tag{6-11}$$

$$\frac{\partial \bar{u}_i}{\partial x_i} = 0 \tag{6-12}$$

式(6-8)中,C 为经验常数。经典的 Smagorinsky 模型中常数为 C_s,$C_s = \sqrt{C}$。Lilly[33] 在各向同性湍流的计算中发现,如果网格截断在惯性子区并且 $\bar{\Delta}$ 为网格宽度时取 $C_s = 0.23$。Deardorff[34] 在槽道流的计算中发现 $C_s = 0.23$ 会导致耗散过大而取 $C_s = 0.1$。可见 C_s 并不是一个普适的常数。另外,Smagorinsky 模型无法

反映湍流特征长度随着壁面的接近而变小的渐进性质。Moin 和 Kim[35] 提出用 Van Driest[36] 阻尼函数乘以特征尺度 $\bar{\Delta}$ 来反映特征长度的近壁渐进性质。Van Driest 阻尼函数的形式为

$$f_D = 1 - e^{-y^+/A} \tag{6-13}$$

式中,y^+——以壁面摩擦速度及运动黏性系数作无量纲化的网格点到壁面的距离,$y^+ = y u_\tau / \nu$;

$\quad$ A——常数。

注意到基于离散脉冲函数的直接力法无法直接计算壁面上的剪切力。这里通过体积力在壁切向的分量来计算相应的摩擦速度作为近壁区特征速度,其计算公式如下:

$$u_\tau = \sqrt{F_\tau h / \rho} \tag{6-14}$$

式中,F_τ——距离相应直角网格点最近的拉格朗日点上的体积力;

$\quad$ h——拉格朗日网格在壁切向的宽度。

2. 动力模型

为了避免 Smagorinsky 模型经验参数具有不确定性的缺点,Germano 等[37] 通过动力学过程来确定 Smagorinsky 中的常数,在靠近壁面时该常数又为零,反映了靠近壁面时特征长度减小的特点。在动力模型中,通过已有解析的尺度信息去预测亚格子尺度的信息,将滤波函数 $\hat{G}$ 作用在 Narvier-Stokes 方程上,其滤波尺度为 $\hat{\bar{\Delta}}$,该滤波称为测试滤波。这样就得到测试滤波下不封闭的亚格子应力项,其形式为

$$T_{ij} = \widehat{\overline{u_i u_j}} - \hat{\bar{u}}_i \hat{\bar{u}}_j \tag{6-15}$$

假设测试滤波下的亚格子应力具有和式(6-8)相同的形式,具有相同的常数 C,即有

$$T_{ij} - \frac{1}{3}\delta_{ij}T_{kk} = -2C\hat{\bar{\Delta}}^2 |\hat{\bar{S}}| \hat{\bar{S}}_{ij} \tag{6-16}$$

其中 $\hat{\bar{S}}_{ij}$ 为测试滤波下的应变率张量,其形式为

$$\hat{\bar{S}}_{ij} = \frac{1}{2}\left(\frac{\partial \hat{\bar{u}}_i}{\partial x_j} + \frac{\partial \hat{\bar{u}}_j}{\partial x_i}\right) \tag{6-17}$$

$|\hat{\bar{S}}| = \sqrt{2\hat{\bar{S}}_{ij}\hat{\bar{S}}_{ij}}$ 为其幅值。由此看出,这两个滤波尺度下的亚格子应力可以通过网格解析的最小湍流应力 L_{ij} 联系起来,其形式如下:

$$L_{ij} = T_{ij} - \hat{\tau}_{ij} = \widehat{\overline{u_i u_j}} - \hat{\bar{u}}_i \hat{\bar{u}}_j \tag{6-18}$$

将式(6-8)及式(6-16)代入式(6-18)可以得到如下表达式:

$$L_{ij} - \frac{1}{3}L_{kk}\delta_{ij} = -2\bar{\Delta}^2\left((\hat{\bar{\Delta}}/\bar{\Delta})^2 C |\hat{\bar{S}}| \hat{\bar{S}}_{ij} - \widehat{C | \bar{S} | \bar{S}_{ij}}\right) \tag{6-19}$$

式(6-19)中唯一的未知量是模型参数 C,因而可以通过上式确定 $C(x,t)$。假

设 C 是随空间的慢变项,可将 C 从滤波运算中取出来。式(6-19)两边乘以 $\bar{S}_{ij}$ 进行缩并,可以得到 C 的表达式如下:

$$L_{ij}\bar{S}_{ij} = -2C\bar{\Delta}^2 M_{kl}\bar{S}_{kl} \tag{6-20}$$

其中

$$M_{kl} = (\hat{\bar{\Delta}}/\bar{\Delta})2\,|\hat{\bar{S}}|\hat{\bar{S}}_{kl} - \widehat{|\,\bar{S}\,|\,\bar{S}_{kl}} \tag{6-21}$$

该公式的问题在于其右端项可能为零,导致无法确定 C。Germano 等[37]假设对于槽道湍流,C 只是壁法向坐标的函数。由此可在周期方向上作平均,进而确定 C 的大小。Lilly[33]采用了另外一种方式,将式(6-19)两边乘以 M_{ij} 进行缩并,得到 C 的表达式为

$$C\bar{\Delta}^2 = -\frac{1}{2}\frac{L_{ij}M_{ij}}{M_{ij}M_{ij}} \tag{6-22}$$

并利用最小二乘法来确定常数 C 的值。在本研究中所考虑的问题多以展向方向为周期方向,采用 Akselvoll 和 Moin[38]提出的在展向作平均的模型,其形式为

$$C\bar{\Delta}^2 = -\frac{1}{2}\frac{\langle L_{ij}M_{ij}\rangle_z}{\langle M_{ij}M_{ij}\rangle_z} \tag{6-23}$$

其中 $\langle\,\rangle_z$ 表示在 z 方向上作平均。由此确定的涡黏系数可能为负值,这反映了能量从小涡向大涡传递的能量反传机制。但若总的黏性系数小于零可能会带来计算的不稳定性。这种情况下,计算时强令其总的黏性系数为零。

动力过程是一种普适的方法,也可以用来确定其他模型中的系数。相比于 Smagorinsky 模型,动力模型可以反映靠近壁面的渐进性质,而不必借助于 Van Driest 指数衰减函数;C 会在层流中自动变为零,而不必借助于间歇函数;在网格完全解析的流场中,L_{ij} 趋于零,使得亚格子模型不再起作用;该模型可以反映一定的能量反传机制。

6.3.3　空间离散

由于浸入边界法的计算网格无须考虑浸入物体的具体形状,故 N-S 控制方程可在直角网格上进行离散。以二维情况为例,本节将给出空间导数的离散公式,二维直角网格上的控制体积及位置标记如图 6-2 所示,采用三维正交网格进行空间离散,各变量均分布在交错网格上。三维交错网格上的变量分布如图 6-3 所示,各速度分量定义在面心上,压力和 Level-set 函数值均定义在体积单元的中心上。

空间网格采用交错网格,离散方法主要包括二阶精度的中心差分格式和迎风非振荡(essentially non-oscillatory,ENO)格式。其中,中心差分格式数值耗散小,但对于不连续问题计算不稳定;而迎风非振荡格式耗散较大,计算非常稳定。故在远离界面的位置,运用中心差分格式;在界面附近,使用 ENO 格式,计算稳定性较好。

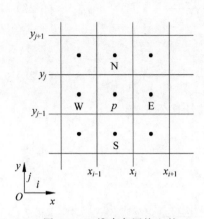

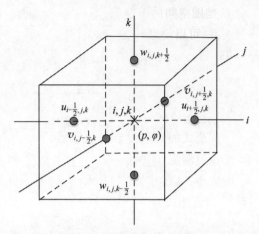

图 6-2　二维直角网格上的
控制体积及位置标记

图 6-3　直角坐标下的网格
单元变量位置

如图 6-4 所示，对于定义在 (i,j) 上的速度散度项可以直接用中心差分格式进行计算，其形式为

$$\left(\frac{\delta u}{\delta x}+\frac{\delta v}{\delta y}\right)\bigg|_{i,j}=\frac{u_{i+\frac{1}{2},j}-u_{i-\frac{1}{2},j}}{x_{i+\frac{1}{2}}-x_{i-\frac{1}{2}}}+\frac{v_{i,j+\frac{1}{2}}-v_{i,j-\frac{1}{2}}}{y_{j+\frac{1}{2}}-y_{j-\frac{1}{2}}} \tag{6-24}$$

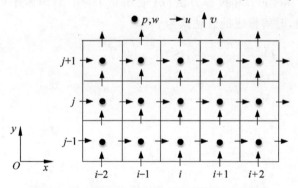

图 6-4　x-y 坐标平面上的交错网格及变量排列

对于 u 网格点 $\left(i+\dfrac{1}{2},j\right)$ 上的黏性项 $\dfrac{\partial}{\partial x}\left(\nu\dfrac{\partial u}{\partial x}\right)$，其离散计算公式为

$$\frac{\delta}{\delta x}\left(\nu\frac{\delta u}{\delta x}\right)\bigg|_{i+\frac{1}{2},j}=\frac{1}{x_{i+1}-x_i}\left(\left(\nu\frac{\delta u}{\delta x}\right)_{i+1,j}-\left(\nu\frac{\delta u}{\delta x}\right)_{i,j}\right) \tag{6-25}$$

其中

$$\frac{\delta u}{\delta x}\bigg|_{i+1,j}=\frac{u_{i+\frac{3}{2},j}-u_{i+\frac{1}{2},j}}{x_{i+\frac{3}{2}}-x_{i+\frac{1}{2}}} \tag{6-26}$$

对于 u 网格点 $(i+1,j)$ 上的对流项 $\partial uu/\partial x$，其计算公式为

$$\frac{\delta uu}{\delta x}\bigg|_{i+\frac{1}{2},j} = \frac{u_{i+1,j}u_{i+1,j} - u_{i,j}u_{i,j}}{x_{i+1} - x_i} \tag{6-27}$$

其中

$$u_{i+1,j} = \frac{x_{i+\frac{3}{2}} - x_{i+1}}{x_{i+\frac{3}{2}} - x_{i+\frac{1}{2}}} u_{i+\frac{1}{2},j} + \frac{x_{i+1} - x_{i+\frac{1}{2}}}{x_{i+\frac{3}{2}} - x_{i+\frac{1}{2}}} u_{i+\frac{3}{2},j} \tag{6-28}$$

对于 u 网格点 $(i+1,j)$ 上的对流项 $\partial uv/\partial y$，其计算公式为

$$\frac{\delta uv}{\delta y}\bigg|_{i+\frac{1}{2},j} = \frac{u_{i+\frac{1}{2},j+\frac{1}{2}}v_{i+\frac{1}{2},j+\frac{1}{2}} - u_{i+\frac{1}{2},j-\frac{1}{2}}v_{i+\frac{1}{2},j-\frac{1}{2}}}{x_{i+1} - x_i} \tag{6-29}$$

其中

$$u_{i+\frac{1}{2},j+\frac{1}{2}} = \frac{y_{j+1} - y_{j+\frac{1}{2}}}{y_{j+1} - y_j} u_{i+\frac{1}{2},j} + \frac{y_{j+\frac{1}{2}} - y_j}{y_{j+1} - y_j} u_{i+\frac{1}{2},j+1} \tag{6-30}$$

$$v_{i+\frac{1}{2},j+\frac{1}{2}} = \frac{x_{i+1} - x_{i+\frac{1}{2}}}{x_{i+1} - x_i} v_{i,j+\frac{1}{2}} + \frac{x_{i+\frac{1}{2}} - x_i}{x_{i+1} - x_i} v_{i+1,j+\frac{1}{2}} \tag{6-31}$$

6.3.4　时间离散

采用二阶精度的 Runge-Kutta 格式（RK2）来处理时间推进，由分步方法（fractional step method）和投影方法（projection method）求解不可压流体的 N-S 方程。总的来说，时间推进的表达式为

$$\begin{cases} \dfrac{u_p^* - u^n}{\Delta t} = \mathrm{RHS}^n \\[2mm] \nabla \cdot \dfrac{\nabla p_p}{\rho} = \dfrac{\nabla \cdot (u_p^*)}{\Delta t}, \quad \dfrac{u_p - u_p^*}{\Delta t} = -\dfrac{\nabla p_p}{\rho} \\[2mm] \dfrac{u_c^* - u_p}{0.5\Delta t} = (\mathrm{RHS}^p - \mathrm{RHS}^n) - \left(-\dfrac{\nabla p_p}{\rho}\right) \\[2mm] \nabla \cdot \dfrac{\nabla p_c}{\rho} = -\dfrac{\nabla \cdot u_c^*}{0.5\Delta t}, \quad \dfrac{u^{n+1} - u_c^*}{0.5\Delta t} = -\dfrac{\nabla p_c}{\rho} \end{cases} \tag{6-32}$$

式 (6-32) 中，下标 p 和下标 c 分别表示 RK2 格式第一步和第二步，上标 " $*$ " 号表示 RK2 每一步的临时变量。

为减小计算误差及保证程序收敛，选取的 CFL 条件数为 0.5，CFL 条件对应的表达式为

$$\mathrm{CFL} = \Delta t \left[\frac{|u|}{\Delta x} + \frac{|v|}{\Delta y} + \frac{|w|}{\Delta z} + 2\nu \left(\frac{1}{\Delta x^2} + \frac{1}{\Delta y^2} + \frac{1}{\Delta z^2} \right) \right] \tag{6-33}$$

6.3.5　压力方程

将控制方程 (6-1) 写成

$$\frac{\partial u}{\partial t} = -\frac{1}{\rho} \nabla p - \text{RHS} \tag{6-34}$$

设中间速度为 $\bar{u}^*$，则式（6-34）化简为

$$\frac{\bar{u}^* - \bar{u}^n}{\Delta t} = \text{RHS} \tag{6-35}$$

$$\frac{\bar{u}^{n+1} - \bar{u}^*}{\Delta t} = -\frac{1}{\rho} \nabla p \tag{6-36}$$

根据连续性方程 $\nabla \cdot \bar{u}^{n+1} = 0$，求解压力泊松方程 $\nabla \cdot \left(\frac{\bar{u}^{n+1} - \bar{u}^*}{\Delta t} \right) = -\nabla \cdot$

$\left(\frac{1}{\rho} \nabla p \right)$，即 $\frac{\nabla \cdot \bar{u}^*}{\Delta t} = \nabla \cdot \left(\frac{1}{\rho} \nabla p \right)$，则 $n+1$ 步的速度为

$$\bar{u}^{n+1} = \bar{u}^* - \nabla \cdot \frac{1}{\rho} \nabla p \tag{6-37}$$

将求解的压力泊松方程化简为一个七阶矩阵方程，压力分布在网格的中心点上，求解该方程需要结合周边各点的压力值。利用有限差分格式求解动态压力，得到矩阵方程为

$$\nabla \cdot \frac{1}{\rho} \nabla p = \frac{\nabla \cdot \bar{u}^*}{\Delta t} = A_{i-1,j,k} p_{i-1,j,k} + A_{i,j,k} p_{i,j,k} +$$
$$A_{i+1,j,k} p_{i+1,j,k} + A_{i,j-1,k} p_{i,j-1,k} + A_{i,j+1,k} p_{i,j+1,k} + \tag{6-38}$$
$$A_{i,j,k-1} p_{i,j,k-1} + A_{i,j,k+1} p_{i,j,k+1}$$

为了节省内存，将系数矩阵记为 $\boldsymbol{A} = \boldsymbol{D} + \boldsymbol{A}_x^{\text{L}} + \boldsymbol{A}_x^{\text{U}} + \boldsymbol{A}_y^{\text{L}} + \boldsymbol{A}_y^{\text{U}} + \boldsymbol{A}_z^{\text{L}} + \boldsymbol{A}_z^{\text{U}}$，对应的矩阵形式如图 6-5 所示。其中，$\boldsymbol{A}_x^{\text{L}}(x,j,k) = A_{i-1,j,k}$，$\boldsymbol{A}_x^{\text{U}}(i,j,k) = A_{i+1,j,k}$，$\boldsymbol{A}_y^{\text{L}}(x,j,k) = A_{i,j-1,k}$，$\boldsymbol{A}_y^{\text{U}}(i,j,k) = A_{i,j+1,k}$，$\boldsymbol{A}_z^{\text{L}}(x,j,k) = A_{i,j,k-1}$，$\boldsymbol{A}_z^{\text{U}}(i,j,k) = A_{i,j,k+1}$，$\boldsymbol{D}(x,j,k) = A_{i,j,k}$。

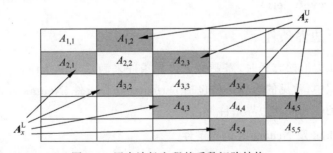

图 6-5　压力泊松方程的系数矩阵结构

对于长方形求解域，这是一个五对角的对称矩阵，对方程在每个波数上进行求解。每个波数的实部和虚部分别用共轭梯度法（CGS）进行迭代求解。在本章中，通过调用 PETSc（Portable, Extensible Toolkit for Scientific Computation）库[39]来求解压力方程，常见的求解流程如下：

（1）创建矩阵。

MatCreate(PETSC_COMM_WORLD,A,ierr)

MatSetSizes(A,MFIEP,MFIEP,PETSC_DECIDE,PETSC_DECIDE,ierr)

MATSETTYPE(A,MATMPIAIJ,IERR))

（2）选择求解器。

VecCreateMPI(PETSC_COMM_WORLD,MFIEP,PETSC_DECIDE,b,ierr)

CALL VECSETTYPE(b,VECMPI,IERR)

CALL VecSetFromOptions(b,ierr)

CALL VecDuplicate(b,x,ierr)

CALL KSPCreate(PETSC_COMM_WORLD,ksp,ierr)

CALL KSPGetPC(ksp,pc,ierr)

（3）设置求解参数 dtol、abtol 和 maxits 等并选择求解器。

KSPSetTolerances(ksp,rtol,abtol,dtol,maxits,ierr)

KSPSetType(ksp,KSPCG,ierr)

KSPSetType(ksp,KSPGMRES,ierr)

KSPSetType(ksp,KSPCHEBYSHEV,ierr)

KSPSetType(ksp,KSPTCQMR,ierr)

KSPSetType(ksp,KSPBCGS,ierr)

KSPSetType(ksp,KSPCGS,ierr)

（4）解除矩阵。

KSPDestroy(ksp,ierr)

VecDestroy(x,ierr)

VecDestroy(b,ierr)

MatDestroy(A,ierr)

6.3.6　边界条件

在求解压力泊松方程时,需要给定边界条件来满足求解条件。在本章鱼类游动的数值模拟中,常见的边界条件包括 Dirichlet 边界条件、Neumann 边界条件、对流出口边界条件和周期边界条件等。

1. Dirichlet 及 Neumann 边界条件

如图 6-6 所示,在下边界 Dirichlet 边界条件可以直接施加如下:

$$u_{i+\frac{1}{2},\frac{1}{2},k}=u_{\mathrm{b}} \tag{6-39}$$

$$v_{i,\frac{1}{2},k}=v_{\mathrm{b}} \tag{6-40}$$

其中 u_{b} 和 v_{b} 分别为流向速度 u 及法向速度 v 在边界上的值。压力通常在边界上采用 Neumann 边界条件。对于图 6-6 中的边界,其边界条件可以写为

$$\frac{\partial p}{\partial y}=0 \tag{6-41}$$

其相应的离散形式可以写为

$$p\left(i,\frac{1}{2},k\right)=p(i,1,k) \tag{6-42}$$

在该边界上压力泊松方程的离散形式(6-38)就变为

$$AN_{i,j,m}\hat{\phi}_{i,j+1,m}+AW_{i,j,m}\hat{\phi}_{i-1,j,m}+AE_{i,j,m}\hat{\phi}_{i+1,j,m}+ \\ (AS_{i,j,m}+AP_{i,j,m}-k'_{m})\hat{\phi}_{i,j,m}=\hat{f}_{i,j,m} \tag{6-43}$$

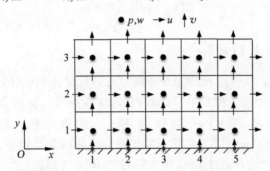

图 6-6　Dirichlet 和 Neumann 边界条件

2. 对流出口边界条件

对于出口边界,此处采用 Orlanski[40] 提出的对流出口边界条件。该边界条件可以使得流动结构流出口边界时不影响计算域内的流场求解。该对流出口边界条件的形式为

$$\frac{\partial u_i}{\partial t}+U_{\text{conv}}\frac{\partial u_i}{\partial x}=0 \tag{6-44}$$

式中,u_i——任一个方向上的速度分量;

U_{conv}——对流出口速度。

对流出口速度等于出口平面上的平均流向速度。方程(6-44)的时间离散采用显式欧拉格式,空间离散采用单边差分。

3. 周期边界条件

周期边界条件通过虚拟网格实现。以流向方向的周期边界条件为例,将左边的值直接复制到右边的虚拟网格,右边的值直接复制到左边的虚拟网格,这样就实现了周期边界条件,如图 6-7 所示。程序中周期边界条件通过虚拟网格实现,表达式为

$$u_{\frac{1}{2},j,k}=u_{4\frac{1}{2},j,k},v_{1,j,k}=v_{4,j,k},w_{1,j,k}=w_{4,j,k},p_{1,j,k}=p_{4,j,k} \tag{6-45}$$

$$u_{5\frac{1}{2},j,k}=u_{1\frac{1}{2},j,k},v_{5,j,k}=v_{2,j,k},w_{5,j,k}=w_{2,j,k},p_{5,j,k}=p_{2,j,k} \tag{6-46}$$

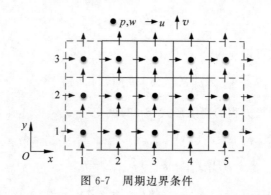

图 6-7　周期边界条件

6.3.7　MPI 并行计算

并行计算(parallel computing)是指通过在并行设备上运行并行算法对某一任务进行计算求解的过程。相对串行计算而言,实现并行计算通常需要同时具备并行任务、并行算法和支持并行运算设备三个前提条件。高性能计算(high performance computing,HPC)系统是实现并行计算的常见设备。如今 HPC 的计算速度已经达到"P"级(PetaFlops,10^{15} Flops),但天气预报、武器研发和数据挖掘等高性能应用需求正驱动着 HPC 向"E"级(ExaFlops,10^{18} Flops)和"Z"级(ZetaFlops,10^{21} Flops)发展。

传统 HPC 是以中央处理器(central processing units,CPU)作为基础运算单元,属于同构系统。随着芯片材料、精密制造以及微电子技术的发展,目前高性能 HPC 系统通常以多线程 CPU 为代表的多核芯片以及多核心(graphics processing units,GPU)为代表的众核加速卡为基础,以满足高性能计算需求。不论 CPU 和 GPU 等硬件浮点运算性能和访存带宽如何提高,程序应用都离不开并行算法。基于 CPU 的并行编程模型主要包括共享内存模型和消息传递模型两类,其中应用较广的有 OpenMP 和 MPI(message passing interface)等标准。基于 GPU 硬件体系结构,NVIDIA 公司推出了一种面向通用目的的统一计算架构(compute unified device architecture,CUDA),有效提高了 GPU 的可编程能力,以扩展并行计算在不同领域的应用。随着 GPU 在硬件结构以及 CUDA 在编程模型上的不断完善和升级,目前 CUDA 还支持 Java、Fortran、C++等语言的并行程序设计。

本书涉及三维鱼体结构与流体耦合计算,计算量较大,采用 MPI 并行计算的方法来有效解决并行计算问题。本书所指的并行计算是指将程序的运算分配给多个 CPU 并行工作,使运算速度加快,运算效率提高。并行计算主要涉及 CPU 的分配以及各 CPU 之间数据的交换。以图 6-8 为例,沿 y 轴将整个计算区域划分给 4 个 CPU,各 CPU 通过 MPI 函数来进行调用。以整个计算区域内的某一点的速度 $u(i,j,k)$ 为例说明,在并行计算中对应的网格坐标为 $u(i',j',k')$,其中,$i=i'$,

$j = j' + \mathrm{MYID}\dfrac{\mathrm{NY}}{\mathrm{NCPU}}, k = k'$,式中 NY 为沿 y 轴方向上总的网格数量,NCPU 为并行运算总的 CPU 数目。

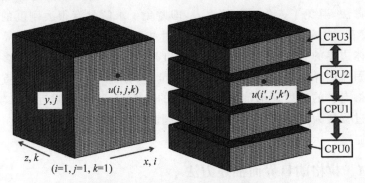

图 6-8 并行运算计算区域的划分

本研究的运算程序是在 Linux 系统下使用 Fortran 语言进行编写的,同时采用 MPI 命令实现程序的并行运算。前期程序运行的硬件设备主要包括 UMN 大学 SAFL 实验室的 Aegean 并行计算机和 Copper 并行计算机等。SAFL 实验室的高性能 Aegean 并行计算机有 2368 核,每个核上有 16 个 CPU,而 Copper 并行计算机有 14 720 个核,每个核 32 个 CPU,均为 Linux 操作系统。后续部分算例采用国家超级计算长沙中心"天河"超级计算机,如图 6-9 所示。

图 6-9 "天河"超级计算机外观

6.4 浸入边界描述方法

本书中采用的浸入边界法是在固定的直角网格上离散 N-S 方程,采用随浸入边界运动的 Level-set 函数来描述鱼体边界的几何形状与位置,通过体积力反馈边界对流体的作用。这些特点使得浸入边界法需解决以下两个问题:一是如何在直角网格上描述鱼体边界,即在拉格朗日网格和欧拉网格之间进行物理量的传递;

二是如何确定边界上的体积力源项,即正确计算固体边界与周围流体之间的相互作用力。

相比于回馈力方法,直接力法是处理刚性边界问题时计算边界上体积力源项的有效方法,避免了人为参数的引入,即避免了求解具有很大刚度的离散线性方程组,没有对时间步长的限制。本书采用基于直接力法的浸入边界法及其两种确定固体边界的方法,即拉格朗日方法和 Level-set 函数方法,采用多项式插值方法传递固体边界和直角网格之间的物理量。利用多项式插值直接重构边界附近直角网格点上的速度能够清晰反映边界的位置,保证边界附近的求解精度,但其前处理过程较为复杂,应用到动边界问题时力的时间变化曲线存在一定程度的非物理振荡。

6.4.1　拉格朗日界面描述方法

使用浸入边界法时,可用一套随浸入物体边界运动的拉格朗日网格来描述物体边界的形状及位置,其中拉格朗日点的坐标定义为弧长 s 和时间 t 的函数 $X(s, t)$。对于浸入的固体边界,拉格朗日点可近似均匀地分布在边界上,拉格朗日网格宽度和其附近的欧拉网格宽度相当。对于较为简单的几何形状,如圆或者矩形等,可以直接得到等距分布的拉格朗日点。对于具有复杂几何外形的浸入边界,等距分布的拉格朗日点不能解析得到,而是通过将几何外形导入网格划分软件(如 Gambit、ANSYS ICEM CFD 等)进行网格划分,得到边界上近似均匀分布的拉格朗日点。

浸入边界弧长增长方向定义为当观察者沿弧长的增长方向运动时,流体总是在观察者的左侧。对任意弧长位置 s,其坐标可以写成

$$X(s,t) = a_x s^2 + b_x s + c_x \tag{6-47}$$

$$Y(s,t) = a_y s^2 + b_y s + c_y \tag{6-48}$$

其中待定系数 a_x, a_y, b_x, b_y, c_x 和 c_y 可以通过曲线拟合得到。如对于第 i 个拉格朗日点,其系数可以由 i 点的坐标及与其相邻的 $i-1$ 点和 $i+1$ 点的坐标来确定。

对于界面的任意位置 s,其外法向矢量可以通过下面的表达式得到:

$$n_x = \frac{-Y_s}{\sqrt{X_s^2 + Y_s^2}}, \quad n_y = \frac{X_s}{\sqrt{X_s^2 + Y_s^2}} \tag{6-49}$$

其中,X_s 和 Y_s 为 X 和 Y 对弧长 s 的一阶导数,其形式可以由表达式(6-47)和式(6-48)直接得到,形式如下:

$$X_s = 2a_x s + b_x, \quad Y_s = 2a_y s + b_y \tag{6-50}$$

对于基于速度重构的浸入边界方法,不仅需要知道界面位置、界面外法向单位矢量的信息,还需要知道界面附近直角网格点和边界之间更为详细的相对位置信

息。其关键是近边界直角网格点到界面垂直交点的信息。设边界附近直角网格点 (x_i, y_j) 与界面垂直相交于 $s_n(X_n, Y_n)$，那么界面上交点的外法向方向可以写成如下形式：

$$\frac{x_i - X_n}{\sqrt{(x_i - X_n)^2 + (y_j - Y_n)^2}} = n_x = \frac{-Y_s}{\sqrt{X_s^2 + Y_s^2}} \qquad (6\text{-}51)$$

$$\frac{y_j - Y_n}{\sqrt{(x_i - X_n)^2 + (y_j - Y_n)^2}} = n_y = \frac{X_s}{\sqrt{X_s^2 + Y_s^2}} \qquad (6\text{-}52)$$

由上述方程，可以得到下面的等式：

$$(x_i - X_n)X_s + (y_j - Y_n)Y_s = 0 \qquad (6\text{-}53)$$

结合式(6-47)、式(6-48)和式(6-50)，式(6-53)可以写为以下关于 s_n 的方程：

$$(2a_x^2 + 2a_y^2)s_n^3 + (3a_x b_x + 3a_y b_y)s_n^2 + (2a_x c_x + 2a_y c_y + b_x^2 +$$
$$b_y^2 - 2a_x x_i - 2a_y y_j)s_n + (b_x c_x + b_y c_y - b_x x_i - b_y y_j) = 0 \qquad (6\text{-}54)$$

该方程通过 Newton-Raphson 方法迭代求解，得到了 s_n 之后，就可以通过式(6-47)、式(6-48)和式(6-50)得到交点的坐标 (X_n, Y_n) 及外法向单位矢量。对于基于边界重构的浸入边界方法，还需要对边界附近的欧拉网格进行进一步的标识。

6.4.2　Level-set 界面描述方法

对于复杂的浸入边界，拉格朗日网格描述以及标识较为复杂，特别是动边界问题，计算量大，网格划分也较为复杂。鉴于此，本书利用 Level-set 函数方法来描述鱼类游动的浸入边界，该方法最初用于描述隐含曲线（曲面）的运动，目前已经广泛应用于图像恢复、图像增强、图像分割、物体跟踪、形状检测与识别、曲面重建、最小曲面、最优化以及流体力学中多相流界面的描述中[41,42]。

在 Level-set 方法中，设 Level-set 函数为 $\varphi(x, t)$，在边界上 $\varphi(x, t)$ 的函数值为零，在固体域内任意点对应的距离函数为负数，在流体域中任意点的距离函数为正数。以半径为 R 的圆球为例，计算区域内任意一点 $P(x_i, y_j, z_k)$ 到球心 $O(x_0, y_0, z_0)$ 的距离函数 $\varphi(x, t)$ 为

$$\varphi(x, t) = \sqrt{(x_i - x_0)^2 + (y_j - y_0)^2 + (z_k - z_0)^2} - R \qquad (6\text{-}55)$$

式中，当 $\varphi(x, t)$ 函数值为零时，说明该点在圆球边界上；当 $\varphi(x, t)$ 函数值为负数时，说明该点在圆球边界内部；当 $\varphi(x, t)$ 函数值为正数时，说明该点在圆球边界外部。

在计算区域内，通过标记浸入边界附近各网格点距边界的距离函数，并根据其相邻网格点距离函数的正负值来判断界面位置。例如，对于二维计算域，判断第 (i, j) 个网格点是否为固体点或者流体点，可以由其相邻网格点 $(i+1, j)$、点

$(i-1,j)$、点$(i,j+1)$和点$(i,j-1)$的距离函数来确定。当网格点(i,j)在流体域内且任意相邻网格点在固体域内时,说明该点为最接近边界的点,即浸入边界法中的加力点。

对于基于速度重构的浸入边界法,若进行直接数值模拟,需要知道界面位置的信息,还需要知道界面附近直角网格点和边界之间更为详细的相对位置信息;若采用大涡模拟方法,应用经典 Smagorinsky 模型时,需要知道界面外法向单位矢量以及边界附近直角网格点到壁面的距离。由于 Level-set 函数 φ 为距离函数,所标识界面任意位置的外法向矢量表示为 $\boldsymbol{n}=(\nabla\varphi/|\nabla\varphi|)|_{\varphi=0}$,对应的曲率半径为 $\nabla\cdot\boldsymbol{n}$。总体上,利用 Level-set 方法可以简单、有效地确定固体边界,这也是采用该方法描述摆动推进鱼体边界的主要原因。

Level-set 函数本身与流场信息无关,仅由固体的边界位置来确定。与圆球等形状简单的物体相比,鱼类等外形复杂物体的 Level-set 函数较为复杂。在此,采用简单的多段函数来描述复杂的几何外形,但函数等值线 φ 可能在边界附近出现不连续的情况,且对应偏导 φ' 不能满足等值线本身的特性 $|\nabla\varphi|=1$。因此,采用 Sussman 提出的重复初始化(reinitialization)方法,以确保多段函数描述的复杂界面满足 Level-set 函数的基本特性 $|\nabla\varphi|=1$。重复初始化的具体求解方法为

$$\frac{\partial\varphi}{\partial\tau}+\mathrm{sign}(\varphi)(\nabla\varphi-1)=0 \tag{6-56}$$

式中,τ——虚拟时间(pseudo time);

　　　$\mathrm{sign}(\varphi)$——光滑过渡函数,$\mathrm{sign}(\varphi)=\varphi/\sqrt{\varphi^2+\varepsilon^2}$,其中 ε 的大小为 3 倍的最小网格尺寸。

在本书的程序中,采用 Russo 和 Smereka 提出的方法求解 Level-set 函数,该方法采用迎风格式,不需要考虑界面另外一侧的信息[41,42]。以二维鲹科摆动推进鱼体外形为例,以鱼体长度为单位长度,设置摆动推进鱼体无量纲化的计算域为 5×5。根据多项式函数将整个计算区域分为三部分,如式(6-57)所示。

$$\varphi(x)=\begin{cases}|y-2.5|, & x\in[0,1.75)\cup(2.75,5]\\|y-[2.5+y_0(x)+r(x)]|, & x\in[1.75,2.75]\end{cases}$$
$$\tag{6-57}$$

式中,$r(x)$——鱼体椭圆形截面的短轴半径;

　　　y_0——某一时刻摆动推进鱼体的摆动曲线的纵向位置。

如图 6-10(a)所示,在未初始化前,摆动推进鱼体的等值线函数在摆动推进鱼体头部 $x=1.75$ 和尾部 $x=2.75$ 处均存在着较大的误差。但是,经过 20 次重复初始化的迭代,对应的等值线函数间距相等,如图 6-10(b)所示。该结果说明可通过重复初始化方法修正固体界面的等值线函数,以满足浸入边界法对固体界面等值线的要求。

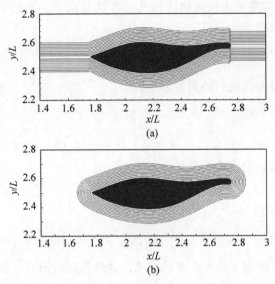

图 6-10 由 Level-set 函数描述的鲹科鱼类外形

(a) 重复初始化之前；(b) 重复初始化之后

6.5 基于边界重构的 LS-IB 数值方法

6.5.1 LS-IB 数值方法

对于刚性边界，表征界面的拉格朗日点之间不存在确定的本构方程（如胡克定律）。弹性边界的本构关系在刚性极限下是不适用的，这使得浸入边界上的体积力不能通过本构关系解析地确定。如何在刚性边界下确定边界上的体积力是浸入边界方法用于刚性边界问题时需要解决的关键问题。人们最初将刚性边界看作具有很大弹性系数的弹性边界，然而很大的弹性系数会使得求解力和求解流场的方程构成一个刚度很大的系统，使得在对该系统进行离散求解时，需要很小的时间步长才能保证数值求解的稳定性。当弹性系数取得较小时，又会带来非物理的弹性作用。通过这种方式确定体积力需要引入人为参数（如弹性系数），且这个人为指定参数的大小随着流动情况的不同而变化，不存在一个普适的参数。

Mohd-Yosof[16] 提出了另外一种计算力的方法，这种计算力的方法不影响时间离散方程的稳定性，且不需要人为参数，这就使得力的确定不依赖于具体的流动形式。Mohd-Yosof[16] 将这种方法与求解 N-S 方程的谱方法结合在一起。Fadlun[17] 将这种方法应用到有限差分方法当中，并将其命名为直接力法。本节将简要介绍直接力法。

浸入边界方法的主要思想是用一个体积力场 f 来代替边界对流体的作用，避免在物体边界上直接施加边界条件。这就使得浸入边界方法可以在一个直角网格

上求解流场,而不需要考虑浸入物体的几何形状及位置。添加了体积力源项的动量方程具有以下形式:

$$\frac{\partial \boldsymbol{u}}{\partial t} + \nabla \cdot (\boldsymbol{uu}) = -\nabla p + \nu \nabla^2 \boldsymbol{u} + \boldsymbol{f} \tag{6-58}$$

考虑上述动量方程的时间离散形式:

$$\frac{\boldsymbol{u}^{n+1} - \boldsymbol{u}^n}{\Delta t} = \mathrm{rhs}^{n+\frac{1}{2}} + \boldsymbol{f}^{n+1} \tag{6-59}$$

其中 rhs 包含对流项、黏性项以及压力项。如果确定 $\boldsymbol{f}^{n+1}$ 需要满足的约束条件为在物体的边界上满足速度边界条件

$$\boldsymbol{u}^{n+1} = \boldsymbol{V}^{n+1} \tag{6-60}$$

那么将其代入式(6-59)就可以得到体积力的表达式为

$$\boldsymbol{f}^{n+1} = \frac{\boldsymbol{V}^{n+1} - \boldsymbol{u}^n}{\Delta t} - \mathrm{rhs}^{n+\frac{1}{2}} \tag{6-61}$$

这样在浸入边界上体积力的大小就确定了。这种确定力的方法称为直接力法的原因在于:物理上要求满足的速度边界条件被直接施加在浸入边界上,而不需要借助于任何动力学过程。这样就使得在每个时间步,边界条件的满足和流动的频率无关,并且也不需要待确定的自由参数,边界条件在浸入边界上得以准确满足,且确定力的过程不影响整个时间推进格式的稳定性。

在式(6-61)中,边界上的体积力并没有显式地计算出来,而是通过在加力点上施加速度边界条件来实现加力的过程,这种确定力的方法称为直接力法。在计算体积力的过程中,加力点的位置通常不与欧拉网格相重合,因而不能直接令其等于浸入物体边界上的速度。对于这样的加力点,其位置在流体域中,速度会受到固体速度和流体速度的共同影响,可通过某一多项式来插值得到。

下面以二维算例为例说明基于 Level-set 函数的浸入边界法,如图 6-11 所示。首先,通过 Level-set 函数找到加力点 0 以及固体边界上的固体点 1,该点与加力点的连线垂直于边界。设加力点 0 的坐标为 (x_0, y_0),则固体点 1 的坐标为

$$(x_1, y_1) = (x_0 - n_x \varphi_0, y_0 - n_y \varphi_0) \tag{6-62}$$

式中,n_x——法向矢量 $\boldsymbol{n}$ 沿 x 方向的分量;

　　　n_y——法向矢量 $\boldsymbol{n}$ 沿 y 方向的分量;

　　　φ_0——加力点 0 的 Level-set 函数值。

然后寻找加力点 0 周边相邻的流体点 2 和 3,设点 2 和点 3 的坐标分别为 (x_2, y_2) 和 (x_3, y_3),则有

$$\begin{cases} [x_2, y_2] = [x_0, y_0 + \mathrm{sign}(n_y) \cdot \Delta y] \\ [x_3, y_3] = [x_0 + \mathrm{sign}(n_x) \cdot \Delta x, y_0] \end{cases} \tag{6-63}$$

在网格接近近壁流场时,速度场在壁面附近近似满足线性分布,因而通过多项式插值来确定其速度在物理上是合理的。最常用的方法是通过多项式插值来确定加力点上的速度大小,即加力点 0 的速度是由固体点速度 1 和流体点 2 和 3 速度

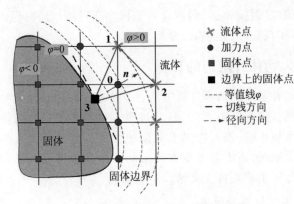

图 6-11 基于 LS-IB 方法的线性插值

插值得到的。这里采用二次线性插值方法,设在点 (x_i,y_i) 上需插值的任意流场信息为 $\psi_i(i=1,2,3)$,插值到加力点上的流场信息 ϕ 为

$$\psi = b_1 + b_2 x + b_3 y \tag{6-64}$$

式(6-64)中系数 b_1、b_2 和 b_3 可根据固体点和周边流体点的二次线性插值得到,如图 6-12(a)所示,对应的求解过程为

$$\begin{bmatrix} b_1 \\ b_2 \\ b_3 \end{bmatrix} = \boldsymbol{A}^{-1} \begin{bmatrix} \psi_1 \\ \psi_2 \\ \psi_3 \end{bmatrix} = \begin{bmatrix} 1 & x_1 & y_1 \\ 1 & x_2 & y_2 \\ 1 & x_3 & y_3 \end{bmatrix}^{-1} \begin{bmatrix} \psi \\ \psi \\ \psi \end{bmatrix} \tag{6-65}$$

通过求解各加力点的系数矩阵 $\boldsymbol{A}$,得到加力点上的速度信息 (u,v,w),然后求解对应的体积力。

除了双线性插值方法,还可以采用对数率插值来求解加力点的速度。如图 6-12(b)所示,对数率插值方法需要通过加力点和流体点来确定固体边界层的厚度,设边界层上的点为 5,对应的流体速度为 U_{top}。在程序中,对数率插值通常与壁模型配合使用,以便更准确地描述边界层的流动。此外,程序由第 N 步推进到第

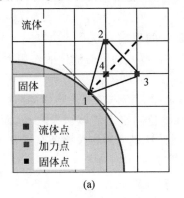

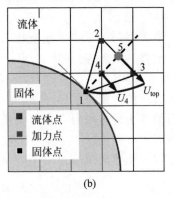

图 6-12

(a)   (b)

图 6-12 LS-IB 方法双线性插值和对数律插值

(a)双线性插值;(b)对数律插值

$N+1$ 步时,除了 RK2 时间推进(弱耦合),该程序还可通过监测固体的运动速度和位移来重复迭代,实现程序的强耦合分析。

6.5.2　浸入物体升阻力的计算

本节主要介绍升阻力的两种计算方法:一是通过在包含浸入物体的控制体上进行动量平衡的积分得到升阻力,二是通过浸入边界方法得到的体积力来计算升阻力。在浸入物体静止时,浸入边界上的体积力的负值等于浸入物体受到的升阻力。若浸入物体运动时,还需要考虑在浸入物体中的流体动量的时间变化率。这里关于升阻力的计算主要来自于文献[43]的研究。

1. 利用动量平衡计算升阻力

将流向的动量方程在某一控制体积 Ω_c 上积分,得到下面的表达式:

$$\int_{\Omega_c} \frac{\partial u_1}{\partial t} dx + \int_{\Omega_c} \frac{\partial u_1 u_j}{\partial x_j} dx + \int_{\Omega_c} \frac{\partial p}{\partial x_1} dx - \int_{\Omega_c} \nu \frac{\partial 2u_1}{\partial x_j x_j} dx = \int_{\Omega_c} f_1 dx \qquad (6\text{-}66)$$

上式可以进一步写成如下形式:

$$\int_{\Omega_c} \frac{\partial u_1}{\partial t} dx + \int_{\partial \Omega_c} u_1 \boldsymbol{u} \cdot \boldsymbol{n} d\sigma + \int_{\partial \Omega_c} p n_1 d\sigma - \int_{\partial \Omega_c} \nu \frac{\partial u_1}{\partial x_j} n_j d\sigma = \int_{\Omega_c} f_1 dx \qquad (6\text{-}67)$$

其中 $\boldsymbol{n}$ 为控制体积 Ω_c 的边界 $\partial\Omega_c$ 上的外法线方向矢量。上述积分方程在空间上采用和求解器一样的中心差分离散,在时间上采用显式欧拉格式。这样就得到了流体作用在浸入物体上的阻力 $F_D = -\rho_f \int_{\Omega_c} f_1 dx$。同样也可以得到浸入物体受到的流体对它的升力。

2. 利用体积力计算升阻力

在直接力法中,体积力项 $\boldsymbol{f}$ 不存在解析形式,而是通过在每个时间子步满足无滑移边界条件得到。将 Runge-Kutta 三个子步相加在一起,得到如下方程:

$$\frac{u_i^{n+1} - u_i^n}{\Delta t} = \text{rhs}^{n+\frac{1}{2}} + f_i^1 + f_i^2 + f_i^2 \qquad (6\text{-}68)$$

这里没有考虑每个子步上速度压力修正的影响。$\text{rhs}^{n+\frac{1}{2}}$ 包括对流项、黏性项及压力项。这样,在整个时间步 t^n 到 t^{n+1} 内,浸入物体对流体的作用力为

$$f_i^{n+1} = f_i^1 + f_i^2 + f_i^3 \qquad (6\text{-}69)$$

对流向方向的体积力求和,并取负号,就得到流体对浸入物体的阻力。由于所有拉格朗日网格上的体积力之和等于所有欧拉网格上的体积力之和,而在拉格朗日网格上求和可以减少求和运算的次数,因此这里采用在拉格朗日网格上求和,来计算流体对浸入物体的作用力,其阻力形式为

$$F_D^{n+1} = -\rho_f \sum_i F_i^{n+1}(\boldsymbol{X}_i) \Delta V_i \qquad (6\text{-}70)$$

同样,升力也具有类似的形式,其表达式这里不再列出。前面提过,拉格朗日点上的体积力形式为

$$F_i^{n+1} = \frac{U_i^{n+1} - U_i^n}{\Delta t} - \text{rhs}^{n+\frac{1}{2}} \tag{6-71}$$

上述表达式中右端的第一项代表拉格朗日点上的速度随时间变化的非定常项,第二项代表固体受到的周围流体表面应力作用。可见当浸入物体作非定常运动时,浸入边界上的体积力包含两部分,一是拉格朗日点非定常运动带来的非惯性力项,二是表面应力项。所以在非定常运动时,由式(6-70)得到的是在固结于浸入物体的非惯性坐标系下的升阻力。

这里简要介绍动边界问题中,惯性坐标系下升阻力的计算方法。设控制体积为 V,其控制面为 S,并将该控制面与浸入边界相重合从而包含整个浸入物体。由柯西定理,该控制体的线动量方程满足

$$\frac{\mathrm{d}}{\mathrm{d}t} \iiint_V \boldsymbol{u} \, \mathrm{d}V = \iiint_V \boldsymbol{f} \, \mathrm{d}V + \iint_S \boldsymbol{\tau} \cdot \boldsymbol{n} \, \mathrm{d}S \tag{6-72}$$

其中,$\boldsymbol{u}$——速度矢量;

$\boldsymbol{f}$——该控制体受到的体积力;

$\boldsymbol{\tau}$——控制面上的应力张量;

$\boldsymbol{n}$——控制面外法向单位矢量。

对上式进行整理得

$$\iint_S \boldsymbol{\tau} \cdot \boldsymbol{n} \, \mathrm{d}S = - \iiint_V \boldsymbol{f} \, \mathrm{d}V + \frac{\mathrm{d}}{\mathrm{d}t} \iiint_V \boldsymbol{u} \, \mathrm{d}V \tag{6-73}$$

由上式可知当该控制体运动时,控制体受到的体积力与控制面应力张量和惯性力的合力平衡。那么前面通过简单的浸入边界体积力的求和计算得到的升阻力不止包含了表面应力的合力,还包含了惯性力的作用。下面考虑如何计算单纯由表面应力带来的升阻力(等同于如何计算上式中的惯性力)。将速度 $\boldsymbol{u}$ 作下述分解:

$$\boldsymbol{u}(\boldsymbol{x},t) = \boldsymbol{u}_0(t) + \boldsymbol{u}_1(\boldsymbol{x},t) \tag{6-74}$$

其中,$\boldsymbol{u}_0(t)$——随时间变化的平动速度;

$\boldsymbol{u}_1(\boldsymbol{x},t)$——扣除平均速度的余项。

由于在边界上满足边界条件且不考虑边界变形,所以边界上的外法向速度分量等于平动速度在外法向方向的速度分量:

$$\boldsymbol{u} \cdot \boldsymbol{n} = \boldsymbol{u}_0 \cdot \boldsymbol{n} \tag{6-75}$$

由此可知

$$\boldsymbol{u}_1 \cdot \boldsymbol{n} = (\boldsymbol{u} - \boldsymbol{u}_0) \cdot \boldsymbol{n} = \boldsymbol{0} \tag{6-76}$$

考虑上面的速度分解及式(6-76),惯性力项可以写成下面的形式:

$$\frac{\mathrm{d}}{\mathrm{d}t} \iiint_V \boldsymbol{u} \, \mathrm{d}V = \int_V \frac{\mathrm{d}\boldsymbol{u}}{\mathrm{d}t} \, \mathrm{d}V = \int_V \dot{\boldsymbol{u}}_0 + \frac{\mathrm{D}\boldsymbol{u}_1}{\mathrm{D}t} \, \mathrm{d}V$$

$$= \int_V \dot{\boldsymbol{u}}_0 \, \mathrm{d}V + \int_V \frac{\partial \boldsymbol{u}_1}{\partial t} \, \mathrm{d}V + \int_V \boldsymbol{\nabla} \cdot (\boldsymbol{u}\boldsymbol{u}_1) \, \mathrm{d}V$$

$$= \int_V \dot{\boldsymbol{u}}_0 \, \mathrm{d}V + \int_V \frac{\partial \boldsymbol{u}_1}{\partial t} \, \mathrm{d}V + \int_S (\boldsymbol{u}\boldsymbol{u}_1) \cdot \boldsymbol{n} \, \mathrm{d}S$$

$$= \int_V \dot{\boldsymbol{u}}_0 \, \mathrm{d}V + \int_V \frac{\partial \boldsymbol{u}_1}{\partial t} \mathrm{d}V \tag{6-77}$$

对于动圆柱绕流问题,上式的惯性项具有以下解析表达式:

$$\frac{\mathrm{d}}{\mathrm{d}t} \iiint_V \boldsymbol{u} \, \mathrm{d}V = \pi r_c^2 \dot{\boldsymbol{u}}_0 \tag{6-78}$$

式中,$\dot{\boldsymbol{u}}_0$——圆柱的平动加速度;

　　　r_c——圆柱的半径。

对于一般形状物体的绕流问题,如果不在浸入物体内部加力保证内部流动为刚体运动,其惯性力一般需要通过体积分得到。应注意到,对于静止问题,当浸入物体内部不加力时,其内部流体速度也不为零。目前静止算例的数值结果显示是否考虑式(6-73)右端第二项对结果影响很小。

6.6　数值方法算例验证

6.6.1　静止圆柱绕流

在静止圆柱绕流算例中,考虑三种情况:

(1) $Re = 40$,在圆柱的尾流区会出现定常不脱落的两个对称涡;

(2) $Re = 100$,尾涡开始失稳,周期性振荡,而后附着涡交替脱落,形成典型的卡门涡街;

(3) $Re = 3900$,圆柱表面上的边界层为层流,而圆柱后面的涡街逐渐转化为湍流,出现涡脱落的同时展向速度不再为零,流场开始具有三维结构。

在该算例中,雷诺数定义为 $Re = U_\infty D / \nu$,其中 U_∞ 为入口速度,D 为圆柱直径。表 6-1 列出了模拟静止圆柱绕流的计算参数,包括计算域大小、圆柱周围的网格尺寸、总的网格数和时间步长。

表 6-1　静止圆柱绕流算例的设置参数

雷诺数	计算域大小	圆柱周围网格尺寸	总网格数	时间步长/s
40	$100D \times 70D$	$0.02D$	512×384	0.001
100	$50D \times 30D$	$0.02D$	512×384	0.001
3900	$50D \times 30D \times 6.28D$	$0.01D$	$512 \times 384 \times 32$	0.0005

在雷诺数 $Re = 40$ 的流体中,在静止圆柱后缘会形成由流线构成的稳定封闭的分离泡,如图 6-13 所示。表 6-2 列出了圆柱绕流的平均阻力系数 C_d 及尾迹涡的长度 L_r。当 $Re = 100$ 时,圆柱尾部会出现交替脱落的卡门涡街结构,如图 6-14 所示。对于静止圆柱,其平均阻力系数 C_d、升力系数的脉动幅值 C_L' 以及斯特鲁哈数如表 6-3 所示。其中,$St = fD / U_\infty$,f 为涡脱落频率。上述结果均与其他研究者的数值模拟结果接近,说明该数值方法能够准确地预测层流的流动过程。

表 6-2 雷诺数为 40 时圆柱绕流的计算结果

对 比 文 献	阻力系数 C_d	尾迹涡长度 L_r
Kim 等[28]	1.51	—
Ye 等[29]	1.52	2.27D
Dennis and Chang[44]	1.52	2.35D
Tseng 等[27]	1.53	2.21D
Dias and Majumdar[45]	1.54	2.69D
Park 等[46]	1.51	—
Fornberg[47]	1.50	2.24D
本研究的结果	1.525	2.25D

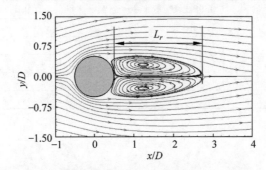

图 6-13 雷诺数为 40 时静止圆柱绕流得到的流线

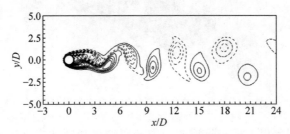

图 6-14 $Re=100$ 时静止圆柱绕流得到的某一瞬时涡量

当流场雷诺数为 3900 时,圆柱绕流的流场由层流转化为湍流。采用大涡模拟方法来计算该算例,设置入口条件为均匀来流,展项和切向边界条件为周期性边界条件。如图 6-15 所示,某一时刻流场中压力和由 λ_2 描述的涡量值均出现湍流的特点。表 6-4 给出了 $Re=3900$ 时圆柱绕流时阻力平均系数 C_d、涡脱落分离角 θ_{sep}、尾迹涡的时间平均长度以及斯特鲁哈数 St 的变化情况。本研究的结果与其他文献的结果接近,说明本文数值方法能够准确地模拟高雷诺数的湍流流动。

表 6-3　雷诺数为 100 时圆柱绕流的计算结果

对 比 文 献	阻力系数 C_d	升力系数 C'_L	St
Kim 等[28]	1.33	0.32	0.165
Uhlmann[25]	1.453	0.339	0.169
Liu 等[48]	1.350	0.339	0.165
Tseng 等[27]	1.42	0.29	0.164
Dias and Majumdar[45]	1.395	0.283	0.171
Park 等[46]	1.33	0.33	0.165
本研究的结果	1.34	0.31	0.165

表 6-4　$Re=3900$ 时圆柱绕流流场的计算结果

对 比 文 献	C_d	θ_{sep}	L_r/D	St
实验数据[49]	0.99± 0.05	86 ± 2	1.4± 0.1	0.215± 0.005
DNS[50]	1.03	86.7	1.30	0.220
LES[51]	1.04	88.0	1.35	0.210
LES Smagorinsky[50]	1.14	87.3	1.04	0.210
LES Dynamic[50]	1.15	86.5	1.02	0.215
本研究的结果	1.03	87.6	1.37	0.220

图 6-15　$Re=3900$ 时圆柱绕流对应的涡量分布

　　图 6-16 分别示出了圆柱附近的压力分布情况和圆柱尾迹区域的平均速度分布情况,其结果与其他数值模拟结果相吻合。上述结论能够有力地说明本文数值方法具有模拟高雷诺数的能力。

6.6.2　静止圆球绕流

　　静止圆柱绕流算例验证了本文数值方法模拟二维算例捕捉层流和湍流流场信息的能力,而静止三维圆球算例可验证本文数值方法模拟三维算例的能力。研究表明,当 $Re<210$ 时,静止圆球绕流的流场为稳定的,且流场的信息呈现对称[52,53]。当 $210<Re<270$ 时,流场仍然保持稳定状态,但流场的信息呈现不对称。当 $Re>280$ 时,流场转化为不稳定状态,伴随着周期性的涡脱落。

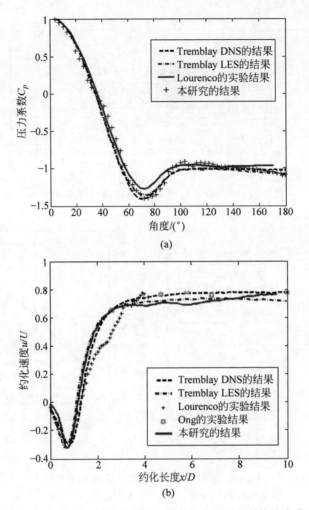

图 6-16　$Re = 3900$ 时圆柱附近的压力分布和尾迹平均速度分布

(a) 圆柱附近的压力分布；(b) 圆柱尾迹的平均速度分布

　　本节计算了不同状态下的圆球绕流：①稳定对称状态，$Re = 50, 100, 150$ 和 200；②稳定不对称状态，$Re = 250$；③不稳定状态，$Re = 300$。其中雷诺数的定义与圆柱绕流类似，特征长度为圆球的直径 d。设置的计算域为 $30d \times 15d \times 15d$，网格数量为 $384 \times 160 \times 160$，圆球附近的网格尺寸均为 $0.02d$。设置入口条件为均匀来流，出口条件为对流边界条件，其他为无滑移边界条件。

　　在稳定对称状态下，圆球绕流尾迹均会形成稳定对称的分离泡，而边界层随着雷诺数的增加逐渐变薄，对应的分离泡长度变大，分离角变小。图 6-17 示出了 $Re = 150$ 时圆球绕流的流线分布情况和流线与圆球相分离的角度，对应的参数分别为流线长度和分离角。图 6-18 示出并对比了不同雷诺数下流线长度和分离角随流场雷诺数的变化情况。

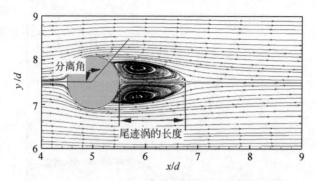

图 6-17　$Re=150$ 时圆球绕流得到的对称流线分布

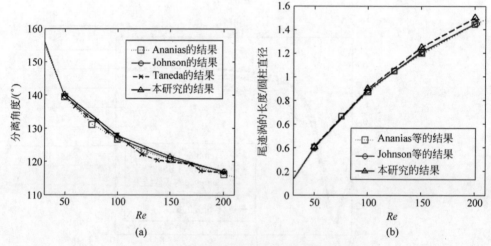

图 6-18　不同雷诺数下圆球绕流的流场参数

（a）分离角度与雷诺数的关系；（b）尾迹涡长度与雷诺数的关系

在不同雷诺数下，圆球绕流对应的平均阻力系数不同，如表 6-5 所示。与其他数值模拟结果比较，阻力系数的计算结果相吻合，能够较好地反映圆球在低雷诺数下的三维数值模拟能力。

表 6-5　不同雷诺数下圆球绕流对应的阻力系数

Re	50	100	150	200
实验数据[54]	1.574	1.087	0.889	0.776
Yang 的研究[30]	1.610	1.118	0.920	0.807
Johnson and Pater 的研究[55]	1.575	1.100	0.900	0.775
本研究的结果	1.620	1.130	0.931	0.814

当雷诺数为 250 时，流场保持稳定，但对称性发生变化。如图 6-19 所示，在 x-y 平面内流线对称，而在 x-z 平面内流场信息不再对称。在整个计算域内，对称

平面发生了旋转。当雷诺数为 300 时,流场不再稳定,有周期性的涡脱落。当圆球绕流的流体雷诺数为 250 和 300 时,表 6-6 和表 6-7 给出了升力系数、阻力系数以及涡脱落频率的计算结果,与其他文献的计算结果一致。

表 6-6　雷诺数为 250 时圆球绕流对应的数值结果

对 比 文 献	阻力系数	升力系数
Kim 等[28]	0.701	0.059
Yang[30]	0.70	0.062
Johnson and Patel[55]	0.70	0.062
Constantinescu and Squires[56]	0.70	0.062
本研究的结果	0.70	0.06

表 6-7　雷诺数为 300 时圆球绕流对应的数值结果

对 比 文 献	阻力系数	升力系数	St
Kim 等[28]	0.657	0.067	0.134
Yang[30]	0.655	0.064	0.133
Johnson and Patel[55]	0.657	0.069	0.137
Constantinescu and Squires[56]	0.655	0.065	0.136
Hieber and Koumoutsakos[57]	0.71	0.062	0.133
Ploumhans 等[58]	0.68	0.066	0.137
本研究的结果	0.66	0.067	0.135

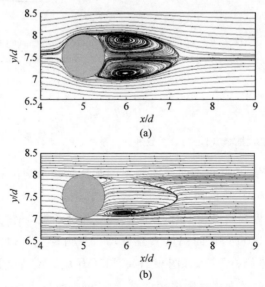

图 6-19　雷诺数 250 时圆球绕流对应的流线分布
(a) x-y 平面;(b) x-z 平面

6.6.3　强迫振动圆柱绕流

本小节以强迫振动圆柱绕流在涡脱落频率附近的振动情况为例,验证本文数值方法模拟动边界问题的能力。在该算例中,圆柱直径为 D,设置计算域大小为 $50D \times 30D$,网格数量为 512×384,圆柱附近的网格大小为 $0.02D \times 0.02D$,其中振动圆柱的初始位置为 $(10D, 15D)$。与圆柱绕流算例设置相同的边界条件,对应流体雷诺数设置为 185,该参数与其他文献算例保持一致[59,60]。圆柱在纵向以余弦方式振动,对应的横向位移 $y(t)$ 为

$$y(t) = 0.2D \cos(2\pi f_e t) \tag{6-79}$$

其中,f_e 为圆柱振动频率,$f_e = (0.8 \sim 1.2) f_0$,f_0 为静止圆柱在 $Re = 185$ 时的涡脱落频率,在当前程序中 f_0 为 0.197 Hz。当强迫圆柱振动的频率与其静止时的涡脱落频率接近时,会出现共振现象,即升力的变化与圆柱的运动之间的相位差会出现跳跃。如图 6-20 所示,圆柱的阻力系数和升力系数均会出现跳跃,该结果与文献[59,60]的计算结果一致。当 f_e/f_0 大于 1.0 时,升力和阻力会出现更明显的振荡,这将导致相反方向的涡街出现,如图 6-21 所示。

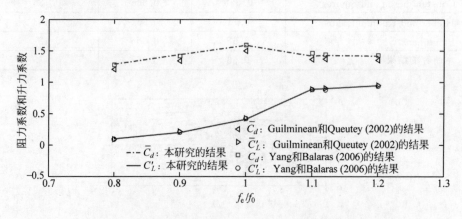

图 6-20　强迫圆柱振动时的阻力系数和升力系数(标记点取值来自于文献[60])

图 6-21 显示了某一瞬间不同振动频率的圆柱到达最高位置时对应的涡量分布。当 $f_e/f_0 \leqslant 1.0$ 时,负值涡量 A 逐渐减小;将图 6-21(c)和(d)进行比较可知,当强迫振动频率接近涡脱落频率时,负的涡量 C 逐渐产生,涡量分布发生了明显的变化。当 $f_e/f_0 > 1.0$ 时,正的涡量 B 逐渐增大且占据主导,负的涡量 A 逐渐脱落,负的涡量 C 基本维持不变,如图 6-21(e)和(f)所示。该结果表明当强迫圆柱振动的频率与其静止时的涡脱落频率接近时,圆柱的涡量分布会出现明显的变化,这与文献[59,60]中的结果一致。

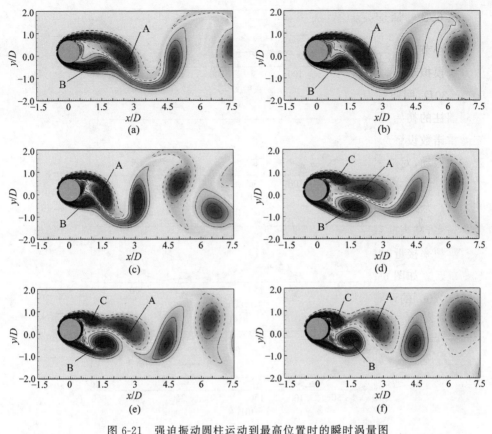

图 6-21 强迫振动圆柱运动到最高位置时的瞬时涡量图

(a) $f_e/f_0 = 0.8$；(b) $f_e/f_0 = 0.9$；(c) $f_e/f_0 = 1.0$；

(d) $f_e/f_0 = 1.1$；(e) $f_e/f_0 = 1.12$；(f) $f_e/f_0 = 1.2$

除了 C_d、C_d^{rms} 和 C_L^{rms}，利用强迫振动圆柱周围的压力分布可以更准确地预测流场信息。如图 6-22 所示，本小节对比了不同振动频率下的圆柱周围的压力分布，其中，相位角以停滞点（stagnation point）出发逆时针旋转为正。该结果与 Guilmineau 的研究结果[60]一致，表明了本章数值方法模拟动边界流固耦合问题的有效性。

6.6.4 圆柱涡激振动

涡激振动问题属于典型的流固耦合问题，关于圆柱涡激振动的实验研究和数值模拟计算较多，且该算例常被作为验证性算例[61]。本小节通过模拟弹性固定圆柱绕流验证直接力法模拟流固耦合问题的能力。圆柱只允许在横向振动，简化为一个质量-阻尼-弹簧系统振动，其无量纲化的控制方程为

$$\ddot{y} + 2\zeta\left(\frac{2}{U_{\text{red}}}\right)\dot{y} + \left(\frac{2\pi}{U_{\text{red}}}\right)^2 y = \frac{1}{2n}C_L \tag{6-80}$$

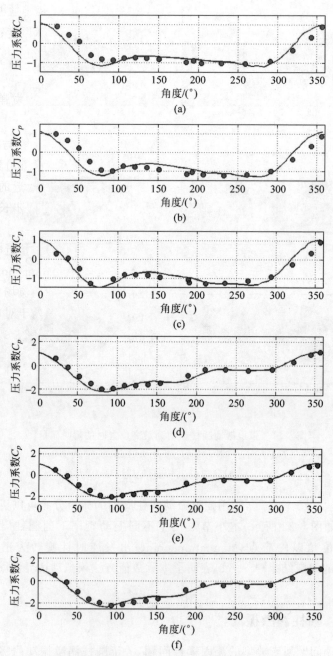

图 6-22　强迫振动圆柱达到最高位置时圆柱周围对应的压力分布

（•为贴体网格算例中的计算结果[60]）

(a) $f/f_0=0.8$；(b) $f/f_0=0.9$；(c) $f/f_0=1.0$；

(d) $f/f_0=1.1$；(e) $f/f_0=1.12$；(f) $f/f_0=1.2$

式中，y——无量纲化位移，$y=Y_0/D$，Y_0 为圆柱侧向位移，D 为圆柱的直径；

　　ζ——阻尼比，$\zeta=0.5c/\sqrt{km}$，c 为阻尼器的阻尼，k 为弹簧刚度；

　　C_L——升力系数，$C_L=f_y/(0.5\rho DLU^2)$，f_y 为横向外力；

　　n——质量比，$n=m/\rho D^2$，m 为圆柱的质量；

　　U_{red}——约化速度，$U_{red}=U_\infty/(f_nD)$，U_∞ 为入流速度，f_n 为弹簧阻尼系统

　　　　的共振频率，$f_n=\sqrt{k/m}/2\pi$。

本算例选择质量比为 $n=117.1$，阻尼比为 $\zeta=0.0012$，该参数与文献[62-64]
的算例参数一致。设置计算域为 $100D\times70D$，圆柱位于距离入口边界 $30D$、距离
上边界 $35D$ 的位置。整个计算域的网格数为 448×512，圆柱附近的网格尺寸为
$0.02D\times0.02D$。边界条件设置与圆柱绕流算例保持一致，时间步长设置为固定
时间步长 $0.005D/U_\infty$。

当圆柱弹簧阻尼系统的共振频率与其静止时的涡脱落频率接近时，圆柱的振
动幅值会明显增加。该现象又被称为"锁频现象"(lock-in phenomenon)，对应的频
率范围被称为"锁频频率"。根据文献[63,64]，选择五组不同的流场雷诺数，调节
圆柱的涡脱落频率，使其与系统的共振频率接近或者远离，即处于对应系统的"锁
频频率"之内或之外。具体算例为：

（1）$Re=90$，$U_{red}=5.02$，锁频频率之外；

（2）$Re=95$，$U_{red}=5.30$，锁频频率之内；

（3）$Re=100$，$U_{red}=5.58$，锁频频率之内；

（4）$Re=110$，$U_{red}=6.13$，锁频频率之外；

（5）$Re=120$，$U_{red}=6.69$，锁频频率之外。

图 6-23 显示了涡激振动圆柱在不同雷诺数下的稳定状态的振动位移，由此图
可得到对应的振动幅值和振动频率的变化情况。稳定状态下的最大振动幅值和振
动频率分别如图 6-24 和图 6-25 所示。当雷诺数为 90 或 120 时，弹簧阻尼系统对

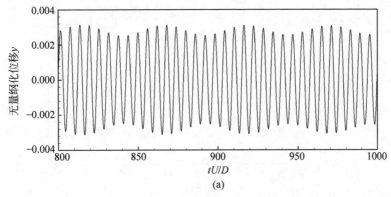

(a)

图 6-23　圆柱在不同雷诺数下涡激振动的稳态位移
(a) $Re=90$；(b) $Re=100$；(c) $Re=120$

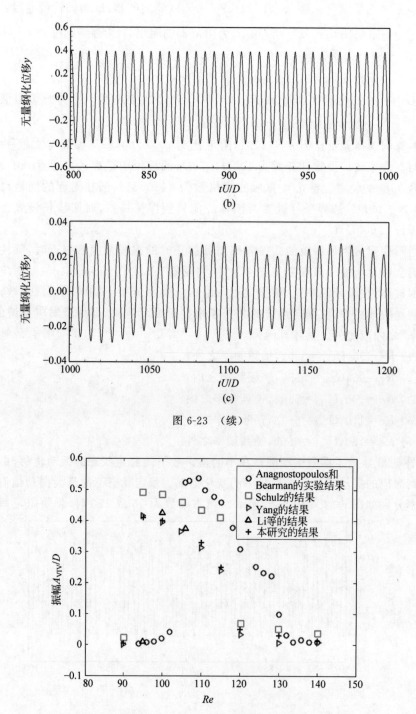

(b)

(c)

图 6-23 （续）

图 6-24   不同雷诺数下涡激振动圆柱最大位移的变化情况

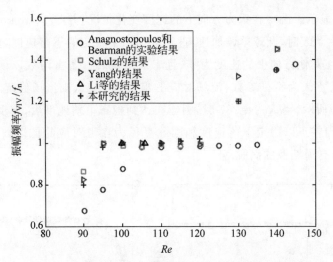

图 6-25　不同雷诺数下涡激振动圆柱振动频率的变化情况

应的固有频率远离流场中静止圆柱的涡脱落频率,涡激振动状态下圆柱的振动幅值较小,对应的阻力系数振荡较小,达到稳态时圆柱的位移并未发生明显的变化。而当雷诺数为 95 或 100 时,系统处于"锁频频率"状态,圆柱的振动幅值有明显的增加,该结果与文献[64]所得结论类似。

6.6.5　圆球的自由下落

与圆柱的涡激振动算例不同,圆球自由下落的算例是三维流固耦合的验证性算例。自由下落的球体只受重力作用,在流体中的加速度为 $(\rho_s/\rho_f-1)g$,g 为重力加速度,ρ_s 和 ρ_f 分别为球体和流体的密度。该算例的雷诺数定义为

$$Re_g = \frac{\sqrt{(|\rho_s/\rho_f-1|)g\,d^{3/2}}}{\nu} \tag{6-81}$$

式中,d——球体的直径,m。

对于自由下落的球体,对应的无量纲化表达式为

$$\frac{\partial u}{\partial t} = \frac{f_y}{M} - \frac{\rho_s-\rho_f}{|\rho_s-\rho_f|} \tag{6-82}$$

式中,M——无量纲化质量,$M=\pi\rho_s/(6\rho_f)$;

$\quad u$——球体在非惯性系中的移动速度,m/s;

$\quad f_y$——非惯性系流体对球体的无量纲化作用力。

参考 Mordant 的算例[65],根据球体与流体之间的密度比,圆球自由下落的算例分为两种情况:① $\rho_s/\rho_f = 2.57$,$Re_g = 48.5$;② $\rho_s/\rho_f = 7.86$,$Re_g = 287$。该算例对应的计算域为 $15d \times 100d \times 15d$,网格数为 $128 \times 2048 \times 128$,圆球周围的网格尺寸为 $0.025d \times 0.025d \times 0.025d$。该算例的边界条件均为 Neumann 边界条件。

图 6-26 显示了圆球在重力方向上的速度变化情况,并与 Mordant 的实验相对比。当 $Re_g = 485$ 时,圆球单调加速,直到达到一个稳定的下落速度,如图 6-26(a)所示。圆球在其他方向上的速度为零,且未发生旋转。若雷诺数以稳定下落速度 U_c 和圆球直径 d 为特征参数,流场对应的雷诺数为 42,则流场稳定且信息对称。如图 6-26(b)所示,当 $Re_g = 287$ 时,圆球在达到稳态下落速度后,速度会有轻微的振荡。其原因在于以稳定下落速度和圆球直径为参考对应的雷诺数为 430,此时流场不稳定,有周期性的涡脱落[66]。

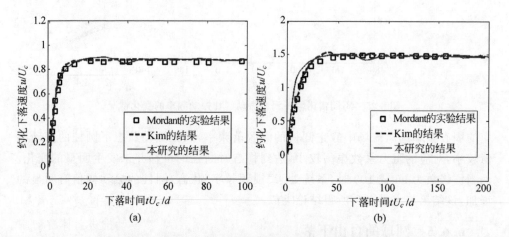

图 6-26　惯性系坐标下球体在重力方向上速度的变化情况

(a) $Re_g = 48.5$; (b) $Re_g = 278.5$

6.7　LS-IB 数值方法的讨论

6.7.1　网格数的影响

根据对鳗鲡科鱼类的研究,假设摆动推进鱼体的截面为椭圆形,以鱼体沿轴向截面宽度的 $1/2\xi_w(x)$ 来定义鱼体的二维模型[67]。其中,$\xi_w(x)$ 对应的表达式为

$$\xi_w(x) = \begin{cases} \sqrt{0.08Lx - x^2}, & 0 \leqslant x < 0.04L \\ 0.04L - 0.03L\left(\dfrac{x - 0.04L}{0.91L}\right)^2, & 0.04L \leqslant x \leqslant 0.95L \\ (L - x)/5, & 0.95L < x \leqslant L \end{cases} \tag{6-83}$$

其中,L 为鱼体长度。对应截面的短轴长度 $\xi_h(x)$ 为

$$\xi_h(x) = 0.08L\sqrt{1 - \left(\dfrac{x - 0.51L}{0.51L}\right)^2} \tag{6-84}$$

设置摆动推进鱼体自由游动流体的雷诺数为 7100。Carling 和 Kern 等[67]定义了鳗鲡科鱼类摆动曲线的运动形式,对应的表达式为

$$h(x,t) = 0.125L \frac{0.031\ 25 + x/L}{1.031\ 25} \sin\left[2\pi\left(\frac{x}{L} - \frac{t}{T}\right)\right] \quad (6\text{-}85)$$

利用 Level-set 函数和重复初始化过程构建二维鳗鲡科摆动推进鱼体的几何模型,如图 6-27 所示。

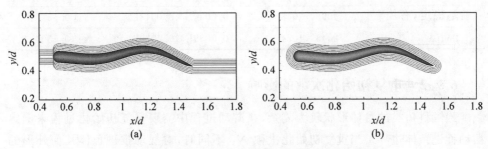

图 6-27 根据 Level-set 函数建立的鳗鲡科鱼体模型

(a) 重复初始化过程之前;(b) 重复初始化过程之后

对于鳗鲡科鱼类游动的模拟,在摆动推进鱼体周围采用局部加密网格,以精确地描述鱼体的几何外形。如表 6-8 所示,设置摆动推进鱼体的计算区域为 $10L \times 5L$,改变计算网格数以及鱼体周围网格大小来研究网格数对摆动推进鱼体游动速度的影响。由图 6-28 可知,当网格数为 4096×288 时,鳗鲡科鱼类的稳态速度可达到 0.55 BL/s,与算例 IV 中网格数 8192×352 的计算结果一致。与文献[68]和文献[69]相比较,该算例所需网格数约为原有网格总数的 $1/5 \sim 1/10$,计算量明显减小。

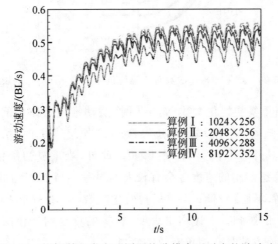

图 6-28 鳗鲡科鱼类在不同网格分辨率下对应的游动速度

表 6-8　二维鳗鲡科摆动推进鱼体自主游动算例的设置参数及计算结果

算　　例	网格数 $N_x \times N_y$	鱼体周围网格大小	游动速度/(BL/s)
Ⅰ	1024×236	0.0078L×0.0042L	0.48
Ⅱ	2048×256	0.0039L×0.0025L	0.52
Ⅲ	4096×288	0.0020L×0.0013L	0.55
Ⅳ	8192×352	0.0010L×0.0010L	0.55
Gazzola 等[68]	4096×2048	0.0020L×0.0013L	0.55
Ghaffari 等[69]	2048×1024	0.0039L×0.0039L	0.53

6.7.2　重复初始化次数的影响

鳗鲡科鱼类的身体形状较为复杂,在游动过程中需要重复初始化过程来确定摆动推进鱼体边界。当重复初始化次数 N_r 不同时,对摆动推进鱼体几何外形的影响如图 6-29 所示,对摆动推进鱼体游动速度的影响如图 6-30 所示。在基于直接力法的浸入边界法中,对摆动推进鱼体外形的 Level-set 函数比较敏感,需要保证摆动推进鱼体外形的等值线。

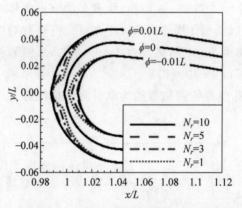

图 6-29　重复初始化次数对鳗鲡科鱼体头部几何外形的影响

图 6-30 中,当重复初始化次数 $N_r = 1$ 时,摆动推进鱼体头部的等值线存在较大的误差,该误差随着 N_r 的增加而逐渐减小。当 $N_r \geqslant 5$ 时,摆动推进鱼体的几何外形几乎重合,其外形不再受 N_r 的影响。此外,当重复初始化次数不同时,摆动推进鱼体达到稳态游动的速度也会有较大的误差。当 $N_r = 1$ 时,摆动推进鱼体达到稳态的平均游动速度较低;当重复初始化次数 $N_r \geqslant 5$ 时,摆动推进鱼体的游动速度不再受 N_r 的影响。上述结果表明,较少的重复初始化次数就可达到鱼类游动算例的要求,该方法具有简单有效的特点。

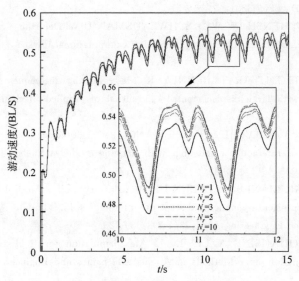

图 6-30　重复初始化次数对鳗鲡科鱼体游动速度的影响

6.8　本章小结

为实现鱼类游动的数值模拟,本章介绍了基于交错直角网格的 N-S 方程求解器,编程实现了基于边界重构的显式直接力法,提出了采用 Level-set 函数描述复杂光滑浸入边界问题,有效地解决了模拟动边界时计算复杂的问题;通过一系列算例验证了大涡模拟/浸入边界混合方法模拟具有复杂几何边界和动边界流动问题的能力。

结合 Level-set 函数和浸入边界法的优势,本章重点综述了适合处理具有复杂动边界流固耦合问题的 LS-IB 数值方法。根据 Level-set 函数和重复初始化的过程来确定固体界面,由基于直接力法的浸入边界法来确定固体与流体之间的相互作用力。同时,采用 DNS 和 LES 来模拟不同黏性的流体环境,并使用 MPI 并行计算来提高程序的运算能力。通过计算圆柱绕流、圆球绕流、强迫圆柱振动、涡激圆柱振动和球体自由下落等经典算例,验证了数值算法的有效性。最后,将该方法运用到鳗鲡科模式的二维鱼体游动算例中,通过分析鱼类在不同网格分辨率和重复初始化次数下的游动速度,展现了 LS-IB 方法简单有效和计算量小的优点,也为后续摆动推进鱼类游动性能的研究做了铺垫。

参考文献

[1]　DAMANIK H,HRON J,OUAZZI A,et al. A monolithic FEM-multigrid solver for non-isothermal incompressible flow on general meshes[J]. Journal of Computational Physics,

2009,228(10): 3869-3881.

[2] BANKS J W, HENSHAW W D, SCHWENDEMAN D W. Deforming composite grids for solving fluid structure problems[J]. Journal of Computational Physics,2012,231(9): 3518-3547.

[3] STEIN K, TEZDUYAR T, BENNEY R. Mesh moving techniques for fluid-structure interactions with large displacements[J]. Journal of Applied Mechanics, 2003, 70 (1): 58-63.

[4] TEZDUYAR T E, SATHE S, PAUSEWANG J, et al. Interface projection techniques for fluid-structure interaction modeling with moving-mesh methods [J]. Computational Mechanics,2008,43(1): 39-49.

[5] DONEA J,GIULIANI S,HALLEUX J P. An arbitrary Lagrangian-Eulerian finite element method for transient dynamic fluid-structure interactions[J]. Computer Methods in Applied Mechanics and Engineering,1982,33(1-3): 689-723.

[6] SOULI M, OUAHSINE A, LEWIN L. Ale formulation for fluid-structure interaction problems[J]. Computer Methods in Applied Mechanics and Engineering, 2000, 190 (5): 659-675.

[7] XUE G, LIU Y, ZHANG M, et al. Numerical Analysis of hydrodynamics for Bionic Oscillating Hydrofoil Based on Panel Method[J]. Applied Bionics and Biomechan-ics,2016, 2016: 6909745.

[8] CHOWDHURY A R,XUE W,BEHERA M R,et al. Hydrodynamics study of a BCF mode bioinspired robotic-fish underwater vehicle using Lighthill's slender body model[J]. Journal of Marine Science and Technology,2016,21(1): 102-114.

[9] CHEN W S,WU Z J,LIU J K,et al. Numerical simulation of Batoid locomotion[J]. Journal of Hydrodynamics,Ser. B,2011,23(5): 594-600.

[10] BAZILEVS Y, TAKIZAWA K, TEZDUYAR T E. Challenges and directions in computational fluid-structure interaction [J]. Mathematical Models and Methods in Applied Sciences,2013,23(2): 215-221.

[11] WICK T. Fluid-structure interactions using different mesh motion techniques [J]. Computers & Structures,2011,89(13): 1456-1467.

[12] VAN LOON R,ANDERSON P,VAN DE VOSSE F,et al. Comparison of various fluid-structure interaction methods for deformable bodies[J]. Computers & Structures,2007, 85(11): 833-843.

[13] PESKIN C S. Flow patterns around heart valves: a numerical method[J]. Journal of Computational Physics,1972,10(2): 252-271.

[14] PESKIN C S. Numerical analysis of blood flow in the heart[J]. Journal of Computational Physics,1977,25(3): 220-252.

[15] GOLDSTEIN D,HANDLER R,SIROVICH L. Modeling a no-slip flow boundary with an external force field[J]. Journal of Computational Physics,1993,105(2): 354-366.

[16] MOHD-YUSOF J. Combined immersed-boundary/B-spline methods for simulations of flow in complex geometries[J]. Center for turbulence research annual research briefs, 1997,161(1): 317-327.

[17] FADLUN E, VERZICCO R, ORLANDI P, et al. Combined immersed-boundary finite-

difference methods for three-dimensional complex flow simulations [J]. Journal of Computational Physics,2000,161(1)：35-60.

[18] GILMANOV A,SOTIROPOULOS F. A hybrid Cartesian/immersed boundary method for simulating flows with 3D, geometrically complex, moving bodies [J]. Journal of Computational Physics,2005,207(2)：457-492.

[19] MITTAL R,DONG H,BOZKURTTAS M,et al. A versatile sharp interface immersed boundary method for incompressible flows with complex boundaries [J]. Journal of Computational Physics,2008,227(10)：4825-4852.

[20] ORLEY F,PASQUARIELLO V,HICKEL S,et al. Cut-element based immersed boundary method for moving geometries in compressible liquid flows with cavitation[J]. Journal of Computational Physics,2015,283：1-22.

[21] MITTAL R,IACCARINO G. Immersed boundary methods[J]. Annual Review of Fluid Mechanics,2005 (37)：239-261.

[22] LAI M C, PESKIN C S. An immersed boundary method with formal second-order accuracy and reduced numerical viscosity[J]. Journal of Computational Physics, 2000 (160)：705-719.

[23] MOHD-YUSOF J. Combined immersed-boundary/B-spline methods for simulations of flow in complex geometries[R]. CTR Annual Research Briefs, NASA Ames/Stanford University,1997. 317.

[24] SU S W,LAI M C,LIN C A. An immersed boundary technique for simulating complex flows with rigid boundary[J]. Computers & Fluids,2007,36：313-324.

[25] UHLMANN M. An immersed boundary method with direct forcing for the simulation of particulate flows[J]. Journal of Computational Physics,2005,209：448-476.

[26] BALARAS E. Modeling complex boundaries using an external force field on fixed Cartesian grids in large-eddy simulations[J]. Computers & Fluids,2004,33：375-404.

[27] TSENG Y H, FERZIGER J H. A ghost-cell immersed boundary method for flow in complex geometry[J]. Journal of Computational Physics,2000,192：593-623.

[28] KIM J,KIM D,CHOI H. An immersed-boundary finite-volume method for simulations of flow in complex geometries[J]. Journal of Computational Physics,2001,171：132-150.

[29] YE T, MITTAL R, UDAYKUMAR H S,et al. An accurate Cartesian grid method for viscous incompressible flows with complex immersed boundaries [J]. Journal of Computational Physics,1999,156：209-240.

[30] YANG J,BALARAS E. An embedded-boundary formulation for large-eddy simulation of turbulent flows interacting with moving boundaries[J]. Journal of Computational Physics, 2006,215：12-40.

[31] KIM D,CHOI H. Immersed boundary method for flow around an arbitrarily moving body [J]. Journal of Computational Physics,2006,212：662-680.

[32] SMAGORINSKY J. General circulation experiments with the primitive equation. I. the Basic experiment[J]. Monthly Weather Review,1963,91：99-164.

[33] LILLY D K. A proposed modification of the Germano subgrid-scale closure model[J]. Physics of Fluids A,1992,4.

[34] DEARDORFF J W. A numerical study of three-dimensional turbulent channel flow at

large Reynolds numbers[J]. Journal of Fluid Mechanics,1970,41: 453-480.

[35] MOIN P,KIM J. Numerical investigation of turbulent channel flow[J]. Journal of Fluid Mechanics,1982,118: 341-377.

[36] VAN DRIEST E R. On the turbulent flow near a wall[J]. Journal of the Aeronautical Sciences,1956,23: 1007-1011.

[37] GERMANO M,PIOMELLI U,MOIN P,et al. A dynamic subgridscale eddy viscosity model[J]. Physics of Fluids A,1991(3).

[38] AKSELVOLL K,MOIN P. Large eddy simulation of a backward facing step flow[C]. 2nd International Symposium on Engineering Turbulence Modeling and Measurements. May 31-June 2,1993,Florence,Italy.

[39] PETSc Users Manual,Revision 3. 8. Argonne National Laboratory[EB/OL]. (2022-06-08) [2020-03-08]. https: //www. mcs. anl. gov/petsc.

[40] ORLANSKI I. Simple boundary-condition for unbounded hyperbolic flows[J]. Journal of Computational Physics,1976,21: 251-269.

[41] SUSSMAN M,SMEREKA P,OSHER S. A level set approach for computing solutions to incompressible two-phase flow[J]. Journal of Computational Physics,1994,114: 146-159.

[42] RUSSO G,SMEREKA P. A remark on computing distance functions[J]. Journal of Computational Physics,2000,163: 51-67.

[43] UHLMANN M. First experiments with the simulation of particulate flows[R]. Technical Report No. 1020,CIEMAT,Madrid,Spain,ISSN 1135-9420,2003.

[44] DENNIS S C R,CHANG G Z. Numerical solution for steady flow past a circular cylinder at Reynolds numbers up to 100[J]. Journal of Fluid Mechanics,1970,42: 471-489.

[45] DIAS A,MAJUMDAR S. Numerical computation of flow around a circular cylinder[R]. Technical Report,PS II Report,BITS Pilani,India.

[46] PARK J,KWON K,CHOI H. Numerical solutions of flow past a circular cylinder at Reynolds numbers up to 160[J]. KSME International Journal,1998,12(6): 1200-1205.

[47] FORNBERG B. A numerical study of steady viscous flow past a circular cylinder[J]. Journal of Fluid Mechanics,1980,98: 819-855.

[48] LIU C,ZHENG X,SUNG C H. Preconditioned multigrid methods for unsteady incompressible flows[J]. Journal of Computational Physics,1998,139: 35-57.

[49] ONG L,WALLACE J. The velocity field of the turbulent very near wake of a circular cylinder[J]. Experiments in Fluids,1996,20: 441-453.

[50] TREMBLAY F. Direct and large-eddy simulation of flow around a circular cylinder at subcritical Reynolds numbers[D]. München:Technische University München,2002.

[51] KRAVCHENKO A G, MOIN P. Numerical studies of flow over a circular cylinder at $Re=3900$[J]. Physics of Fluids,2000,12: 403-417.

[52] LOURENCO L M,SHIH C. Characteristics of the plane turbulent near wake of a circular cylinder a particle image velocimetry study[J]. Private Communication,1993.

[53] NORBERG C. Pressure forces on a circular cylinder in cross flow[C]. International Union of Theoretical and Applied Mechanics. Berlin, Heidelberg: Springer, 1993.

[54] CLIFT R, GRACE J R, WEBER M E. Bubbles, drops, and particles[R]. Courier Corporation,2005.

[55] JOHNSON T A,PATEL V C. Flow past a sphere up to a Reynolds number of 300[J]. Journal of Fluid Mechanics,1999,378：19-70.

[56] CONSTANTINESCU G S,SQUIRES K D. LES and DES investigations of turbulent flow over a sphere[J]. AIAA Paper,2000,2000-0540.

[57] HIEBER S E, KOUMOUTSAKOS P. An immersed boundary method for smoothed particle hydrodynamics of self-propelled swimmers[J]. Journal of Computational Physics, 2008,227：8636-8654.

[58] PLOUMHANS P,WINCKELMANS G S,SALMON J K,et al. Vortex methods for direct numerical simulation of three-dimensional bluff body flows：applications to the sphere at $Re = 300,500$ and 1000[J]. Journal of Computational Physics,2002,178：427-463.

[59] GU W,CHYU C,ROCKWELL D. Timing of vortex formation from an oscillating cylinder [J]. Physics of Fluids,1994,6：3677-3682.

[60] GUILMINEAU E, QUEUTEY P. A numerical simulation of vortex shedding from an oscillating circular cylinder[J]. Journal of Fluids and Structures,2002,16：773-794.

[61] WILLIAMSON C H K,GOVARDHAN R. Vortex-induced vibrations[J]. Annual Review of Fluid Mechanics,2004,36：413-455.

[62] ANAGNOSTOPOULOS P,BEARMAN P W. Response characteristics of a vortex excited cylinder at low Reynolds numbers[J]. Journal of Fluids and Structures,1992,6：39-50.

[63] SCHULZ K W,KALLINDERIS Y. Unsteady flow structure interaction for incompressible flows using deformable hybrid grids[J]. Journal of Computational Physics,1998,143：569-597.

[64] LI L,SHERWIN S J,BEARMAN P W. A moving frame of reference algorithm for fluid/ structure interaction of rotating and translating bodies[J]. International Journal for Numerical Methods in Fluids,2002,38：187-206.

[65] MORDANT N, PINTON J F. Velocity measurement of a settling sphere[J]. The European Physical Journal B,2000,18：343-352.

[66] SAKAMOTO H,HANIU H. A study on vortex shedding from spheres in a uniform flow [J]. Transaction of ASME：Journal of Fluids Engineering,1990,112：386-392.

[67] KERN S,KOUMOUTSAKOS P. Simulations of optimized anguilliform swimming [J]. Journal of Experimental Biology,2006,209(24)：4841.

[68] GAZZOLA M, CHATELAIN P, VAN REES W M,et al. Simulations of single and multiple swimmers with non-divergence free deforming geometries [J]. Journal of Computational Physics,2011,230：7093-7114.

[69] GHAFFARI S A, VIAZZO S, SCHNEIDER K,et al. Simulation of forced deformable bodies interacting with two-dimensional incompressible flows：application to fish-like swimming[J]. International Journal of Heat and Fluid Flow,2015,51：88-109.

第7章

鱼类游动数值模拟研究

7.1 引言

在不同流体环境中,摆动推进鱼类的摆动曲线参数会对其推进性能产生较大的影响。采用第 4 章提出的 LS-IB 方法,本章建立了鳗鲡科和鲹科鱼类的约束游动鱼体模型(tethered fish model)和自由游动鱼体模型(self-propelled fish model),通过改变摆动曲线的频率、幅值和行波系数来分别研究鱼类在不同流体环境中的游动性能。此外,还分析了鱼类尾迹涡街结构与鱼类运动参数之间的关系。通过设置不同的鱼类外形和鱼类的摆动曲线参数,研究了鱼类在游动过程中的优化选择,为探索鱼类快速高效游动机理的研究提供了理论依据。

7.2 鱼类游动 CFD 模型

7.2.1 约束游动鱼体模型

约束游动鱼体模型,是指在均匀来流的条件下,鱼体被固定在某一位置按某种运动方式进行强制摆动。如图 7-1 所示,约束游动鱼体模型具有计算量小的优点,只是将鱼类周围的网格进行加密。该摆动推进鱼类模型的雷诺数 Re_∞ 是根据鱼类长度 L 和入流速度 U_∞ 来定义的,表示为

$$Re_\infty = LU_\infty/\nu \qquad (7-1)$$

摆动推进鱼类游动性能的研究主要集中在鱼类的游动速度和游动效率方面,而影响其游动性能的参数主要包括鱼类的几何参数、运动学参数和描述流场的参数等。在约束游动鱼类模型中,摆动推进鱼类被限制在某一位置上进行摆动,并不能根据所受合力进行向前或向后游动。如图 7-2 所示,摆动推进鱼类受到来流阻力 D 和由摆动产生的推力 $\overline{T}$,对应的合力记为 F。从动力学角度看,约束游动鱼

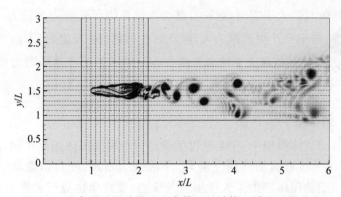

图 7-1　约束游动摆动推进鱼类模型的计算区域和网格分布

类的游动状态相当于施加了和合力方向相反的作用力所达到的平衡态。为了评价其推进性能,本章从摆动推进鱼类所受合力和功率消耗两方面进行了分析,对应的评价指标如下:

(1) 合力系数。以摆动推进鱼类静止时所受阻力为参考,定义合力系数 C_F^* 为

$$C_F^* = \overline{F}/F_0 \tag{7-2}$$

式中,$\overline{F}$——鱼类不同游动状态下所受的平均合力,N;

F_0——鱼类静止时所受的平均合力,N。

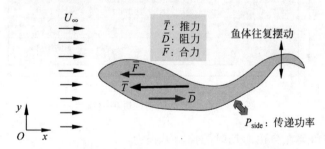

图 7-2　约束游动摆动推进鱼类在流体中所受作用力

通过合力系数可判断摆动推进鱼类所受的合力状态:当合力系数为正数时,鱼体所受合力为推力;当合力系数为负数时,其所受合力为阻力。

(2) 功率系数。由鱼类约束游动鱼体模型无法得到其稳态游动速度,所以基于游动速度的 Froude 效率等评价指标均无效。在此,通过摆动推进鱼类获得的有用功和耗散功率之间的比值,定义鱼体的功率系数:

$$C_P^* = \overline{F(t)}U_\infty/\overline{P_{\text{side}}} = \overline{F(t)}U_\infty/\overline{\sum F(t)h'} \tag{7-3}$$

式中,$\overline{F(t)}$——鱼体所受的平均合力,N;

$\overline{P_{\text{side}}}$——鱼体摆动时所受的平均损耗功率,N·m/s;

h'——鱼体侧向速度,m/s。

当功率系数 C_P^* 大于零时,意味着摆动推进鱼类所受合力为推力,C_P^* 的数值越大,即耗散功率小但产生的推力大,游动效率就越高;反之,当 C_P^* 小于零时,合力为阻力,C_P^* 的绝对值越大意味着鱼类在该运动状态下产生的阻力越大,游动效率越低。

7.2.2 自由游动鱼体模型

在自由游动鱼体模型中,鱼类通过摆动身体与周围流体相互作用,从而实现自由推进,该模型并没有施加任何作用力。如图 7-3 所示,在自由游动开始时,摆动推进鱼类通过摆动尾体产生了大于阻力的推力,使得鱼体处于加速状态。当鱼类的游动速度逐渐增大时,对应的阻力也在逐渐变大,直到与鱼类产生的推力相平衡,达到稳态游动状态。为研究摆动推进鱼类在不同流体环境中的游动情况,设置鱼游算例的雷诺数分别为 400、4000 和 40 000,分别代表黏性、过渡区和惯性区流体环境。自由游动鱼类的雷诺数 Re_T 定义为

$$Re_T = L^2 / (Tv) \tag{7-4}$$

式中,T——摆动推进鱼类尾鳍的摆动周期,s。

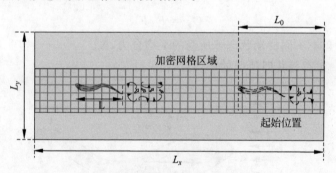

图 7-3 自由游动摆动推进鱼类模型

摆动推进鱼类在自由游动时的控制方程为

$$M_{\mathrm{red}} \frac{\mathrm{d}^2 x}{\mathrm{d}t^2} = \frac{m_{\mathrm{fish}}}{\rho_f L^3} \frac{\mathrm{d}^2 x}{\mathrm{d}t^2} = F_f \tag{7-5}$$

式中,M_{red}——鱼体的约化质量,$M_{\mathrm{red}} = m_{\mathrm{fish}} / (\rho_f L^3)$;

m_{fish}——鱼体的实际质量,kg;

$\mathrm{d}^2 x / \mathrm{d}t^2$——鱼体的加速度,m/s^2;

F_f——在游动方向上流体对鱼体的作用力,N。

摆动推进鱼类的约化质量并不会影响其达到稳态时的速度,但会影响其达到稳态的时间,即摆动推进鱼类约化质量会影响鱼类游动的加速度。约化质量越小,对应的加速度越大,达到稳态速度所需的时间越短。以二维鲹科鱼类为例,设其鱼类外形的几何参数为 $r(x)$,计算约化质量的表达式为

$$M_{\text{red}} = \int_0^L r(x)\,\mathrm{d}x / L^2 \tag{7-6}$$

与计算二维鱼类约化质量的方法类似，通过对摆动推进鱼类长度的二重积分求解三维摆动推进鱼类的质量，计算对应的约化质量为

$$M_{\text{red}} = \int_0^L \int_0^L r(x)R(x)\,\mathrm{d}x\,\mathrm{d}x / L^3 \tag{7-7}$$

与约束游动模型相比，鱼类的自由游动模型在稳态游动过程中受力平衡。在不同游动情况下，对应的稳态游动速度是不同的。除了游动速度，自由游动摆动推进鱼类模型的评价指标还包括以下两种：

（1）平均推力。在稳态游动中，摆动推进鱼类所受的推力和阻力相平衡。在数值模拟中，可实时监测摆动推进鱼类的推力和阻力，当二者之间的绝对值误差小于机器误差时，认为摆动推进鱼类的推力和阻力相等。

（2）游动效率：根据 Lighthill 细长体理论，可计算摆动推进鱼类游动的 EBT 效率，如式（2-15）所示。此外，Froude 效率常作为鱼类的游动效率，表达式为

$$\eta_{\text{F}} = \frac{\overline{T}U}{\overline{T}U + \overline{P}} \tag{7-8}$$

式中，$\overline{T}$——鱼类稳态游动时所受的平均推力，N；

$\overline{P}$——传递到鱼类周边的平均侧向耗散功率，N·m/s。

7.3　约束鱼游模型的数值模拟

本章以鳗鲡科和鲹科鱼类为研究对象，其原因在于这两类鱼体的几何形状差别较大。鳗鲡科的形状呈细长状，如式（6-83）和式（6-84）所示[1]。如图 7-4 所示，鲹科为宽扁形，设摆动推进鱼类横截面为垂直于中性线的椭圆，椭圆的长轴和短轴半径分别记为 $R(x)$ 和 $r(x)$。以平直形尾鳍的鲹科鱼类为研究对象，根据文献[2]定义鲹科鱼类的轮廓尺寸，分别为

$$R(x) = 0.14L \sin\left[2\pi x/(1.6L)\right] + 0.0008L \left[\mathrm{e}^{2\pi x/(1.1L)} - 1\right] \tag{7-9}$$

$$r(x) = 0.045L \sin\left[2\pi x/(1.25L)\right] + 0.06L \sin\left[2\pi x/(3.14L)\right] \tag{7-10}$$

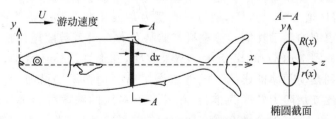

图 7-4　摆动推进鱼类的侧视图及横截面尺寸

以三维鳗鲡科鱼类为例,设置计算区域为 $6L \times 3L \times 3L$,计算域宽度约为鱼体最大宽度 $0.067L$ 的 15 倍,在整个计算域内网格分布为 $512 \times 512 \times 512$。在鱼体周围加密网格以保证计算精度,网格加密范围为 $1.2L \times 0.5L \times 0.5L$。在网格加密区内,流向方向网格尺寸 Δx 为 $0.0033L$,径向和侧向方向上的网格尺寸 Δy 为 $0.0042L$。摆动推进鱼类固定于离进口边界 $1.0L$ 的位置,在径向方向上位于中心线上。流向和径向上对应的边界条件分别为进出口边界条件和无滑移边界条件。鳗鲡科和鲹科鱼类模型的设置参数如表 7-1 所示。

表 7-1 鳗鲡科和鲹科鱼类模型的设置参数[1-2]

鱼类	Re	鱼长	频率/Hz	波数	包络线
鳗鲡科	400、4000、40 000	1.0L	2.2	9.75	$0.089e^{2.18(x/L-1)}$
鲹科	400、4000、40 000	1.0L	2.5	5.7	$0.02-0.12x+0.2x^2$

以鳗鲡科鱼类为例,摆动推进鱼类所受的合力如图 7-5 所示。在相同的运动学参数下,鱼体在黏性流体中所受的阻力远大于在惯性流体中所受的阻力。结果表明,摆动推进鱼类所受的合力在单位摆动周期内会呈现两个峰值,与摆动推进鱼类尾鳍的周期性摆动相对应。

图 7-5

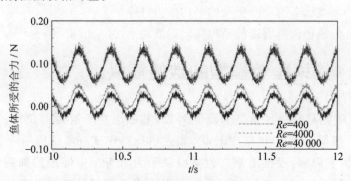

图 7-5 在不同雷诺数下鳗鲡科鱼类所受的合力

7.3.1 摆动频率对游动性能的影响

为研究鳗鲡科和鲹科鱼类尾鳍摆动频率对游动性能的影响,将鱼类的摆动频率从 0.5 Hz 增加到 5.0 Hz,通过鱼类受力系数和推进效率来评价摆动推进鱼类约束游动模型的游动性能。鳗鲡科和鲹科鱼类合力系数随尾鳍摆动频率的变化情况分别如图 7-6(a)和(b)所示。结果表明,在惯性流体环境中,鱼类所受合力更容易受到摆动频率的影响。随着鱼类尾鳍摆动频率的增加,摆动推进鱼类所受的合力逐渐从阻力转变为推力,在转变点对应的频率称为临界频率。当雷诺数为 4000 和 40 000 时,鳗鲡科鱼类对应的临界频率分别为 3.2 Hz 和 4.0 Hz,而鲹科鱼类对应的临界频率为 2.2 Hz 和 3.0 Hz。与鳗鲡科鱼类相比,鲹科鱼类在不同的流体环境中获得推力所需的摆动频率更低。此外,当摆动频率较低时,摆动推进鱼类所受的阻力会随着尾鳍摆动频率的增加而逐渐减小。但在一定范围内，摆动推进鱼类所受的阻力远大于鱼类静止时所受阻力 F_0，该结果说明鱼类也可通过减小摆动频率来实现增阻。

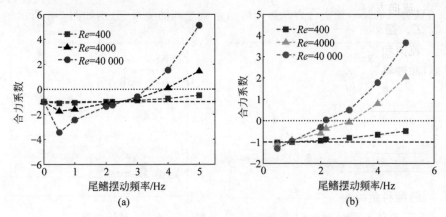

图 7-6　三维鱼体的合力系数与摆动频率之间的关系

（a）鳗鲡科鱼类；（b）鲹科鱼类

在不同的流体环境中，鳗鲡科和鲹科鱼类摆动频率对效率系数的影响分布如图 7-7（a）和（b）所示。当摆动频率较低时，鱼类所受合力为阻力，效率系数为负数。随着摆动频率的增加，摆动推进鱼类所受阻力逐渐减小，效率系数的绝对值逐渐减小，说明摆动推进鱼类对应的游动效率在逐渐增加。当摆动频率逐渐增加到产生推力时，摆动推进鱼类的效率系数或游动效率处于稳定状态。总之，在黏性环境中摆动推进鱼类效率系数受摆动频率的影响远大于其在惯性环境中的影响。与鲹科鱼类相比，鳗鲡科鱼类尾鳍的摆动频率对所受合力和游动效率的影响较大。

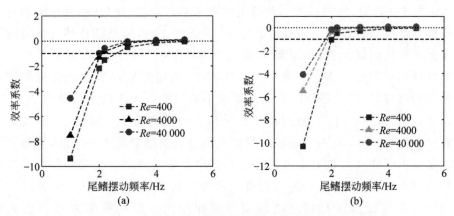

图 7-7　三维鱼体的效率系数与摆动频率之间的关系

（a）鳗鲡科鱼类；（b）鲹科鱼类

7.3.2　摆动幅值对游动性能的影响

通过调节摆幅系数 A_c 改变鱼体摆动曲线的整体幅值，即 $A_c(a_1+a_2x+a_3x^2)$，来研究鳗鲡科和鲹科鱼类合力系数与幅值系数之间的关系，分别如图 7-8 所示。

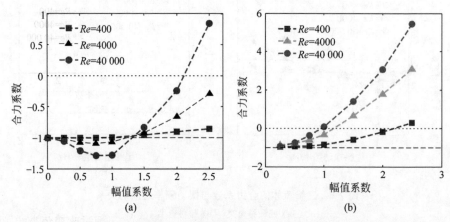

图 7-8　三维鱼体的合力系数与摆动幅值系数之间的关系

（a）鳗鲡科鱼类；（b）鲹科鱼类

与图 7-6 相类似，当摆动幅值逐渐增加时，摆动推进鱼类所受的合力逐渐由阻力转变为推力，对应的幅值临界系数随着流体雷诺数的增大而减小。与摆动频率相比，摆动幅值对摆动推进鱼类所受合力的影响较小。总体上，摆动推进鱼类所受的合力会随着鱼类摆幅的增大而增大，但变化范围较小。对于低雷诺数流体，需要不同程度地增加摆幅来产生推力。与鳗鲡科鱼类相比，鲹科鱼类所受的合力受幅值系数的影响较大。

由图 7-9 可知，鳗鲡科和鲹科鱼类的效率系数均随着摆动幅值系数的增加而增加并最终达到稳态。当幅值系数 A_c 接近于 1 时，鳗鲡科和鲹科鱼类的效率系数几乎达到最大值，该结果从能耗的角度阐明了鳗鲡科和鲹科鱼类在自然界选择不同摆动幅值的原因。在自然界中，不同类型的摆动推进鱼类会选择特定的摆幅，摆幅对鳗鲡科鱼类游动效率的影响远大于对鲹科鱼类的影响。在雷诺数为 40 000 时，当鳗鲡科和鲹科鱼类的摆幅为 0.5 时，对应的效率系数在 −2.5 和 −0.5 左右。这说明当摆动推进鱼类摆幅减小一半时，鳗鲡科鱼类在游动中要比鲹科鱼类多消耗几乎五倍的能量。该结论说明鲹科鱼类本身的游动效率较高，该结论与鱼类在自然界中的观测结果一致[3]。结合图 7-8，说明鲹科鱼类在加速过程中更倾向于采用增大摆幅的策略来获得较大的推力。

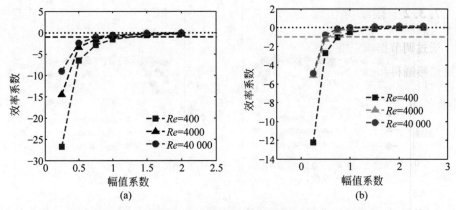

图 7-9　三维鱼体的效率系数与摆动幅值系数之间的关系

(a) 鳗鲡科鱼类；(b) 鲹科鱼类

7.3.3　行波系数对游动性能的影响

为研究行波系数对鳗鲡科和鲹科鱼类游动性能的影响,本节通过改变鱼类的摆动曲线波数来得到不同的行波系数。在稳态游动时,鳗鲡科鱼类在自然界中选择的摆动曲线波数为 9.75,对应的行波系数为 0.84。对于鳗鲡科鱼类,摆动曲线波数和行波系数对鱼类推进性能的影响如图 7-10 所示。

图 7-10(a)中,鳗鲡科鱼类的行波系数对合力系数的影响呈抛物线状。当摆动曲线行波系数较低时,鳗鲡科鱼类所受的合力较小,对效率系数的影响较小。当行波系数在 0.8 附近时,鳗鲡科鱼类所受的合力达到最大值,效率系数也达到了最大值,该结论与鳗鲡科鱼类在自然界中的进化结果一致。根据上述结果可进一步预测:当行波系数在 0~0.8 范围内时,鳗鲡科鱼类可通过调节摆动曲线波数来控制摆动推进鱼类所受的合力,同时维持着较高的游动效率。当继续增大行波系数时,鳗鲡科鱼类所受的合力和效率系数均会下降,游动性能会有明显的下降,该结果从受力的角度阐明了鳗鲡科鱼类选择较大行波系数摆动推进鱼类的摆动曲线的原因。

在鲹科鱼类中,行波系数与其所受的合力系数和效率系数之间的关系如图 7-11 所示。当摆动曲线行波系数在 0.55 附近时,鲹科鱼类的合力系数达到最大值,而效率系数也达到最大值,该结论与鲹科鱼类在自然界中选择的行波系数 0.53 接近。与鳗鲡科鱼类相比,鲹科鱼类的游动性能受行波系数的影响较小。以 $Re=40\ 000$ 的流体环境为例,当行波系数由 0.2 变化到 0.7 时,鲹科鱼类合力系数和效率系数的变化范围分别为 $-0.6\sim0.05$ 和 $-0.05\sim0$,该范围远小于鳗鲡科鱼类的变化范围。总的来说,鲹科鱼类主要依靠改变摆动幅值和摆动频率来提高游动效率,而不是通过改变行波系数这一方式。该结论也应用到本书第 4 章设计的仿鲹科机器鱼中,以更有效提高水下游动性能。

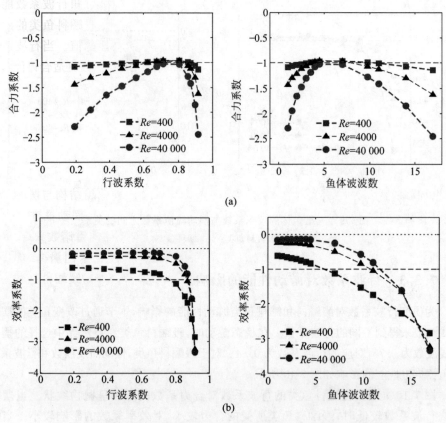

图 7-10　鳗鲡科鱼类游动性能与摆动曲线波数/行波系数之间的关系

（a）摆动曲线波数/行波系数与合力系数的关系；（b）摆动曲线波数/行波系数与效率系数的关系

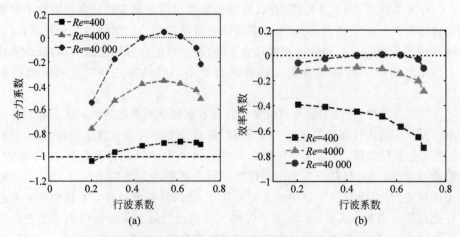

图 7-11　鲹科鱼类游动性能与摆动曲线行波系数之间的关系

（a）行波系数与合力系数的关系；（b）行波系数与效率系数的关系

将摆动曲线波数和行波系数对游动性能的影响进行对比,可知行波系数能够更好地反映鱼类弯曲程度对游动性能的影响。图 7-10(b)中,鳗鲡科鱼类的效率系数随着摆动曲线波数的增加而降低,但并不能明显地区分最优值。当行波系数在 0.8 附近时,效率系数会出现明显的下降。该结果说明行波系数更适合评价鱼类的推进效率,也能够更清楚地解释鳗鲡科鱼类的游动机理。

7.4 鱼类尾迹涡街结构分析

7.4.1 二维鱼体的尾迹涡街结构

以鳗鲡科鱼类为例,当流体的雷诺数不同时,鱼类的尾迹涡街结构与摆动曲线参数存在着关联。如图 7-12(a)所示,在黏性流体中($Re=400$),摆动推进鱼类尾迹的流体黏附在尾体附近,并未产生明显的涡街结构。当流体的雷诺数 $Re=4000$ 时,往复摆动的鱼体左右排开周围流体,使其尾迹形成明显的反卡门涡街结构,如图 7-12(b)所示。图 7-12(c)中,在惯性流体环境中($Re=40\,000$),鳗鲡科鱼类会产生反卡门涡街结构,但涡量分布较为复杂,呈现湍流的运动特性。

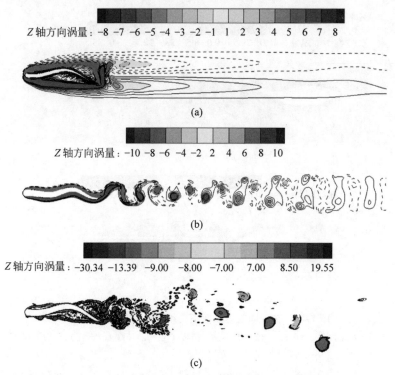

图 7-12 二维鳗鲡科鱼类在不同雷诺数下游动产生的涡街结构

(a)雷诺数为 400 时鳗鲡科鱼类的涡街结构;(b)雷诺数为 4000 时鳗鲡科鱼类的涡街结构;

(c)雷诺数为 40 000 时鳗鲡科鱼类的涡街结构

本节还以鲹科鱼类在 $Re=4000$ 流体环境中的尾迹结构为例,研究二维鱼体尾迹涡街结构与阻力系数之间的关系。如图 7-13(a)所示,当合力系数为正数时,鱼体所受的合力为阻力,尾迹出现卡门涡街结构;当合力系数下降到一定数值时,鱼体所受的合力仍然为阻力,尾迹的涡街结构演化为 2S 形涡街结构,如图 7-13(b)所示。当阻力系数为负数时,鱼体所受的合力为推力,对应的涡街结构为反卡门涡街结构,如图 7-13(c)所示。总的来说,当鲹科摆动推进鱼类所受合力逐渐由阻力转变为合力时,尾迹的涡街逐渐由卡门涡街结构向反卡门涡街结构转变。

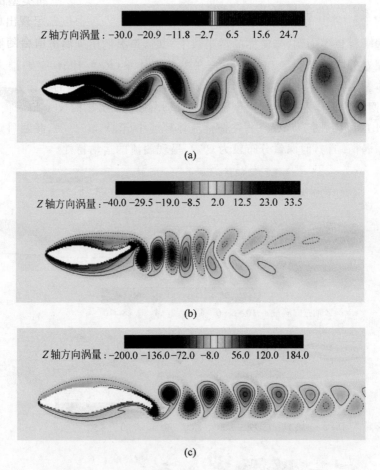

图 7-13　在不同阻力系数下二维鲹科的尾迹涡街结构

(a) 卡门涡街结构($C_d=0.62$); (b) 2S 形涡街结构($C_d=0.475$); (c) 反卡门涡街结构($C_d=0$)

7.4.2　三维鱼体的尾迹涡街结构

　　为真实地反映出鱼体在自然界中的尾迹涡街结构,本书以三维鲹科鱼体为例,分析鱼体在不同雷诺数流体中游动所产生的涡街结构。当 $Re=400$ 时,附着在摆动推进鱼类表面的流体黏性较强,运动速度低,尾迹对应的涡量较小。当 $Re=$ 4000 时,摆动推进鱼类尾迹会呈现明显的双列涡街结构(double-row wake),涡环结构清晰可见。当 $Re=40\,000$ 时,流体的黏性较小,黏附在摆动推进鱼类上的流体明显减少,尾迹的涡街结构呈现出湍流的特点。除了流体雷诺数,鲹科鱼类游动过程中的运动学参数对鱼类的游动状态也会产生较大的影响。

以 $Re=4000$ 时的鲹科鱼类为例,研究了鱼类摆动频率、摆动幅值系数和摆动曲线波数对尾迹涡街结构的影响,分别如图 7-14、图 7-15 和图 7-16 所示。图 7-14 中,在不同摆动频率下,鲹科鱼类尾迹会出现单列和双列两种不同类型的涡街结构。当摆动频率为 0.1 Hz 和 0.2 Hz 时,对应的 St 为 0.1 和 0.2,呈现出单列涡街结构。继续增加摆动频率,时尾迹呈现出双列涡街结构,并且涡量值会随着摆动频率的增加而增大。

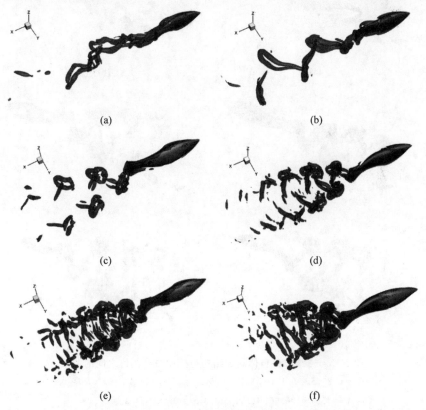

(a)　　　　　　　　　　　(b)

(c)　　　　　　　　　　　(d)

(e)　　　　　　　　　　　(f)

图 7-14　三维鲹科鱼体涡街结构与摆动频率之间的关系

(a) $f=0.5$ Hz, $St=0.1$; (b) $f=1.0$ Hz, $St=0.2$; (c) $f=2.0$ Hz, $St=0.4$;

(d) $f=3.0$ Hz, $St=0.6$; (e) $f=4.0$ Hz, $St=0.8$; (f) $f=5.0$ Hz, $St=1.0$

图 7-15 中,当鱼类的摆动曲线摆幅系数从 0.25 变化到 2.5 时,对应的尾迹涡街结构均为双列。Borazjani 等[4-6]研究表明,摆动推进鱼类尾迹的涡街结构与 St

有关。当 St 较小时,摆动推进鱼类尾迹的涡街结构为单列涡街结构,而 St 较大时对应的是双列涡街结构。该结论的前提是假设摆动推进鱼类摆幅不变,改变摆动频率来得到不同的 St 值,但鱼体在游动过程中的摆幅会发生变化。我们通过独立改变摆幅和摆动频率,研究发现鱼类尾迹的涡街结构主要由鱼类的摆动频率决定,与摆幅和摆动曲线波数均无关。图 7-14 中,当摆动频率较低时,对应的 St 较小,摆动推进鱼类尾迹会呈现出单列涡街结构。而在图 7-15 中,当摆动幅值较小时,虽然对应的 St 较小,但摆动推进鱼类尾迹出现的涡街结构为双列。该结果表明 St 较小且摆动频率较低时,摆动推进鱼类尾迹才会出现单列涡街结构,进一步修正了 Borazjani 等所作的对尾迹涡街结构的相关讨论[4-6]。

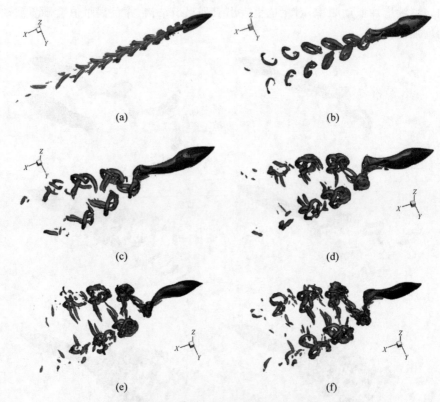

(a)　　　　　　　　　　　(b)

(c)　　　　　　　　　　　(d)

(e)　　　　　　　　　　　(f)

图 7-15　三维鲹科鱼体涡街结构与摆动曲线幅值之间的关系
(a) $A_c=0.25, St=0.11$; (b) $A_c=0.5, St=0.22$; (c) $A_c=0.75, St=0.33$;
(d) $A_c=1.5, St=0.66$; (e) $A_c=2.0, St=0.88$; (f) $A_c=2.5, St=1.1$

图 7-16 中,当摆动推进鱼类的摆动曲线行波系数从 0.26 变化到 0.71 时,三维鲹科鱼体尾迹的涡街结构均为双列涡街结构,结构上并没有明显的变化。该结论与图 7-11 的结果一致,即摆动曲线的行波系数对三维鲹科鱼类的游动性能影响较小。

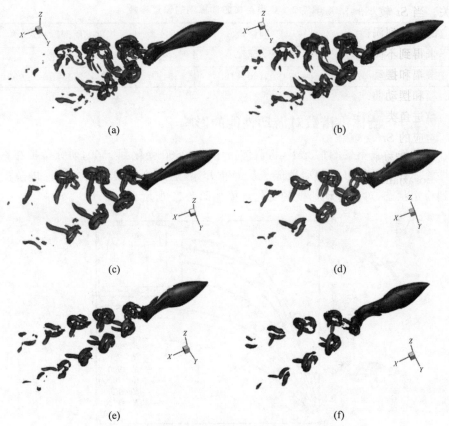

图 7-16 三维鲹科鱼体涡街结构与行波系数之间的关系

(a) $\alpha = 0.20, St = 0.44$;（b）$\alpha = 0.31, St = 0.44$;（c）$\alpha = 0.44, St = 0.44$;
(d) $\alpha = 0.62, St = 0.44$;（e）$\alpha = 0.69, St = 0.44$;（f）$\alpha = 0.71, St = 0.44$

7.5 鲹科鱼类自主游动性能分析

虽然约束游动鱼类模型能够模拟摆动曲线对推进性能的影响，具有计算量小的优点，但该模型并不能在真正意义上代表鱼类在自然界中的游动情况。本节建立了鳗鲡科和鲹科鱼类的自由游动模型，算例参数如表 7-2 所示。在计算域内，设置摆动推进鱼类的起始位置为 $5L$，末端位置为 $48L$。在流线方向为周期性边界条件，其他方向上为无滑移条件。在边界两端分别设置厚度为 $0.5L$ 的海绵层（sponge layer），以消除周期性边界对鱼类游动性能的影响。

以鲹科鱼类的二维自由游动为例，设置鱼体的摆动形式，如式（2-1）所示，对应参数如表 2-1 所示。分别从流体雷诺数、摆动幅值和行波系数三方面分析了鱼类的自由游动性能。

表 7-2　鱼类自由游动算例的设置参数

算例	计算域	网格数	CPU 数	鱼类周围网格尺寸
二维	$50L \times 4.8L$	2048×256	128	$0.02L \times 0.002L$
三维	$50L \times 5L \times 5L$	$2048 \times 160 \times 160$	512	$0.02L \times 0.005L \times 0.005L$

7.5.1　流体雷诺数对游动性能的影响

在其他参数不变的情况下,将流体雷诺数从 600 变化到 1500,研究鱼类在不同黏性流体环境中的自由游动性能。从静止开始,通过往复摆动将摆动推进鱼类加速到稳定状态,对应游动速度的变化规律如图 7-17 所示。

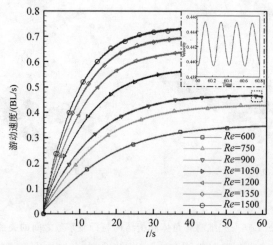

图 7-17　在不同雷诺数下鲹科鱼类游动速度的变化情况

表 7-3 给出了摆动推进鱼类自由游动模型在不同雷诺数下的游动性能。结果表明,鱼类的稳态游动速度随着流体雷诺数的增大而增加。在稳态游动时,鱼类的游动速度会发生周期性的波动,波动周期与鱼尾往复摆动的周期相同。

表 7-3　流体雷诺数对鱼类自由游动性能的影响

雷诺数	速度/(BL/s)	推力/N	滑移率	EBT 效率/%	St	消耗功率/(BL·N/s)
600	0.350	2.432e-3	0.3175	65.9	1.143	1.057e-2
750	0.432	3.603e-3	0.3919	69.6	1.157	2.058e-2
900	0.492	4.780e-3	0.4246	71.2	1.282	3.358e-2
1050	0.605	5.391e-3	0.5189	75.9	1.224	4.880e-2
1200	0.675	6.328e-3	0.5851	79.3	1.240	7.334e-2
1350	0.715	7.936e-3	0.6305	81.5	1.295	1.023e-1
1500	0.740	9.199e-3	0.6623	83.1	1.370	1.373e-1

在稳态游动时,摆动推进鱼类对应的合力平均值为零。如图 7-18 所示,在雷诺数分别为 600、900 和 1200 时,鱼体所受合力会随时间的推移而上下波动。总体上,流体雷诺数越大,对应的合力振幅越大,所产生的推力也越大。合力曲线上的振荡主要是由基于直接力法的浸入边界法引起的。由表 7-3 可知,摆动推进鱼类在具有较高雷诺数的流体中会产生较大的推力,对应的能量损耗也较大,但 EBT 游动效率较高。

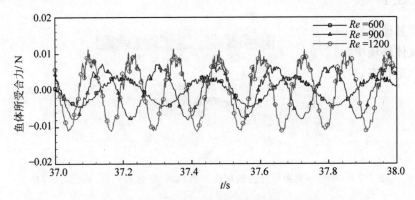

图 7-18　在不同雷诺数下鲹科鱼类所受合力的变化情况

7.5.2　摆动幅值对游动性能的影响

为研究摆动幅值对鱼类自由游动性能的影响,在此选择不同的幅值系数,即 A_c 分别为 0.5、0.6、0.8、1.0 和 1.1,在不同摆动幅值下整体上改变摆动推进鱼类幅值的包络线。如图 7-19 所示,摆动推进鱼类的游动速度和所受推力会随着摆幅的增加而增大,该结果与生物学观测结果相吻合。图 7-20 中,摆动推进鱼类尾迹会出现反卡门涡街结构,对应的涡量随着摆幅的增大而明显增加。

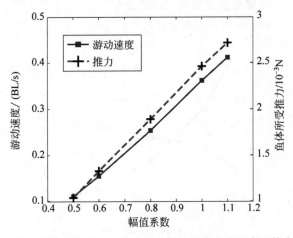

图 7-19　摆动幅值系数对自由游动鲹科摆动推进鱼类速度和推力的影响

图 7-20

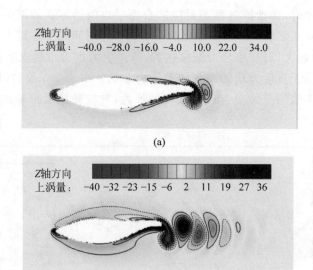

图 7-20　鲹科鱼类游动产生的尾迹涡街结构(红色为正值,蓝色为负值)

(a) $A_c = 0.5$; (b) $A_c = 1.0$

如图 7-21 所示,当鱼体的摆动幅值系数从 0.5 增加到 1.1 时,对应的斯特鲁哈数从 1.83 下降到 1.05,EBT 游动效率从 0.525 增加到 0.593。该结果表明鱼类虽然可通过增加摆幅来提高游动 EBT 效率,但效果较差。在增大摆幅的过程中,摆动推进鱼类所消耗的功率会有明显的增加。例如,当摆幅增大 2.2 倍时,对应的速度和推力分别增加 3.75 倍和 2.60 倍,但消耗功率增加了 5.51 倍。总之,增加摆动推进鱼类摆幅可提高鱼类的游动速度,但对提高游动效率效果不显著。该结论与鱼类观测实验一致,即摆动推进鱼类的游动速度也会随着摆动幅值的增加而增加,但增加到一定程度后(约为 0.2 BL),尾鳍的摆动幅值不再增加[7-9]。

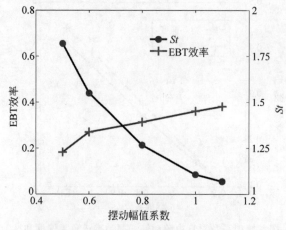

图 7-21　摆动幅值系数对自由游动鲹科鱼类速度和推力的影响

7.5.3 行波系数对游动性能的影响

为了研究柔性鱼类身体弯曲程度对游动性能的影响,选择摆动推进鱼类的摆动曲线的行波系数为 0.2~0.8。图 7-22 中,当鲹科模式鱼类的摆动曲线的行波系数接近 0.6 时,鱼体稳态的游动速度和 EBT 游动效率会达到最大。根据复模态分解,鱼体摆动曲线行波系数为 0.6 时对应的波数约为 5.7,该结果与鱼类在自然界中的进化结果一致。当鱼类的摆动曲线波数在 2.5~6.0 范围内时,鱼体所受的推力会随着波数的增大而减小。其原因在于流体在弯曲摆动推进鱼类周围会受到挤压和释放,减阻机理类似于波动板[10]。

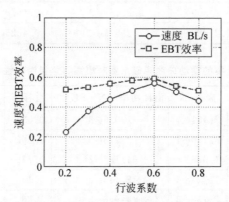

图 7-22 行波系数对鲹科鱼类游动速度和 EBT 效率的影响

7.6 鳗鲡科鱼类自主游动性能分析

对于三维鳗鲡科鱼体模型,对应的摆动曲线如式(2-1)所示。由表 7-4 可以看到,当流体的雷诺数从 500 变化到 4000 时,鳗鲡科鱼类的稳态游动速度从 0.14 BL/s 增加到 0.31 BL/s,而 EBT 效率也从 60.89% 增长到 74.12%,这说明摆动推进鱼类在黏度较小的流体中会获得较好的游动性能。在自然界中,鱼类存在着最优的斯特鲁哈数范围为 0.25~0.4,在该区间内摆动推进鱼类的游动效率达到最大。由表 7-4 可知,斯特鲁哈数随着雷诺数的增加而逐渐降低。在 $Re=4000$ 的流体环境中,鱼类游动的斯特鲁哈数达到 0.554,该结果说明当前流体的黏性远大于水的黏性。

在不同摆动幅值下,鳗鲡科鱼类的游动性能如表 7-5 所示。在此,选择鳗鲡科鱼类的摆动幅值系数分别为 0.25、0.5、1.0、1.5 和 2.5,计算对应的游动性能。当摆动推进鱼类的摆动幅值系数小于 1 时,结果表明鳗鲡科鱼类的游动速度和推力均随着摆动幅值的增加而增大,对应的游动效率也会得到提高。虽然在计算模型中可以设置摆幅调节系数为 1.5 和 2.5,计算得到较大的游动速度和游动效率,计算对应滑移率也大于1。但是,在自然界中,鱼类游动的滑移率通常小于1[11],很大程度上是因为鱼类尾体的最大摆幅维持不变,即摆幅调节系数不大于1[7]。

表7-4　流体雷诺数对鳗鲡科鱼类游动性能的影响

雷诺数	速度/(BL/s)	推力/N	消耗功率/(N·BL/s)	滑移率	EBT 效率/%	St
500	0.14	4.269e-3	3.551e-2	0.2179	60.89	1.227
1000	0.2	3.698e-3	3.066e-2	0.3113	65.57	0.859
2000	0.275	2.971e-3	2.754e-2	0.4280	71.40	0.625
3000	0.3	2.869e-3	2.689e-2	0.4670	73.35	0.573
4000	0.31	2.889e-3	2.699e-2	0.4825	74.12	0.554

表7-5　鱼类的摆动曲线幅值系数对鳗鲡科鱼类游动性能的影响

幅值系数	速度/(BL/s)	推力/N	消耗功率/(N·BL/s)	滑移率	St	EBT 效率/%
0.25	0.02	2.481e-4	1.036e-3	0.031	2.147	51.55
0.5	0.168	8.133e-4	3.773e-3	0.262	0.511	63.08
1	0.498	1.055e-3	1.137e-2	0.775	0.345	88.76
1.5	0.74	1.727e-3	2.116e-2	1.15	0.348	—
2.5	0.9	2.758e-3	4.986e-2	1.40	0.477	—

对于三维鳗鲡科鱼类模型,鱼类的摆动曲线波数及行波系数对其游动性能的影响如表7-6所示。当鱼类的摆动曲线波数为9时,鳗鲡科鱼类可获得最大的游动速度0.506 BL/s,对应的游动效率也达到最大值89.4%。该结果与鳗鲡科鱼类在自然界进化选择的摆动曲线波数9.75接近,也说明自由游动鱼类模型能够反映摆动曲线对游动性能的影响。

表7-6　鱼类的摆动曲线波数及行波系数对鳗鲡科鱼类游动性能的影响

波数	行波系数	速度/(BL/s)	推力/N	消耗功率/(N·BL/s)	St	EBT 效率/%
1	0.19	0.145	2.89e-3	1.645e-2	1.185	61.3
3	0.55	0.16	2.62e-3	1.861e-2	1.074	62.5
5	0.65	0.24	2.17e-3	1.896e-2	0.716	68.7
7	0.81	0.485	2.18e-3	1.526e-2	0.354	87.8
9	0.86	0.506	2.03e-3	1.254e-2	0.340	89.4
11	0.87	0.49	1.38e-3	9.205e-3	0.351	88.1
13	0.89	0.46	1.37e-3	9.128e-3	0.374	85.8
15	0.92	0.416	1.35e-3	7.995e-3	0.413	82.4

7.7 鱼体外形与摆动曲线匹配分析

为揭示不同外形的鱼类在自然界中与摆动曲线参数的匹配关系,本节设置两组不同的算例,具体为:保持二维鳗鲡科鱼类的外形,研究其在摆动曲线下的游动性能;保持鳗鲡科鱼类的摆动曲线参数,研究其在不同外形下的游动性能。

7.7.1 摆动曲线对游动性能的影响

以鳗鲡科鱼类为研究对象,设置计算域为 $10L \times 5L$,对应网格数为 2000×512,在鱼类周围的网格长度为 $0.005L$。保持鳗鲡科鱼类外形不变,设置三个算例:

(1) $Re = 600$,采用鳗鲡科鱼类的运动学参数,如式(6-85)所示;

(2) $Re = 600$,采用鲹科鱼类的摆动曲线参数,如式(2-1)所示;

(3) $Re = 8000$,同样采用鳗鲡科鱼类的摆动曲线参数,如式(6-85)所示。

根据上述条件,在不同摆动曲线运动学参数下,得到的游动性能如表 7-7 所示。结果发现,鳗鲡科鱼类在雷诺数为 8000 时的游动性能最好,稳态游动速度可达到 1.25 BL/s,Froude 效率达到 19.64%。鳗鲡科鱼类自由游动时对应的瞬时涡量图如图 7-23 所示,摆动推进鱼类尾迹出现反卡门涡街结构。

表 7-7 鳗鲡科鱼类在不同条件下的游动性能

算例	Re	频率	速度/(BL/s)	St	滑移率/(N·BL/s)	输入功率	推力/N	EBT 效率/%	Froude 效率/%
1	600	1.0	0.847	0.593	0.423	1.71e-2	2.09e-3	71.2	10.32
2	600	1.0	0.436	0.917	0.198	8.08e-3	1.74e-3	59.9	9.40
3	8000	1.0	1.25	0.40	0.625	6.30e-3	2.12e-3	81.2	29.64

当 $Re = 600$ 时,鳗鲡科鱼类在其生物观测得到的运动学参数下,得到的游动速度为 0.847 BL/s,对应的 EBT 效率为 71.2%。在算例 2 中,当雷诺数为 600 时,鳗鲡科鱼类以鲹科鱼类的运动学参数运动时,对应的速度和效率均低于算例 1 中的性能,对应的稳态游动速度和 EBT 效率分别为 0.436 BL/s 和 59.9%。该实验结果与生物观测结果一致,说明鱼类的游动速度和效率依赖于摆动推进鱼类的运动学参数和流体环境。

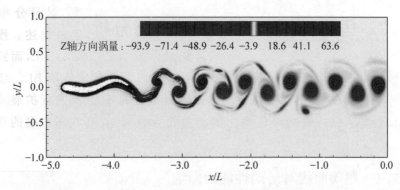

图 7-23   鳗鲡科鱼类自由游动时的瞬时涡量(反卡门涡街)

7.7.2   鱼类外形对游动性能的影响

本节的算例采用鳗鲡科鱼类的运动学参数,如式(6-85)所示,而摆动推进鱼类外形分别采用鳗鲡科和鲹科的摆动推进鱼类外形。在不同外形条件下,鳗鲡科鱼类对应的游动性能分别如表 7-8 和表 7-9 所示。

表 7-8   具有鳗鲡科外形的鳗鲡科摆动推进鱼类游动性能

算例	雷诺数	速度/(BL/s)	St	滑移率	EBT 效率/%
1	500	0.385	0.649	0.385	69.3
2	1000	0.465	0.538	0.465	73.3
3	2000	0.527	0.474	0.527	76.4
4	3000	0.537	0.466	0.537	76.9

表 7-9   具有鲹科外形的鳗鲡科摆动推进鱼类游动性能

算例	雷诺数	速度/(BL/s)	St	滑移率	EBT 效率/%
1	500	0.34	0.7353	0.34	67
2	1000	0.425	0.5882	0.425	71.25
3	2000	0.485	0.5155	0.485	74.25
4	3000	0.492	0.5081	0.492	74.6

对比表 7-8 和表 7-9,在 $Re=500$ 的流体环境中,与鲹科鱼类外形相比,鳗鲡科鱼类外形所对应的游动速度提高了 13.24%,游动效率提高 2.3%。在不同流体环境中,当鱼类的运动形式为鳗鲡科鱼类的波动方式时,研究结果表明鳗鲡科鱼类的细长体外形更适合实现快速高效的游动性能。随着流体雷诺数的增加,两种摆动推进鱼类外形对应的游动性能仍然存在着较明显的差距,证实了摆动推进鱼类在自然界中通过将特定外形和独特的摆动曲线相配合,可以获得最优的游动性能。

以雷诺数为 3000 为例,摆动推进鱼类不同外形对应的涡量分布图如图 7-24 所示,尾迹涡街结构主要通过尾迹长度 χ 和尾迹宽度 ψ 描述。鳗鲡科鱼类涡街结构的平均尾迹长度为 0.294 BL,尾迹宽度为 0.123 BL,而鲹科鱼类涡街结构的平均尾迹长度和宽度分别为 0.282 BL 和 0.109 BL。结果表明,鳗鲡科模式鱼类外形能够将尾迹的涡街结构长度和宽度进行扩展。结合涡动力学理论可知,该类型的涡街结构可以产生更大的推力,与本书的数值结果一致。

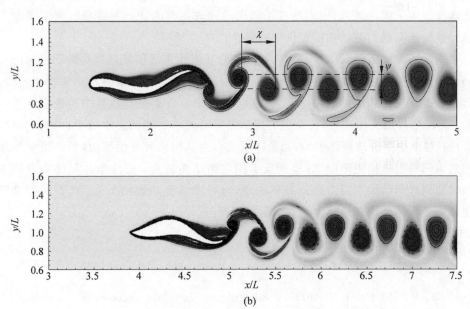

图 7-24 不同外形的鳗鲡科鱼类自由游动时产生的涡街结构

(a) 具有鳗鲡科外形的鳗鲡科摆动推进鱼类;(b) 具有鲹科外形的鳗鲡科摆动推进鱼类

7.8 本章小结

本章结合 LS-IB 方法,建立了鳗鲡科和鲹科鱼类的约束游动鱼体模型和自由游动鱼体模型。通过改变摆动曲线的摆动频率、摆幅和行波系数等运动参数,研究了鱼类在不同流体环境中的游动性能。结果表明:

(1) 对于鳗鲡科和鲹科鱼类,当摆动曲线的行波系数分别在 0.8 和 0.6 附近时,会产生最大推力且其效率达到最大。该结果与鱼类进化结果一致,对鱼类在自然界选择不同行波系数的摆动曲线给出了理论解释。

(2) 鲹科鱼类可通过增加摆幅来提高摆动游动速度,但不适合提高游动效率。与鳗鲡科鱼类相比,鲹科鱼类的摆动频率对游动性能的影响较小,提高摆动频率或增大摆动幅值后鱼体游动所需功率变化较小，游动效率高。

（3）对于约束游动的摆动推进鱼类，当鱼体所受合力从阻力转变为推力时，二维摆动推进鱼类的尾迹涡街结构逐渐从卡门涡街结构向反卡门涡街结构转变。三维摆动推进鱼类尾迹在不同运动参数下会出现单列涡街结构和双列涡街结构，主要由摆动频率决定，与摆幅和摆动曲线波数均无关。

（4）通过设置不同的摆动推进鱼类外形和摆动曲线，发现鱼类的游动性能依赖于摆动推进鱼类外形和摆动曲线参数的合理匹配。该研究对鱼类在自然界的优化选择提供了理论解释，也为通过控制摆动推进鱼类的摆动曲线参数来实现水下航行器快速高效的游动性能提供了指导。

本章还分析了摆动频率、摆幅、行波系数和流体雷诺数等参数对游动性能的影响。结果表明：当鳗鲡科和鲹科鱼类的鱼体波的行波系数分别为 0.8 和 0.6 时，鱼体的游动速度和推进效率达到最大值，该结论与鱼类在自然界中的进化结果一致；与鳗鲡科鱼类相比，鲹科鱼类的摆动频率对游动性能的影响较小，消耗的功率较小；对于约束游动鱼体模型，当鱼体所受合力从阻力转变为推力时，二维鱼体尾迹的卡门涡街结构逐渐向 2S 形和反卡门涡街结构转变；三维鱼体尾迹出现的单列和双列涡街结构主要由摆动频率决定，与行波系数和摆幅无关；鱼类的游动性能依赖于鱼体外形和鱼体波参数的合理匹配。

参考文献

[1] KERN S, KOUMOUTSAKOS P. Simulation of optimized anguilliform swimming[J]. Journal of Experimental Biology,2006,209：4841-4857.

[2] ALVARADO P V. Design of biomimetic compliant devices for locomotion in liquid environments[D]. Massachusetts：Massachusetts Institute of Technology,2007.

[3] DONLEY J M,SEPULVEDA C A,KONSTANTINIDIS P,et al. Convergent evolution in mechanical design of lamnid sharks and tunas[J]. Nature,2004,429：61-65.

[4] BORAZJANI I, SOTIROPOULOS F. Numerical investigation of the hydrodynamics of carangiform swimming in the transitional and inertial flow regimes[J]. Journal of Experimental Biology,2008,211：1541-1558.

[5] BORAZJANI I, SOTIROPOULOS F. Numerical investigation of the hydrodynamics of anguilliform swimming in the transitional and inertial flow regimes[J]. Journal of Experimental Biology,2009,212：576-592.

[6] BORAZJANI I, SOTIROPOULOS F. On the role of form and kinematics on the hydrodynamics of self-propelled body/caudal fin swimming[J]. Journal of Experimental Biology,2010,213：89-107.

[7] BAINBRIDGE R. Caudal fin and body movement in the propulsion of some fish[J]. The Journal of Experimental Biology,1963,40：23-56.

[8] HUNTER J R, ZWEIFEL J R. Swimming speed, tail-beat frequency, tail-beat amplitude

and size in jack mackerel, Trachyrus symmetricus, and other fishes[R]. Fishery Bulletin, United States Fish and Wildlife Service,1971,69: 253-267.

[9] WEBB P W. 'Steady' swimming kinematics of tiger musky, an esociform accelerator and rainbow trout, a generalist cruiser[J]. The Journal of Experimental Biology,1988,138: 51-69.

[10] SHEN L, ZHANG X, Triantafyllou M S, et al. Turbulent flow over a flexible wall undergoing a streamwise traveling wave motion[J]. Journal of Fluid Mechanics,2003,484: 197-221.

[11] GRAY J. Studies in animal locomotion. I. the movement of fish with special reference to the eel[J]. Journal of Experimental Biology,1933,10: 88-104.

鱼类波动曲线生物学数据

鱼类名称	类型	s_2/BL	s_3/BL	s_4/BL	λ/BL	行波系数
Lamprey[1]	鳗鲡科	0.010	0.089	0	0.642	0.812
Eel-like[2-3]	鳗鲡科	0.004	0.125	0	1.0	0.788
Eel[4]	鳗鲡科	0.004	0.069	0	0.604	0.787
Lamprey fish[5]	鳗鲡科	0.236	0.1	0	0.642	0.899
Americaneel[6]	鳗鲡科	0.055	0.15	0	1.0	0.890
Needlefish(Belonidae) 2.0 BL/s[7]	鳗鲡科	0.004	0.063	0	0.49~0.73	0.764~0.837
American eels 0.83~0.98 BL/s[8]	鳗鲡科	0.003	0.059	0	0.592~0.603	0.798~0.801
American eels 1.30~1.44 BL/s[8]	鳗鲡科	0.005	0.069	0	0.592~0.603	0.803~0.805
American eels 1.56~2.04 BL/s[8]	鳗鲡科	0.010	0.079	0	0.592~0.603	0.817~0.819
Sirenid salamanders[9]	鳗鲡科	0.006	0.114	0	0.55~0.7	0.770~0.814
European eel, Anguilla Anguilla[9]	鳗鲡科	$0.0015s^*$	$0.069s^*$	0	0.7	0.760
Eel[10-11]	鳗鲡科	$0.25s^*$	$1.0s^*$	0	0.59	0.848
Needlefish(Belonidae) 0.25 BL/s[7]	鳗鲡科	0	0.003	0	0.49~0.73	0.744~0.822
Needlefish(Belonidae) 1.0 BL/s[7]	鳗鲡科	0	0.004	0	0.49~0.73	0.744~0.822
Ambystoma Mexicanum[12]	鳗鲡科	0.01~0.07	0.063~0.174	0.23	0.47~0.69	0.831~0.863
Ambystoma Mexicanum（2个特例）[12]	鳗鲡科	0.031	0.111	0.23	0.47~0.69	0.799~0.844

续表

鱼类名称	类型	s_2/BL	s_3/BL	s_4/BL	λ/BL	行波系数
European eel Anguilla Anguilla 0.48 BL/s[13-14]	鳗鲡科	$0.002s^*$	$0.016s^*$	0.10	0.60	0.796
European eel Anguilla Anguilla 0.841 BL/s[13-14]	鳗鲡科	$0.004s^*$	$0.020s^*$	0	0.60	0.832
European eel（Anguilla Anguilla）yellow-phase eel 0.25 BL/s[15]	鳗鲡科	0.008	0.099	0.2	0.60	0.744
European eel（Anguilla Anguilla）yellow-phase eel 0.4 BL/s[15]	鳗鲡科	0.013	0.098	0	0.60	0.820
European eel（Anguilla Anguilla）yellow-phase eel 0.55 BL/s[15]	鳗鲡科	0.013	0.102	0	0.60	0.820
European eel（Anguilla Anguilla L.）silver-phase eel 0.25 BL/s[15]	鳗鲡科	0.006	0.084	0.2	0.60	0.741
European eel（Anguilla Anguilla）silver-phase eel 0.4 BL/s[15]	鳗鲡科	0.007	0.094	0.2	0.60	0.743
European eel（Anguilla Anguilla L.）silver-phase eel 0.55 BL/s[15]	鳗鲡科	0.008	0.108	0	0.60	0.806
Leeches（低黏性流体中）[16]	鳗鲡科	0.002	0.015	0	0.764	0.753
Leeches（高黏性流体中）[16]	鳗鲡科	0.003	0.007	0	0.967	0.842
Salamander（Siren intermedia）0.3 BL/s[17]	鳗鲡科	$0.006s^*$	$0.107s^*$	0.1	0.64	0.765
Salamander（Siren intermedia）0.45 BL/s[17]	鳗鲡科	$0.005s^*$	$0.111s^*$	0	0.64	0.787
Salamander（Siren intermedia）0.6 BL/s[17]	鳗鲡科	$0.008s^*$	$0.104s^*$	0.09	0.64	0.776
Salamander（Siren intermedia）0.9 BL/s[17]	鳗鲡科	$0.006s^*$	$0.113s^*$	0	0.64	0.788
Salamander（Siren intermedia）1.5 BL/s[17]	鳗鲡科	$0.028s^*$	$0.108s^*$	0.1	0.64	0.836
Salamander（Siren intermedia）1.85 BL/s[17]	鳗鲡科	$0.052s^*$	$0.139s^*$	0.18	0.64	0.859
Rainbow trout[18]	亚鲹科	0	0.12	0	0.7~1.3	0.609~0.772
Teleosts[19-20]	亚鲹科	$0.25s^*$	$1.0s^*$	0.3	0.9	0.627

续表

鱼类名称	类型	s_2/BL	s_3/BL	s_4/BL	λ/BL	行波系数
Leopard shark Triakis semifasciata[21]	亚鲹科	0.02	0.1	0.3	0.517~0.957	0.578~0.761
Whiting(Gadus merlangus)[22-23]	亚鲹科	0	0.1	0	0.80	0.521
Zebrafish larva[6]	亚鲹科	0.041	0.20	0.24	0.816	0.692
Leopard shark[24]	亚鲹科	0	0.16~0.24	0	0.63~0.91	0.681~0.777
Goldfish（Carassius auratus）common type[25]	亚鲹科	0.058	0.174	0.337	0.882	0.623
Goldfish(Carassius auratus)comet type[25]	亚鲹科	0.054	0.150	0.321	0.772	0.720
Goldfish(Carassius auratus)fantail type[25]	亚鲹科	0.056	0.152	0.405	0.667	0.623
Goldfish(Carassius auratus)eggfish type[25]	亚鲹科	0.096	0.162	0.437	0.698	0.770
Bonnethead shark[24]	亚鲹科	0	0.16~0.2	0	0.85~0.97	0.674~0.709
Zebrafish[26]	亚鲹科	0	0.275	0.2	1.0	0.665
Blacktip shark[24]	亚鲹科	0	0.16~0.2	0	0.98~1.16	0.619~0.671
Rainbow trout[27]	亚鲹科	0.156s*	0.936s*	0.25	0.95	0.6259
Juvenile[28]	亚鲹科	0.018	0.126	0.25	0.5~1.0	0.596~0.780
Tiger Musky[29]	亚鲹科	0.147s*	1.018s*	0	0.8	0.769
Rainbow Trout[29]	亚鲹科	0.358s*	0.994s*	0.20	0.9	0.777
Mackerel[5-30]	鲹科	0.02	0.1	0.25	0.95	0.649
Saithe and Mackerel[31-32]	鲹科	0.02	0.1	0.25	0.89~1.1	0.615~0.660
Caranguiform Swimmers[33]	鲹科	0.004	0.024	0.25	0.891	0.639
Largemouth bass[34-36]	鲹科	0.004	0.024	0.25	0.9	0.638
Largemouth bass 0.7 BL/s[37-38]	鲹科	0.007	0.055	0.4	0.8	0.757
Largemouth bass 1.6 BL/s[37-38]	鲹科	0.019	0.072	0.35	0.8	0.586
Largemouth Bass 0.7 BL/s[35]	鲹科	0.004	0.047	0.3	0.59~0.83	0.576~0.680
Largemouth Bass 1.2 BL/s[35]	鲹科	0.005	0.058	0.3	0.59~0.83	0.577~0.681

续表

鱼 类 名 称	类型	s_2/BL	s_3/BL	s_4/BL	λ/BL	行波系数
Largemouth Bass 1.6 BL/s[35]	鲹科	0.015	0.065	0.3	0.59～0.83	0.639～0.729
Largemouth Bass 2.0 BL/s[35]	鲹科	0.017	0.072	0.3	0.59～0.83	0.636～0.727
Largemouth Bass 2.4 BL/s[35]	鲹科	0.018	0.074	0.3	0.59～0.83	0.644～0.733
Saithe(Pollachius Virens)[31]	鲹科	0.018	0.095	0.25	0.64～1.0	0.632～0.746
Mackerel(Scomber scombrus)[31]	鲹科	0.019	0.108	0.35	0.63～0.83	0.545～0.630
Mackerel/Saithe[10,39]	鲹科	$0.1s^*$	$1.0s^*$	0	1.0	0.708
Carp[10,39]	鲹科	$0.1s^*$	$1.0s^*$	0	1.25	0.642
Scup[10,40,41]	鲹科	$0.1s^*$	$1.0s^*$	0	1.54	0.576
Cod[42]	鲹科	0.043	0.156	0.25	0.93	0.703
Carangiform swimmer[43-44]	鲹科	0.041	0.1	0	1.0	0.613
Mullet fish(滑移率为0.7)[45]	鲹科	0.006	0.093	0	0.91～1.30	0.613～0.714
Mullet fish(滑移率为0.9)[45]	鲹科	0.006	0.072	0	0.80～1.38	0.604～0.751
Mullet fish(滑移率为1.1)[45]	鲹科	0.006	0.066	0	0.5～0.98	0.710～0.841
Mullet fish[45]	鲹科	0.038	0.130	0.26	0.74～1.11	0.680～0.762
Lake sturgeon(Acipenser fulvescens)[46]	鲹科	0	0.16～0.22	0	0.71～0.81	0.720～0.751
Yellowfin tuna(Thunnus albacares)[47]	鲔科	0.01	0.055	0.4	1.0	0.580
Skipjack tuna(Katsuwonus pelamis)[47]	鲔科	0.005	0.059	0.3	1.0	0.494
Yellowfin tuna(Thunnus albacares)[47-48]	鲔科	0.01	0.055	0.4	1.24	0.513
Mako shark[19]	鲔科	$0.1s^*$	$1.0s^*$	0.4	1.1	0.639
Tuna[48,49]	鲔科	$0.05s^*$	$1.0s^*$	0.3	1.1	0.439
Leopard shark[48,21]	鲔科	$0.2s^*$	$1.0s^*$	0.3	1.1	0.542
Lamnid shark,shortfin mako[19]	鲔科	0.02	0.13	0.35	1.80～2.10	0.361～0.365
Thunniform Swimmers[32-33]	鲔科	0.02	0.1	0.3	1.1	0.542
Skipjack[49-50]	鲔科	0.04	0.2	0.35	1.0	0.462

续表

鱼类名称	类型	s_2/BL	s_3/BL	s_4/BL	λ/BL	行波系数
Yellowfin tuna(Thunnus albacares) 摆动推进鱼类长度为 32 cm[51]	鲔科	0.04	0.19~0.21	0.35	1.08~1.50	0.339~0.444
Yellowfin tuna(Thunnus albacares) 摆动推进鱼类长度为 42 cm[51]	鲔科	0.04	0.17~0.19	0.35	1.15~1.33	0.378~0.445
Yellowfin tuna(Thunnus albacares) 摆动推进鱼类长度为 48 cm[51]	鲔科	0.04	0.16~0.18	0.35	1.05~1.40	0.368~0.477

注：s^* 为相对值，与行波系数无关。

参考文献

[1] HULTMARK M,LEFTWICH M,SMITS A. Flow field measurements in the wake of a robotic lamprey[J]. Experiments in Fluids,2007,43：683-690.

[2] KERN S,KOUMOUTSAKOS P. Simulations of optimized anguilliform swimming[J]. Journal of Experimental Biology,2006,209：4841-4857.

[3] CARLING J,WILLIAMS T L,BOWTELL G. Self-propelled anguilliform swimming：simultaneous solution of the two-dimensional Navier-Stokes equations and Newton's laws of motion[J]. Journal of Experimental Biology,1998,201：3143-3166.

[4] TYTELL E D,LAUDER G V. The hydrodynamics of eel swimming：I. Wake structure[J]. Journal of Experimental Biology,2004,207：1825-1841.

[5] BORAZJANI I. Numerical simulations of fluid-structure interaction problems in biological flows[D]. Minneapolis：University of Minnesota,2008.

[6] BALE R,SHIRGAONKAR A A,NEVELN I D,et al. Separability of drag and thrust in undulatory animals and machines[J]. Scientific Reports,2014,4：7329.

[7] LIAO J C. Swimming in needlefish (Belonidae)：anguilliform locomotion with fins[J]. Journal of Experimental Biology,2002,205：2875-2884.

[8] TYTELL E D. The hydrodynamics of eel swimming II. Effect of swimming speed[J]. Journal of Experimental Biology,2004,207：3265-3279.

[9] GILLIS G B. Undulatory locomotion in elongate aquatic vertebrates：anguilliform swimming since Sir James Gray[J]. American Zoologist,1996,36：656-665.

[10] WARDLE C,VIDELER J,ALTRINGHAM J. Tuning in to fish swimming waves：body form,swimming mode and muscle function[J]. Journal of Experimental Biology,1995,198：1629-1636.

[11] GRILLNER S,KASHIN S. On the generation and performance of swimming in fish[J]. In Neural Control of Locomotion,1976,181-201.

[12] D'AOUT K,AERTS P. Kinematics and efficiency of steady swimming in adult axolotls (Ambystoma mexicanum)[J]. Journal of Experimental Biology,1997,200：1863-1871.

[13] D'AOÛT K,AERTS P. A kinematic comparison of forward and backward swimming in the eel Anguilla anguilla[J]. Journal of Experimental Biology,1999,202：1511-1521.

[14] ELOY C. Optimal Strouhal number for swimming animals[J]. Journal of Fluids and

Structures,2012,30: 205-218.

[15] ELLERBY D J,SPIERTS I L,ALTRINGHAM J D. Slow muscle power output of yellow-and silver-phase European eels (Anguilla anguilla L.): changes in muscle performance prior to migration[J]. Journal of Experimental Biology,2001,204: 1369-1379.

[16] JORDAN C E. Scale effects in the kinematics and dynamics of swimming leeches[J]. Canadian Journal of Zoology,1998,76: 1869-1877.

[17] GILLIS G. Anguilliform locomotion in an elongate salamander (Siren intermedia): effects of speed on axial undulatory movements[J]. Journal of Experimental Biology,1997,200: 767-784.

[18] AKANYETI O,LIAO J C. A kinematic model of Kármán gaiting in rainbow trout[J]. Journal of Experimental Biology,2013,216: 4666-4677.

[19] DONLEY J M,SEPULVEDA C A,KONSTANTINIDIS P,et al. Convergent evolution in mechanical design of lamnid sharks and tunas[J]. Nature,2004,429: 61-65.

[20] ALTRINGHAM J D,SHADWICK R E. Physiological ecology and evolution in tuna[J]. Academic,San Diego,2001,313-344.

[21] DONLEY J M,SHADWICK R E. Steady swimming muscle dynamics in the leopard shark Triakis semifasciata[J]. Journal of Experimental Biology,2003,206: 1117-1126.

[22] GRAY J. Studies in animal locomotion III. The propulsive mechanism of the whiting (gadus merlangus)[J]. Journal of Experimental Biology,1933,10: 391-402.

[23] FEENY B F,FEENY A K. Complex modal analysis of the swimming motion of a whiting [J]. Journal of Vibration and Acoustics-Transactions of the ASME,2013,135: 021004.

[24] WEBB P W,KEYES R S. Swimming kinematics of sharks[J]. Fishery Bulletin,1982,80: 803-812.

[25] BLAKE R W, LI J, CHAN K H S. Swimming in four goldfish Carassius auratus morphotypes: understanding functional design and performance employing artificially selected forms[J]. Journal of Fish Biology,2009,75: 591-617.

[26] LI G,MÜLLER U K,VAN LEEUWEN J L,et al. Body dynamics and hydrodynamics of swimming fish larvae: a computational study[J]. Journal of Experimental Biology,2012, 215: 4015-4033.

[27] AKANYETI O,THORNYCROFT P J M,LAUDER G V,et al. Fish optimize sensing and respiration during undulatory swimming[J]. Nature Communications,2016,7: 11044.

[28] OLIVIER D,VANDEWALLE N,MAUGUIT Q,et al. Kinematic analysis of swimming ontogeny in seabass (Dicentrarchus labrax)[J]. Belgian Journal of Zoology,2013,143(1): 79-91.

[29] WEBB P W. "Steady" swimming kinematics of tiger musky,an esociform accelerator,and rainbow trout,a generalist cruiser[J]. Journal of Experimental Biology,1988,138: 51-69.

[30] BORAZJANI I, SOTIROPOULOS F. Numerical investigation of the hydrodynamics of carangiform swimming in the transitional and inertial flow regimes [J]. Journal of Experimental Biology,2008,211: 1541-1558.

[31] VIDELER J J, HESS F. Fast continuous swimming of two pelagic predators, saithe (pollachius virens) and mackerel (scomber scombrus): a kinematic analysis[J]. Journal of Experimental Biology,1984,109: 229-251.

[32] VIDELER J J,WARDLE C S. Fish swimming stride by stride: speed limits and endurance

[J]. Reviews in Fish Biology and Fisheries,1991,1(1): 23-40.

[33] ALVARADO P V. Design of biomimetic compliant devices for locomotion in liquid environments[D]. Massachusetts: Massachusetts Institute of Technology,2007.

[34] VIDELER J J. Fish swimming[M]. London: Cahpman and Hall,1993.

[35] JAYNE B C,LAUDER G V. Speed effects on midline kinematics during steady undulatory swimming of largemouth bass, micropterus salmoides [J]. Journal of Experimental Biology,1995,198: 585-602.

[36] EPPS B P, ALVARADO P V, YOUCEF-TOUMI K, et al. Swimming performance of a biomimetic compliant fish-like robot[J]. Experiments in Fluids,2009,47: 927-939.

[37] LAUDER G V. Locomotion,the physiology of fishes[M]. CRC Press,Boca Raton,2006,3-46.

[38] LAUDER G V, MADDEN P G A. Learning from fish: kinematics and experimental hydrodynamics for roboticists[J]. International Journal of Automation and Computing, 2006,4: 325-335.

[39] WARDLE C S,VIDELER J J. The timing of the EMG in the lateral myotomes of mackerel and saithe at different swimming speeds[J]. Journal of Fish Biology,1993,42: 347-359.

[40] ROME L C,SWANK D,CORDA D. How fish power swimming[J]. Science,1993,261: 340-343.

[41] WILLIAMS T L,GRILLNER S,SMOLJANINOV V V,et al. Locomotion in lamprey and trout: the relative timing of activation and movement[J]. Journal of Experimental Biology,1989,143: 559-566.

[42] WEBB P W. Kinematics of plaice, Pleuronectes platessa, and cod, Gadus morhua, swimming near the bottom[J]. Journal of Experimental Biology,2002,205: 2125-2134.

[43] CHENG J Y, BLICKHAN R. Bending moment distribution along swimming fish[J]. Journal of Theoretical Biology,1994,168: 337-348.

[44] KATZ S L,SHADWICK R E. Curvature of swimming fish midlines as an index of muscle strain suggests swimming muscle produces net positive work[J]. Journal of Theoretical Biology,1998,193: 243-256.

[45] MÜLLER U K,STAMHUIS E J,VIDELER J J. Riding the waves: the role of the body wave in undulatory fish swimming[J]. Integrative and Comparative Biology,2002,42: 981-987.

[46] WEBB P W. Kinematics of lake sturgeon, Acipenser fulvescens, at cruising speeds[J]. Canadian Journal of Zoology,1986,64: 2137-2141.

[47] KNOWER A T. Biomechanics of thunniform swimming: electromyography, kinematics, and caudal tendon function in the yellowfin tuna Thunnus albacares and the skipjack tuna Katsuwonus pelamis[R]. California Sea Grant College Program,1998.

[48] DEWAR H,GRAHAM J. Studies of tropical tuna swimming performance in a large water tunnel-energetics[J]. Journal of Experimental Biology,1994,192: 13-31.

[49] KNOWER T. Biomechanics of thunniform swimming [D]. San Diego: University California,1998.

[50] FIERSTINE H L,WALTERS V. Studies in locomotion and anatomy of scombroid fishes [J]. Memoirs of the Southern California Academy of Sciences,1968,6: 1-31.

[51] DEWAR H,GRAHAM J. Studies of tropical tuna swimming performance in a large water tunnel-kinematics[J]. Journal of Experimental Biology,1994,192: 45-59.